JN086605

新課程

中高一貫教育をサポートする

体系問題集

数学1

中学 1,2 年生用

代数編

基礎～発展

数研出版
https://www.chart.co.jp

本書の特色

この本は，数研出版発行のテキスト「新課程　体系数学１代数編」に内容をあわせた問題集として編集してあります。
項目名やレベル設定をテキストと同じにしているので，この問題集とテキストを同時に使用することで，内容の理解が一層深まることでしょう。
本書がみなさんの学習の助けとなることを希望しています。

目　次

中1，中2 は，中学校学習指導要領に示された，その項目を学習する学年を表しています。
また，数Ⅰ は，高等学校の数学Ⅰの内容です。

本書の構成

基本のまとめ　その項目の重要事項や公式をまとめました。

● 基本問題 ●　基本問題では，テキストの本文で扱われた内容のうち，基本的な問題を中心に取り上げました。
各問題には，その問題を表すタイトルを付け，また，対応する「基本のまとめ」の番号を示してあります。

◆ 標準問題 ◆　標準問題では，テキストの本文や章末で扱われた内容に関連した問題を幅広く取り上げました。
ここの問題を解いていくうちに，その項目の実力が養われていきます。

■ 発展問題 ■　発展問題では，テキストでは扱われていない発展的な問題を取り上げました。計算力・思考力・洞察力など幅広い学力が必要となります。

章末問題　各章の章末では，その章で学んだ内容を総合的に用いて解く問題を取り上げました。学習の仕上げとして解いてみましょう。

例題と解答　テキストでは扱われていない重要で代表的な問題を，例題として取り上げました。解答では，その模範解答を示してあります。

□印問題　□印がついた問題だけを演習しても，一通りの学習ができるようにしてあります。

◈印問題　◈印がついた問題は，思考力・判断力・表現力を身につけるために特に役立つ問題です。

ヒント　必要に応じてヒントを示しました。

別冊解答　解答編を別冊にしました。
問題を解いたあと，確認しましょう。

第1章　正の数と負の数

1　正の数と負の数

基本のまとめ

1　正の数，負の数

①　0より大きい数を **正の数** といい，0より小さい数を **負の数** という。

②　正の整数 1，2，3，…… を **自然数** という。

③　反対の性質をもつ数量は，正の数，負の数を用いて表すことができる。

2　絶対値，数の大小

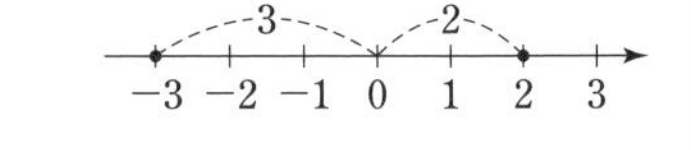

①　数直線上において，ある数を表す点と原点との距離を，その数の **絶対値** という。絶対値は，記号 $|a|$ で表す。
たとえば，$+2$ の絶対値は 2，-3 の絶対値は 3 で

$|+2|=2$，$|-3|=3$

②　(負の数)$<0<$(正の数)
正の数は，その数の絶対値が大きいほど大きい。負の数は，その数の絶対値が大きいほど小さい。

基本問題

1　正の数，負の数　▶まとめ 1 ①

次の温度を，正の符号，負の符号を用いて表しなさい。

□(1)　0 °C より 3 °C 高い温度　　□(2)　0 °C より 7.5 °C 低い温度

2　正の数，負の数　▶まとめ 1 ①

次の数を，正の符号，負の符号を用いて表しなさい。

□(1)　0 より 6 大きい数　　□(2)　0 より 9 小さい数

3　整数　▶まとめ 1 ②

次にあげる数について，下の問いに答えなさい。

$$12,\ 1.5,\ \frac{1}{3},\ -2,\ -0.35,\ 0,\ 4,\ -\frac{9}{4},\ -20,\ 5,\ -6.1$$

□(1)　整数を選びなさい。　□(2)　自然数を選びなさい。　□(3)　負の整数を選びなさい。

4　反対の性質をもつ数量　▶まとめ 1 ③

次の問いに答えなさい。

□(1)　500 円の収入を $+500$ 円と表すとき，400 円の支出を負の数を用いて表しなさい。

□(2)　500 円の支出を -500 円と表すとき，600 円の収入を正の数を用いて表しなさい。

■5 反対の性質をもつ数量　▶まとめ 1 ③

ある店における新商品の1日あたりの販売個数の目標は150個であるという。下の表は，5日間の販売個数を示している。表の中の「目標との違い」は，販売個数の目標との違いを表している。表の空欄をうめなさい。

曜日	月	火	水	木	金
販売個数	151	146	154	147	139
目標との違い（個）	+1				

6 反対の性質をもつ数量　▶まとめ 1 ③

［　］内のことばを用いて，次のことを表しなさい。

■(1) 5小さい［大きい］　□(2) 7大きい［小さい］　□(3) 2個少ない［多い］

■(4) 東へ10 m［西］　□(5) 3 °C の低下［上昇］　■(6) −2時間後［前］

第1章

■7 数直線　▶まとめ 2 ①

次の数直線で，点A，B，C，D，Eの表す数を答えなさい。

また，$+9$，-3，$+\frac{7}{2}$，-7.5 を表す点を，それぞれ数直線に示しなさい。

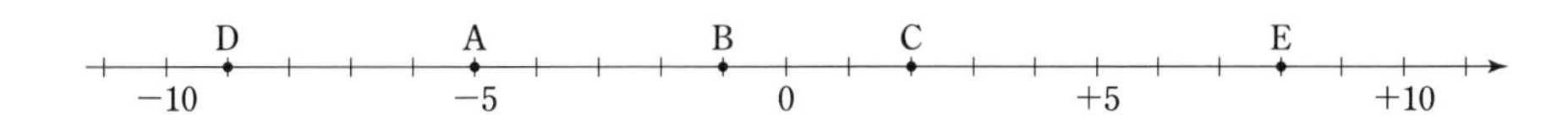

8 絶対値　▶まとめ 2 ①

次の数の絶対値を答えなさい。

□(1) $+10$　■(2) -2.5　■(3) $+\frac{12}{5}$　□(4) $-\frac{3}{7}$　□(5) 21

9 絶対値　▶まとめ 2 ①

次の問いに答えなさい。

■(1) 絶対値が8になる数をすべて答えなさい。

■(2) $|+6|$，$|-11|$，$|0|$ の値を，それぞれ求めなさい。

10 絶対値の大小　▶まとめ 2 ②

次の各組の数を，絶対値の小さい方から順に並べなさい。

□(1) -5，$+3$，$+7$，-4　■(2) $+\frac{2}{3}$，$-\frac{3}{5}$，-0.65，0

11 数の大小　▶まとめ 2 ②

次の各組の数の大小を，不等号を用いて表しなさい。

□(1) -3，4　■(2) 7，-8　■(3) -4，-5

□(4) $\frac{3}{4}$，-0.8　■(5) $-\frac{5}{12}$，$-\frac{2}{5}$　■(6) -0.4，$-\frac{3}{7}$

□(7) 2，-3，-1　■(8) -0.9，-1，-0.99　■(9) $-\frac{1}{3}$，$-\frac{2}{7}$，0.3，-0.3

◆◆◆ 標準問題 ◆◆◆

例題1　数の大小と絶対値

次の問いに答えなさい。

(1)　絶対値が 3 以下となる整数をすべて答えなさい。

(2)　絶対値が 4 より大きく 8 以下となる整数は，全部でいくつあるか答えなさい。

解答　(1)　絶対値が 3 以下となる数は，数直線上で 0 からの距離が 3 以内となる数である。

よって，求める整数は

-3，-2，-1，0，1，2，3　答

(2)　絶対値が 4 より大きく 8 以下となる整数は，次のようになる。

-8，-7，-6，-5，5，6，7，8

よって，求める整数の個数は

8 個　答

12　次の問いに答えなさい。

□(1)　絶対値が 2 以上 5 以下となる整数をすべて答えなさい。

□(2)　絶対値が 4 以下となる整数は，全部でいくつあるか答えなさい。

■(3)　絶対値が 3 以上 7 未満となる整数は，全部でいくつあるか答えなさい。

13　次の問いに答えなさい。

□(1)　絶対値が 6 より小さい整数のうち，最も小さい整数を答えなさい。

□(2)　絶対値が 3.5 以下となる整数をすべて答えなさい。

■(3)　絶対値が $\frac{5}{3}$ 以上 $\frac{17}{4}$ 以下となる整数をすべて答えなさい。

□**14**　次の数を，絶対値の小さい方から順に並べたとき，絶対値が小さい方から 5 番目である数を答えなさい。

$$-3.8,\quad +\frac{13}{3},\quad -2.1,\quad -4.3,\quad +\frac{25}{6},\quad -\frac{19}{5},\quad +4,\quad -\frac{22}{7}$$

ヒント　14　分数は小数になおして考えるとよい。

2　加法と減法

基本のまとめ

1 加法

① 符号が同じ 2 つの数の和　符号……共通の符号　絶対値…… 2 つの数の絶対値の和

② 符号が異なる 2 つの数の和　符号……絶対値が大きい方の符号

絶対値……絶対値が大きい方から小さい方をひいた差

2 加法の計算法則

① 加法の交換法則　$a+b=b+a$　② 加法の結合法則　$(a+b)+c=a+(b+c)$

3 減法　ある数をひくことは，ひく数の符号を変えた数をたすことと同じである。

第1章

基本問題

15 符号が同じ 2 つの数の和　▶まとめ 1 ①

次の計算をしなさい。

(1) $(+2)+(+5)$　(2) $(-5)+(-3)$　(3) $(-7)+(-8)$

(4) $(+12)+(+19)$　(5) $(-3)+(-45)$　(6) $(-40)+(-17)$

(7) $(+96)+(+37)$　(8) $(-107)+(-39)$　(9) $(-362)+(-483)$

16 符号が異なる 2 つの数の和　▶まとめ 1 ②

次の計算をしなさい。

(1) $(+5)+(-3)$　(2) $(-4)+(+2)$　(3) $(+1)+(-9)$

(4) $(-7)+(+7)$　(5) $(+5)+(-21)$　(6) $(+7)+(-20)$

(7) $(+17)+(-15)$　(8) $(-26)+(+53)$　(9) $(+55)+(-91)$

(10) $(-73)+(+126)$　(11) $(-158)+(+72)$　(12) $(-196)+(+234)$

17 小数の加法　▶まとめ 1 ①，②

次の計算をしなさい。

(1) $(+2.2)+(+4.7)$　(2) $(-5)+(-3.8)$　(3) $(+4.8)+(-7.2)$

(4) $(-5.38)+(-2.02)$　(5) $(-6.82)+(+27.3)$　(6) $(+1.96)+(-13.8)$

18 分数の加法　▶まとめ 1 ①，②

次の計算をしなさい。

(1) $\left(-\frac{2}{3}\right)+\left(-\frac{4}{3}\right)$　(2) $\left(-\frac{4}{5}\right)+\left(-\frac{1}{2}\right)$　(3) $\left(-\frac{1}{4}\right)+\left(+\frac{5}{6}\right)$

(4) $\left(+\frac{7}{4}\right)+\left(-\frac{17}{8}\right)$　(5) $(-3)+\left(-\frac{2}{5}\right)$　(6) $\left(+\frac{19}{12}\right)+\left(-\frac{2}{15}\right)$

19 加法の計算法則 ▶まとめ 2 ①, ②

計算の仕方を工夫して，次の計算をしなさい。

□(1) $(+12)+(-28)+(+18)+(-2)$
■(2) $(-136)+(-34)+(+19)+(+136)$
■(3) $(+2.7)+(-4.4)+(+1.3)+(-0.6)$
□(4) $\left(-\frac{7}{6}\right)+\left(-\frac{3}{4}\right)+\left(+\frac{5}{6}\right)+\left(-\frac{11}{4}\right)$

20 正の数をひく ▶まとめ 3

次の計算をしなさい。

■(1) $(+7)-(+4)$
□(2) $(+3)-(+9)$
■(3) $(-5)-(+8)$
□(4) $(-6)-(+6)$
■(5) $0-(+10)$
□(6) $(-12)-(+8)$
■(7) $(-23)-(+34)$
■(8) $(+29)-(+86)$
■(9) $(-182)-(+54)$

第1章

21 負の数をひく ▶まとめ 3

次の計算をしなさい。

■(1) $(+6)-(-3)$
□(2) $(+9)-(-7)$
□(3) $(-8)-(-3)$
■(4) $0-(-4)$
■(5) $(+15)-(-16)$
□(6) $(+48)-(-27)$
□(7) $(-39)-(-57)$
■(8) $(-96)-(-76)$
■(9) $(+147)-(-89)$

22 小数の減法 ▶まとめ 3

次の計算をしなさい。

□(1) $(+8.2)-(+5.1)$
■(2) $(+2)-(-6.3)$
■(3) $(-4.2)-(+5.9)$
□(4) $(+13.6)-(-4.72)$
■(5) $(-21.27)-(-8.06)$
□(6) $(-60.38)-(-137.4)$

23 分数の減法 ▶まとめ 3

次の計算をしなさい。

□(1) $\left(-\frac{5}{7}\right)-\left(+\frac{3}{7}\right)$
□(2) $\left(+\frac{5}{9}\right)-\left(+\frac{3}{4}\right)$
■(3) $\left(+\frac{2}{3}\right)-\left(-\frac{3}{2}\right)$
■(4) $\left(-\frac{5}{12}\right)-\left(+\frac{17}{18}\right)$
□(5) $(-2)-\left(+\frac{7}{10}\right)$
■(6) $\left(-\frac{13}{15}\right)-\left(-\frac{11}{12}\right)$

24 式の項 ▶まとめ 2 ①, ②

次の式の項を答えなさい。

□(1) $(-11)+(+3)+(-7)+(-25)$
■(2) $(+9)-(-14)-(+32)+(-17)$

25 加法と減法の混じった計算 ▶まとめ 2 ①, ②

次の計算をしなさい。

□(1) $(+4)+(-5)-(+6)$
■(2) $(-9)-(-3)+(-8)$
□(3) $-12+(-14)-(-7)$
■(4) $0.5+(-3.4)-8.6$
□(5) $-\frac{1}{3}-\left(-\frac{1}{2}\right)+\frac{1}{6}$
■(6) $\frac{2}{5}-\left(-\frac{3}{2}\right)+(-2)$

標準問題

例題2　正の数，負の数の加法と減法

次の計算をしなさい。

$$-\frac{7}{3}+\left\{\left(\frac{3}{4}-\frac{5}{6}\right)+2\right\}-\left(-\frac{3}{8}\right)$$

考え方　かっこのある式は，まずかっこの中を計算する。

解答　$-\frac{7}{3}+\left\{\left(\frac{3}{4}-\frac{5}{6}\right)+2\right\}-\left(-\frac{3}{8}\right)=-\frac{7}{3}+\left(-\frac{1}{12}+2\right)-\left(-\frac{3}{8}\right)$

$=-\frac{7}{3}+\frac{23}{12}+\frac{3}{8}$

$=-\frac{1}{24}$　答

第1章

26　次の計算をしなさい。

□(1)　$2+(-8)-(+5)+(+3)$

■(2)　$(-2)-5+(-4)-(-9)$

□(3)　$(+7)+(-7)-3+6-(-5)$

■(4)　$-7+(-9)-(+4)+8-(-6)$

□(5)　$(-35)-24+(+51)-(-82)$

■(6)　$68-(+95)-52+(-68)$

□(7)　$-62+(+94)-30+41-(+18)$

■(8)　$47-(-82)-75-(+56)+(-96)$

□(9)　$157+(-309)-73+(+241)$

■(10)　$(-147)+(-362)+408+(-116)-(-86)$

27　次の計算をしなさい。

□(1)　$0.28-5.2+7.3-(-1.4)$

■(2)　$-5.61+(-4.08)-0.54+(+3.3)$

□(3)　$10.8-31.2-(-5.59)+(-2.7)+0.49$

■(4)　$(-6.17)+(+13.5)-3.4-(-8.21)-0.65$

28　次の計算をしなさい。

□(1)　$\left(-\frac{1}{5}\right)+\frac{3}{4}-\frac{7}{3}-\left(-\frac{5}{2}\right)$

■(2)　$\frac{3}{4}-\frac{2}{7}+\frac{1}{3}-\frac{7}{6}$

□(3)　$\frac{1}{3}+\left(-\frac{4}{3}\right)+3-\frac{2}{15}-\left(-\frac{5}{6}\right)$

■(4)　$-3+\frac{1}{4}-\left(-\frac{5}{6}\right)+\frac{1}{2}-\frac{11}{12}$

□(5)　$\frac{5}{24}-3+\left(-\frac{9}{16}\right)-\left(-\frac{1}{12}\right)-(-6)$

■(6)　$\frac{7}{36}+\left(-\frac{1}{4}\right)-(-2)+\frac{13}{18}+\left(-\frac{2}{9}\right)-5$

29　次の計算をしなさい。

□(1)　$-2+6-(-4+3)$

■(2)　$(+17)-\{25-(-16+5)\}$

□(3)　$\{(16-24)-(-30+8)\}-(-15)$

■(4)　$3.6-\{1.2-(-0.5+4.3)\}+(-1.8)$

□(5)　$\frac{2}{5}-\left\{\frac{7}{4}-\left(-2+\frac{4}{3}\right)\right\}$

■(6)　$-\frac{5}{12}+\left\{\left(\frac{1}{4}-\frac{5}{3}\right)-\frac{5}{12}\right\}-\left(-\frac{3}{8}\right)$

3　乗法と除法

基本のまとめ

1　正の数，負の数の乗法，除法

①　**同符号の2つの数の積，商**　絶対値の積，商に正の符号をつける。

②　**異符号の2つの数の積，商**　絶対値の積，商に負の符号をつける。

2　乗法の計算法則

①　**乗法の交換法則**　$a\times b=b\times a$　　②　**乗法の結合法則**　$(a\times b)\times c=a\times(b\times c)$

③　**積の符号**　負の数が奇数個あると $-$，偶数個あると $+$ になる。

3　累乗

同じ数をいくつかかけ合わせたものを，その数の **累乗** という。

3個の積
$2\times2\times2=2^3$

4　逆数

2つの数の積が1になるとき，一方の数を他方の数の **逆数** という。

基本問題

30　正の数，負の数の乗法　▶まとめ 1 ①，②

次の計算をしなさい。

□(1)　$(+4)\times(+2)$　□(2)　$(+3)\times(-5)$　□(3)　$(-6)\times(-4)$

□(4)　$(-8)\times(+1)$　□(5)　$(+7)\times(-9)$　□(6)　$(-9)\times(-8)$

31　正の数，負の数の乗法　▶まとめ 1 ①，②

次の計算をしなさい。

□(1)　$5\times(-6)$　□(2)　$(-8)\times8$　□(3)　$(-7)\times0$

□(4)　$(-4)\times(-1)$　□(5)　$0\times(-5)$　□(6)　$(-1)\times(-1)$

32　小数，分数の乗法　▶まとめ 1 ①，②

次の計算をしなさい。

□(1)　$(-0.5)\times(+8)$　□(2)　$(-32)\times(-0.25)$　□(3)　$2.5\times(-1.6)$

□(4)　$\frac{5}{6}\times\left(-\frac{4}{15}\right)$　□(5)　$\left(-\frac{7}{12}\right)\times\left(+\frac{9}{2}\right)$　□(6)　$(-12)\times\left(-\frac{3}{4}\right)$

□(7)　$\left(-\frac{15}{8}\right)\times\left(-\frac{1}{12}\right)$　□(8)　$\left(+\frac{13}{14}\right)\times\left(-\frac{7}{26}\right)$　□(9)　$-\frac{6}{5}\times(-15)$

33 乗法の計算法則 ▶まとめ 2 ①，②，③

次の計算をしなさい。

□(1) $5\times(-6)\times3$
■(2) $(-9)\times(-10)\times8$
□(3) $(-4)\times14\times(-5)$
■(4) $(-9)\times(-25)\times(-4)$
□(5) $4\times(-13)\times(-25)$
■(6) $125\times(-12)\times8$
□(7) $(-4)\times2.5\times(-15)$
■(8) $(-1.25)\times9\times8$
□(9) $0.125\times(-8)\times(-12)$
■(10) $7\times(-2.5)\times(-9)\times4$

34 累乗 ▶まとめ 3

次の計算をしなさい。

□(1) 2^3　■(2) $(-5)^2$　■(3) -5^2　□(4) $(-1.5)^2$　□(5) -3^4　■(6) $-\left(-\frac{3}{4}\right)^3$

35 正の数，負の数の除法 ▶まとめ 1 ①，②

次の計算をしなさい。

□(1) $(-24)\div6$
■(2) $(-18)\div(-3)$
■(3) $48\div(-6)$
□(4) $(-72)\div(-24)$
■(5) $18\div(-54)$
□(6) $(-91)\div52$

36 逆数 ▶まとめ 4

次の数の逆数を求めなさい。

□(1) 3　□(2) -4　□(3) $\frac{5}{8}$　□(4) $-\frac{1}{2}$　□(5) 0.5　□(6) -0.6

37 除法を乗法になおす ▶まとめ 4

次の計算をしなさい。

□(1) $(-9)\div\left(-\frac{3}{5}\right)$
■(2) $8\div\left(-\frac{4}{3}\right)$
■(3) $-\frac{5}{9}\div\left(-\frac{10}{3}\right)$
□(4) $\frac{1}{3}\div\left(-\frac{2}{9}\right)$
■(5) $-\frac{25}{12}\div\frac{15}{8}$
□(6) $\left(-\frac{7}{24}\right)\div\left(-\frac{21}{8}\right)$

38 乗法と除法の混じった計算 ▶まとめ 1，2 ③

次の計算をしなさい。

□(1) $(-12)\div4\times(-3)$
■(2) $(-16)\times(-4)\div(-8)$
□(3) $9\times\left(-\frac{7}{10}\right)\div\left(-\frac{3}{5}\right)$
■(4) $\frac{3}{28}\div\frac{4}{7}\times\left(-\frac{2}{9}\right)$
□(5) $(-0.2)\div(+0.3)\times6$
■(6) $\left(-\frac{6}{7}\right)\div4\times\left(-\frac{7}{5}\right)$

39 累乗と乗法，除法 ▶まとめ 1，2 ③，3

次の計算をしなさい。

□(1) $-2\times(-3)^2$
■(2) $(-2)^2\div(-4)$
□(3) $(-3)^3\div(-9)$
■(4) $(-3)^2\times\frac{5}{9}$
□(5) $-(-6)^2\div\frac{9}{2}$
■(6) $\left(-\frac{3}{8}\right)\div\left(-\frac{1}{2}\right)^3$

第1章

◆◆◆ 標準問題 ◆◆◆

例題 3　正の数，負の数の乗法と除法

次の計算をしなさい。

$$(-0.75)^3\times\left(-\frac{8}{9}\right)\div0.25^2$$

考え方　小数と分数の混じった式は，小数を分数になおしてから計算するとよい。

解答　$(-0.75)^3\times\left(-\frac{8}{9}\right)\div0.25^2=\left(-\frac{3}{4}\right)^3\times\left(-\frac{8}{9}\right)\div\left(\frac{1}{4}\right)^2$

$=\frac{3\times3\times3\times8\times4\times4}{4\times4\times4\times9}$

$=6$　**答**

第1章

40　次の計算をしなさい。

□(1)　$(-1)\times(-2)\times(-3)\times(-4)\times(-5)$

■(2)　$(-2)\times3\div(-8)\times(-32)\div4$

□(3)　$(-27)\times8\times(-2)\times1.25$

■(4)　$\left(-\frac{3}{5}\right)\div10\times\frac{1}{8}\div\left(-\frac{6}{7}\right)$

41　次の計算をしなさい。

□(1)　$(-3)^2\times12\div(-3)^3$

■(2)　$-(-2)^4\times6^2\div2^3\div(-9)$

□(3)　$(-5)^2\times\left(\frac{1}{3}\right)^3\times\left(-\frac{1}{5}\right)\div\left\{-\left(\frac{1}{3}\right)^2\right\}$

■(4)　$(-3)^2\times(-2^2)\div\left(-\frac{2}{3}\right)\times\left(\frac{1}{2}\right)^3$

□**42**　$(-1)^{2000}\times(-3)^2\div\left(\frac{1}{3}\right)^3$ を計算しなさい。

43　次の計算をしなさい。

□(1)　$-2^2\times(-1.5)^3\div\left(-\frac{1}{2}\right)^2$

■(2)　$(-25)\div1.25^2\times\left(-\frac{1}{2}\right)^3$

□(3)　$(-0.125)^2\div\left(-\frac{1}{2}\right)^3\div\left(\frac{3}{4}\right)^2$

■(4)　$-4^3\times0.375^2\div\left(\frac{9}{4}\right)^2\times(-0.75)^2$

□**44**　-0.3 の逆数と，0 との間にある整数を ○ とする。このとき，○ の 3 乗は -0.3 の逆数より小さくなった。○ の値を求めなさい。

ヒント　42　$(-1)^1=-1$，$(-1)^2=1$，$(-1)^3=-1$，…… であるから，$(-1)^{2000}$ は？

4　四則の混じった計算

基本のまとめ

1 四則の混じった計算

① **計算の順序**　累乗，かっこの中 ⟶ 乗法，除法 ⟶ 加法，減法

② **分配法則**　$(a+b)\times c=a\times c+b\times c$,　$a\times(b+c)=a\times b+a\times c$

2 素因数分解

① 約数が 1 とその数自身のみである自然数を **素数** という。

② 自然数を素因数だけの積の形に表すことを **素因数分解** するという。

3 正の数，負の数の利用

平均　基準の値を決めると　(平均)＝(基準の値)＋(基準の値との違いの平均)

参考　数を正方形状に並べ，縦，横，斜めにたして，その和がすべて等しくなるようにしたものを **魔方陣** という。

第1章

基本問題

45　四則の混じった計算（整数）　▶ まとめ 1 ①

次の計算をしなさい。

□(1)　$7+(-4)\times 5$

□(2)　$-8-(-2)\times 6$

□(3)　$4\times(-3)+(-4)\times(-7)$

□(4)　$12\div(-3)-(-7)\times(-2)$

□(5)　$(-5)\times(-6)+(-64)\div(-8)$

□(6)　$48\div(-4)-96\div(-8)$

46　四則の混じった計算（分数，小数）　▶ まとめ 1 ①

次の計算をしなさい。

□(1)　$\dfrac{4}{5}\div\dfrac{8}{15}-\dfrac{1}{2}$

□(2)　$6-9\times\left(-\dfrac{5}{3}\right)$

□(3)　$\dfrac{1}{3}+\dfrac{5}{9}\div\left(-\dfrac{2}{3}\right)$

□(4)　$\dfrac{1}{4}\times\dfrac{2}{3}-\dfrac{1}{2}\div\left(-\dfrac{5}{4}\right)$

□(5)　$1.5\times(-3)+(-3.2)\times 7$

□(6)　$(-7.5)\div 2.5-9.6\div(-3.2)$

47　四則の混じった計算（累乗）　▶ まとめ 1 ①

次の計算をしなさい。

□(1)　$-4^2\div 8-(-7)$

□(2)　$7^2+2\times(-5^2)$

□(3)　$-5^2-(-2)^2\times(-4)$

□(4)　$27\div(-3)^2+(-2)^3$

□(5)　$2\times(-3^2)+18\div(-3)^2$

□(6)　$-(-3^2)-3^2-(-3)^2$

48　四則の混じった計算　▶まとめ 1 ①

次の計算をしなさい。

□(1)　$\frac{3}{2}-\frac{5}{8}\times(-2)^2$　■(2)　$(-2)^3-(-6)\div\frac{3}{5}$　□(3)　$\left(\frac{1}{2}\right)^3-\left(-\frac{1}{4}\right)^2$

■(4)　$1-(-3^2)\div\left(-\frac{3}{2}\right)^2$　□(5)　$-3^2\times\frac{1}{6}-(-2)^3\div 8$　□(6)　$(-4)^3\div\frac{4}{3}-3\times(-4^2)$

49　四則の混じった計算　▶まとめ 1 ①

次の計算をしなさい。

□(1)　$(-5)\times(7-10)$　■(2)　$-72\div(-17+8)$

□(3)　$4-3\times(6-9)$　■(4)　$5-\{(-3)\times 2+(-4)\}$

□(5)　$\left(\frac{1}{2}-\frac{2}{3}\right)\times 5$　■(6)　$\left(\frac{1}{3}-\frac{3}{4}\right)\div\left(-\frac{5}{6}\right)$

第1章

50　分配法則　▶まとめ 1 ②

分配法則を用いて，次の計算をしなさい。

■(1)　$\left(\frac{2}{5}-\frac{1}{2}\right)\times 30$　■(2)　$(-24)\times\left(\frac{2}{3}-\frac{1}{4}+\frac{5}{6}\right)$

■(3)　$43\times 25-47\times 25$　■(4)　$46\times(-53)+54\times(-53)$

■51　素数　▶まとめ 2 ①

次の自然数のうち，素数でないものをすべて選びなさい。

①　16　②　13　③　51　④　1　⑤　29　⑥　87

52　素因数分解　▶まとめ 2 ②

次の数を素因数分解しなさい。

□(1)　42　■(2)　45　□(3)　96　■(4)　360　□(5)　675　■(6)　980

53　素因数分解の利用　▶まとめ 2 ②

次の数はある自然数の平方である。どのような自然数の平方であるか答えなさい。

■(1)　256　□(2)　576　■(3)　1521　□(4)　4356

54　素因数分解の利用　▶まとめ 2 ②

次の 2 つの自然数の最大公約数と最小公倍数を求めなさい。

□(1)　6，10　■(2)　28，42　□(3)　30，42　■(4)　72，108

55 基準の値と平均 ▶まとめ 3

右の表は，バスケットボール部員 A～E の 5 人の身長が，170 cm より何 cm 高いかを示したものである。次の問いに答えなさい。

部員	A	B	C	D	E
170 cm との違い (cm)	+6	−2	+4	0	−3

□(1) 身長が一番高い部員は，身長が一番低い部員より何 cm 高いか答えなさい。

□(2) 170 cm との違いの平均を求めなさい。

□(3) 5 人の身長の平均を求めなさい。

■56 基準の値と平均 ▶まとめ 3

A さんはあるゲームを 5 回行った。20 点を基準として，各回の得点が，基準を上回ったときには上回った分の点数を正の数で，基準を下回ったときには下回った分の点数を負の数で表したところ，表のようになった。このとき，5 回の得点の平均を求めなさい。

回	1 回目	2 回目	3 回目	4 回目	5 回目
点数	+4	+6	−2	−3	−4

57 魔方陣 ▶まとめ 3

右のそれぞれの表において，縦，横，斜めの数の和がすべて等しくなるようにしたい。(1) はア～オ，(2) はア～キにあてはまる数を，それぞれ求めなさい。

■(1)

−2	ア	イ
ウ	1	−1
エ	オ	4

□(2)

−6	ア	イ	−7
1	−1	ウ	2
−3	エ	0	オ
カ	キ	−5	5

◆◆◆ 標準問題 ◆◆◆

例題 4 正の数，負の数の利用

−4 から 4 までの整数が 1 つずつ書かれた札が 1 枚ずつある。この 9 枚の札を A，B，C の 3 人に 3 枚ずつ配ったところ，3 人の札に書かれた整数の和は等しくなった。A の札のうちの 2 枚の数字が −4 と 1，B の札のうちの 2 枚の数字が 0 と 2 であるとき，C の札に書かれた整数をすべて答えなさい。

考え方 3 人に配られた札に書かれた整数の和がいくらであるかを考える。

解答 9 枚の札の整数の和は

$$(-4)+(-3)+(-2)+(-1)+0+1+2+3+4=0$$

よって，3 人に配られた札の整数の和も 0 であるから

A の残りの札の整数は $0-(-4+1)=3$，　B の残りの札の整数は $0-(0+2)=-2$

したがって，C の札に書かれた整数は **−3，−1，4** 答

第 1 章

58 次の計算をしなさい。

□(1) $\{(-2)^2\times(-3^2)+4^2\}\div(-2)$

■(2) $\left\{\frac{6}{5}+\left(\frac{3}{5}-\frac{5}{2}\right)\right\}\div\left(-\frac{3}{5}\right)$

□(3) $\left(-\frac{1}{2}\right)^3\div2^2-3^3\times\left(-\frac{1}{4}\right)^2$

■(4) $(-4)^3\times(-0.5)-(-2)^2\div\left(-\frac{2}{3}\right)$

□(5) $0.3-\left(1.6-\frac{2}{3}\right)\times\left(-\frac{3}{4}\right)$

■(6) $\left(-\frac{1}{2}\right)^2\times\{(-2)^4+4\times(-5)\}\div\frac{1}{3^2}$

59 次の問いに答えなさい。

□(1) 270 にできるだけ小さな自然数をかけて，ある自然数の 2 乗にするには，どんな自然数をかければよいか答えなさい。

■(2) 1512 をできるだけ小さな自然数でわって，ある自然数の 2 乗にするには，どんな自然数でわればよいか答えなさい。

第1章

■60 右の表について，-4 から 4 までの 9 個の整数をそれぞれ 1 回使い，縦，横，斜めの数の和が等しくなるようにしたい。

ア～カ にあてはまる数を求めなさい。

ア	イ	3
2	ウ	エ
-3	オ	カ

□61 右の表において，それぞれの数の範囲で 2 つの数の四則演算を考えるとき，計算がその範囲でいつでもできる場合には○をつけなさい。

また，いつでもできるとは限らない場合は×をつけ，計算ができない場合の 2 つの数の例をあげなさい。

数の範囲	加法	減法	乗法	除法
(1) 正の偶数				
(2) 負の奇数				
(3) 3 の倍数				

ヒント 60 例題 4 と同じように考えることができる。

章末問題

□**1** 右の表の数字は，ある日の各都市の最高気温と最低気温を示している。最高気温と最低気温との温度差が最も大きい都市名を答えなさい。

都市名	ロンドン	バルセロナ	ベルリン	モスクワ
最高気温 (°C)	5	11	0	−4
最低気温 (°C)	−1	7	−2	−8

2 次の計算をしなさい。

□(1) $(+2)-(+3)-(-3)$　□(2) $7-(-2)+(-5)$　□(3) $-\frac{1}{3}-\left(-\frac{1}{2}\right)+\frac{1}{6}$

□(4) $6\times(-18)\div(-2)^2$　□(5) $\frac{5}{9}\times\left(-\frac{3}{20}\right)\div\left(-\frac{1}{2}\right)^2$　□(6) $(-2)^2\div\left(-\frac{2}{15}\right)\times1.2$

3 次の計算をしなさい。

□(1) $|-6|-|+2|$　□(2) $|3-5|+|-2+4|$　□(3) $|-2.4+1.8|-\left|\frac{1}{3}-\frac{3}{2}\right|$

4 次の計算をしなさい。

□(1) $(-2)^3\times\frac{7}{8}+\left(-\frac{3}{4}\right)^2\div\frac{1}{6^2}$　□(2) $\left(-\frac{3}{4}\right)^3\times\left(\frac{2}{3}-\frac{3}{4}\right)\div\left(\frac{3}{16}\right)^2$

□(3) $\{-2-(-3)\}\times2-10+(-3)^2-3^2\div(-1)$

□(4) $2\times\left\{(-0.75)^2-\frac{1}{16}\right\}-2^2\times\left(-\frac{1}{2}\right)^3\div0.125$

□(5) $\left(-\frac{2}{3}\right)^2\div(-4)\times(-3)^2-9\times\left\{\left(\frac{1}{3}\right)^4\times(-1)^2\div\frac{1}{3^2}\right\}$

◈**5** 自然数の約数の個数について考える。このとき，次の問いに答えなさい。

□(1) 143 の約数の個数を答えなさい。

□(2) □，△ が素数のとき，その積である □×△ の約数の個数を答えなさい。

□(3) 385 の約数の個数を答えなさい。

□(4) □，△，○ が素数のとき，その積である □×△×○ の約数の個数を答えなさい。

第2章　式の計算

1　文字式

基本のまとめ

1　文字を用いた式

数の代わりに文字を用いる。たとえば，1個100円の商品について

5個の値段は　100×5,　　n個の値段は　$100\times n$　　（ともに単位は円）

2　文字式の表し方

①　**積の表し方**　文字を用いて積を表すときは，次のようにする。

[1]　文字を含んだ乗法では，乗法の記号 × を省く。

[2]　文字と数の積では，数を文字の前に書く。

[3]　同じ文字の積は，指数を用いて書く。

（注意）文字どうしの積は，アルファベットの順に書くことが多い。

②　**商の表し方**　除法の記号 ÷ を用いずに，分数の形で書く。

第2章

基本問題

1　文字を用いた式　　▶まとめ 1

次の文の空欄に，適当な数または文字を書き入れなさい。

□(1)　80円の消しゴムをx個買って，1000円を払ったときのおつりは　(□−□×□) 円　である。*

□(2)　50円硬貨a枚と100円硬貨b枚がある。合計の金額は　(□×□+□×□) 円　である。

□(3)　x km の道のりを時速 9 km で走ったとき，所要時間は　$\frac{□}{□}$時間　である。

2　積の表し方　　▶まとめ 2 ①

次の式を，文字式の表し方にしたがって書きなさい。

□(1)　$8\times x$　　■(2)　$-12\times a$　　■(3)　$p\times3$

□(4)　$m\times(-15)$　　□(5)　$x\times y\times1$　　■(6)　$b\times(-1)\times a$

□(7)　$x\times x\times x$　　■(8)　$4\times a\times b\times b$　　□(9)　$x\times(-5)\times a\times x$

■(10)　$p\times a\times a\times(-4)$　　□(11)　$y\times a\times(-1)\times y\times5$　　■(12)　$y\times x\times(-2)\times z\times x\times x$

（注意）この本では，＊印のような値段に関する問題について，特に断らない限り消費税は考えないものとする。

3 積の表し方 ▶まとめ 2 ①

次の式を，文字式の表し方にしたがって書きなさい。

□(1) $5\times(a+b)$　■(2) $(x-y)\times(-2)$　□(3) $0.35\times(p-q)\times(-1)$

□(4) $(a-2b)\times(a-2b)$　■(5) $(a+b)\times(c-3)\times(a+b)$

4 商の表し方 ▶まとめ 2 ②

次の式を，文字式の表し方にしたがって書きなさい。

□(1) $a\div 7$　■(2) $10\div x$　□(3) $-6\div b$

■(4) $xy\div 5$　□(5) $abc\div(-15)$　■(6) $abc\div(xy)$

5 商の表し方 ▶まとめ 2 ②

次の式を，文字式の表し方にしたがって書きなさい。

■(1) $(a+b)\div 2$　□(2) $8a\div(x-y)$　■(3) $(2a+b)^2\div(x-3y)^3$

6 積，商の混じった式 ▶まとめ 2 ①，②

次の式を，文字式の表し方にしたがって書きなさい。

□(1) $a\times b\div 3$　■(2) $-1\times(p+q)\times m\div 5$

□(3) $ab^2\times(x+y)\div(-8)$　■(4) $(15x+20y)\div(x+y)^2$

7 ×，÷ の記号を用いて書く ▶まとめ 2 ①，②

次の式を，×，÷ の記号を用いて書きなさい。

■(1) $5xy$　□(2) $-2abc$　■(3) $-ap^2$

■(4) $\dfrac{x}{5}$　□(5) $\dfrac{-a}{6}$　■(6) $x^2(y+z)$

■(7) $\dfrac{abc}{3}$　□(8) $\dfrac{-5x}{3y}$　■(9) $\dfrac{2a-1}{3(b-2c)}$

8 文字を使った式 ▶まとめ 1，2

次の数量を，文字式の表し方にしたがって書きなさい。

□(1) 5000 円持っているAさんが，買い物をして x 円使ったときの残りの金額

■(2) 長さ 10 m のひもを n 等分したときの 1 本の長さ

□(3) x 円のりんごを 5 個，y 円のみかんを 8 個買ったときの代金の合計

■(4) 100 円のノート m 冊と 50 円の鉛筆 n 本を買って，1000 円出したときのおつり

■(5) 100 g あたり x 円の品物を y g 買ったときの代金

□(6) 3 人の身長が a cm，b cm，c cm であるとき，この 3 人の身長の平均

■(7) 男子 16 人の得点の平均が m 点，女子 13 人の得点の平均が n 点のとき，男女全員の得点の平均

9　文字を使った式（速さ）　▶まとめ 1，2

次の数量を，文字式の表し方にしたがって書きなさい。

■(1)　時速 a km で b 時間歩いたときに進む道のり

□(2)　x km の道のりを，時速 y km で進むときにかかる時間

■(3)　a km の道のりを，行きは時速 x km，帰りは時速 y km で歩いたとき，往復にかかる時間

10　文字を使った式（割合）　▶まとめ 1，2

次の数量を，文字式の表し方にしたがって書きなさい。

□(1)　100 円の a 割　　□(2)　x 円の 30 %　　□(3)　100 L の a %

□(4)　定価が a 円の商品を 1 割引きで売るときの売価

□(5)　1000 円を出して，定価が x 円の品物を 20 % 引きで買ったときのおつり

第2章

11　文字式の表す数量　▶まとめ 1，2

縦の長さが a cm，横の長さが b cm の長方形がある。次の式はどのような数量を表していると考えられるか。また，その単位も書きなさい。

□(1)　ab　　□(2)　$2(a+b)$

◆◆◆ 標準問題 ◆◆◆

例題1　単位をそろえて表す

家から a m 離れた公園まで行くのに，初めの 1.2 km は歩いたが，その後，毎分 250 m の速さで走って公園に着いた。走った時間は何分間か，文字の式で表しなさい。

考え方　単位が異なる場合は，単位をそろえる。

解答　走った道のりは　$a-1.2\times1000=a-1200$ (m)

毎分 250 m の速さで走ったから，走った時間は

$\dfrac{a-1200}{250}$ 分間　答

12　次の量を［　］内の単位で表しなさい。

□(1)　a g［kg］　■(2)　b 時間［分］　□(3)　c L［mL］　■(4)　d cm［m］

■13　a km の道のりを x 時間 y 分かけて歩いた。このとき，歩いた速さは毎分何 km か，文字の式で表しなさい。

2　多項式の計算

基本のまとめ

1　単項式と多項式

①　**単項式**　数や文字をかけ合わせてできる式を **単項式** という。
文字を含む単項式の数の部分を **係数** という。

②　**多項式**　単項式の和の形で表される式を **多項式** という。
その1つ1つの単項式を多項式の **項** という。特に，数だけの項を **定数項** という。

③　**次　数**　単項式で，かけ合わされている文字の個数を，その式の **次数** という。
多項式では，各項の次数のうち，最も高いものを，その式の次数という。

2　多項式の加法と減法

①　多項式の項の中で，文字の部分が同じ項を **同類項** という。

②　**加法**　各項の符号はそのままにしてたし，同類項をまとめる。

③　**減法**　ひく方の多項式の各項の符号を変えてすべての項をたし，同類項をまとめる。

3　単項式，多項式と数の乗法，除法

①　**乗法**　式の係数と数をかける。　②　**除法**　わる数の逆数をかける。

第2章

基本問題

14　項と係数　▶まとめ **1** ①，②

次の式の項を答えなさい。また，文字を含む項については，その係数を答えなさい。

□(1)　$5a+7$　■(2)　$-3x+\frac{1}{2}y$　□(3)　$a-2bc-d$

■(4)　$-2x^2+y^2-1$　□(5)　$\frac{2}{5}ab^2-\frac{1}{3}xy+\frac{3}{4}$　■(6)　$-\frac{a^3}{3}+\frac{a^2b}{2}-b^2$

15　単項式の次数　▶まとめ **1** ③

次の単項式の次数を答えなさい。

□(1)　$5xyz$　■(2)　$-8a^2b$　□(3)　p^2qr^3

■(4)　$7ax$　□(5)　$\frac{2xy^3}{3}$　■(6)　$-\frac{5}{6}p^2q^3x^2$

16　多項式の次数　▶まとめ **1** ③

次の多項式の次数を答えなさい。

□(1)　$2x^2-5$　■(2)　$-a^2+ab^3$　□(3)　$8x^3-2xy+3y^2$

■(4)　$\frac{ax^2}{4}-aby^2+\frac{1}{3}$　□(5)　$pq^2r+2p^3qr^2-pqr$　■(6)　$\frac{2}{5}xy^3+ax^2y^2-4b^4$

17 同類項 ▶まとめ 2 ①

次の式の同類項をまとめなさい。

□(1) $3a+5a$　■(2) $4x-3x+x$　□(3) $6x-2-5x-4$

■(4) $\frac{1}{2}a+\frac{1}{5}a-4$　□(5) $-a+2b+7a-5b$　■(6) $2x-y+3+8y-4x-1$

18 同類項 ▶まとめ 2 ①

次の式の同類項をまとめなさい。

□(1) $3x^2-4x+1-2x^2+7x-5$　■(2) $2x^3-5x+3+4x-3x^3-x^2$

□(3) $a^2+2ab-2b^2-3ab+4a^2-5b^2$　■(4) $-2xy+3y^2+x^2-3y^2-5x^2+6xy$

□(5) $5ab-3bc-6ab+2ca-7bc+7ca$　■(6) $0.7x^2-0.4xy-1.2y^2+0.5x+0.7xy+0.9y^2-1.1x^2$

19 多項式の加法 ▶まとめ 2 ②

次の計算をしなさい。

□(1) $(7x+2)+(3x+5)$　■(2) $(2x-1)+(-3x+2)$

□(3) $(3a-b)+(2a+4b)$　■(4) $5a+(-a+2b)$

□(5) $(3x^2-2xy+4y^2)+(2x^2+xy-4y^2)$　■(6) $(-3ab+5bc-ca)+(2ab-bc+4ca)$

20 多項式の減法 ▶まとめ 2 ③

次の計算をしなさい。

□(1) $(4x+7)-(x+4)$　■(2) $(4a-7b)-(2a+4b)$

□(3) $(3x+4y)-(5x-6y)$　■(4) $(-3a-2b)-(4b-2a)$

□(5) $(6x^2-xy-2y^2)-(5x^2+3xy+y^2)$　■(6) $(4ab-bc+3ca)-(7ab-ca-3bc)$

21 加法と減法 ▶まとめ 2 ②，③

次の計算をしなさい。

□(1) $\begin{array}{r} 2a+3b \\ +)\ 5a-2b \\ \hline \end{array}$　□(2) $\begin{array}{r} x+2y-5 \\ +)\ 3x-\ y+6 \\ \hline \end{array}$　□(3) $\begin{array}{r} 3a-6b \\ -)\ 7a-5b \\ \hline \end{array}$　□(4) $\begin{array}{r} 7x-4y-9 \\ -)\ 9x-4y+2 \\ \hline \end{array}$

22 加法と減法 ▶まとめ 2 ②，③

次の 2 つの式の和を求めなさい。また，左の式から右の式をひいた差を求めなさい。

□(1) $7a-5b+17$，$6a+13b-5$　■(2) $-3x^2-2x-1$，$2x^2+7x+3$

□(3) $a^2-2ab+3b^2$，$-3a^2+4ab-2b^2$　■(4) x^3-3+2x^2，$-5x+2x^2-x^3-1$

23 単項式と数の乗法 ▶まとめ 3 ①

次の計算をしなさい。

□(1) $5a\times4$　■(2) $12x\times(-3)$　□(3) $-7m\times6$

■(4) $6x\times\frac{5}{3}$　□(5) $12a\times\left(-\frac{4}{3}\right)$　■(6) $-28\times\left(-\frac{2}{7}x\right)$

第2章

24 多項式と数の乗法　▶まとめ 3 ①

次の計算をしなさい。

□(1) $4(3a-5)$　■(2) $-3(4x-7y)$　□(3) $6(-p+3q-2)$

■(4) $(3x^2-5xy-2y^2)\times 4$　□(5) $\frac{2}{3}(6a^2+12ab-9bc)$　■(6) $\left(-\frac{3}{4}x+\frac{y}{2}\right)\times\left(-\frac{8}{3}\right)$

25 多項式と数の乗法　▶まとめ 3 ①

次の計算をしなさい。

□(1) $\frac{5a-3}{2}\times 8$　■(2) $\frac{12x+7y}{5}\times(-15)$　□(3) $12\left(\frac{a-4b+2}{3}\right)$

■(4) $\frac{2m+3n-12}{6}\times 18$　□(5) $-6\times\frac{x^2-xy-2y^2}{3}$　□(6) $-\frac{4a-5b-2}{7}\times(-42)$

26 単項式と数の除法　▶まとめ 3 ②

次の計算をしなさい。

□(1) $12a\div 3$　■(2) $28x\div(-7)$　□(3) $-56m\div(-14)$

■(4) $18p\div\frac{3}{7}$　□(5) $20a\div\left(-\frac{5}{3}\right)$　■(6) $-42x\div\left(-\frac{7}{6}\right)$

27 多項式と数の除法　▶まとめ 3 ②

次の計算をしなさい。

□(1) $(8a+6)\div 2$　■(2) $(12x-18)\div 6$　■(3) $(49m-21)\div(-7)$

□(4) $(15a-9b+6)\div 3$　□(5) $(45a+81b-90)\div(-9)$　■(6) $(48x-60y-36z)\div(-12)$

□(7) $\left(\frac{6}{5}a+3\right)\div 3$　□(8) $\left(-\frac{1}{6}x+\frac{2}{3}y\right)\div(-4)$　■(9) $\left(\frac{10}{3}p-\frac{1}{6}q\right)\div\left(-\frac{5}{12}\right)$

28 いろいろな式の計算　▶まとめ 2, 3

次の計算をしなさい。

□(1) $2(3x+1)+4(2x-5)$　■(2) $3(x-5)+5(2x-3)$

□(3) $4(2a-3b)-6(a-2b)$　■(4) $-6(x-1)+3(4x+5)$

□(5) $3(x^2-7x+2)+4(3x^2+8x-7)$　■(6) $5(2a^2-ab+3b^2)-3(3a^2-4ab)$

29 いろいろな式の計算　▶まとめ 2, 3

次の計算をしなさい。

□(1) $\frac{a-1}{2}+\frac{a+2}{3}$　■(2) $\frac{5x-3y}{6}-\frac{2x+y}{3}$　□(3) $\frac{3a+b}{4}+\frac{a-2b}{3}$

■(4) $\frac{9x+2y}{6}-\frac{3x-2y}{4}$　□(5) $\frac{2m-n}{3}-\frac{m-2n}{6}$　■(6) $\frac{3a-b+2}{5}-\frac{b-3a+4}{2}$

第2章

◆◆◆ 標準問題 ◆◆◆

例題 2　分数の形の1次式の計算

次の計算をしなさい。

$$\frac{2a-b}{3}-\left(2a-\frac{a-3b}{2}\right)+\frac{5a-b}{6}$$

考え方 通分する。かっこの前が − の場合，かっこをはずすと符号が変わることに注意。

解答 $\frac{2a-b}{3}-\left(2a-\frac{a-3b}{2}\right)+\frac{5a-b}{6}=\frac{2a-b}{3}-2a+\frac{a-3b}{2}+\frac{5a-b}{6}$

$=\frac{2(2a-b)-12a+3(a-3b)+(5a-b)}{6}$

$=\frac{4a-2b-12a+3a-9b+5a-b}{6}$

$=-2b$ 答

30 次の計算をしなさい。

□(1) $\frac{1}{2}x+\frac{1}{4}(x-1)$

■(2) $6\left(\frac{1}{3}a-b\right)-\frac{1}{2}(2a-4b)$

□(3) $\frac{x-5y}{3}\times6+\frac{3x+y}{2}\times(-4)$

■(4) $\frac{5a-2b+3c}{4}\times12-\frac{4a+b-3c}{8}\times16$

31 次の計算をしなさい。

□(1) $\frac{2a-5}{3}-\frac{a+3}{2}+3$

■(2) $x-\frac{5x-y}{2}-\frac{x+2y}{3}$

■(3) $\frac{3x-y}{2}-4\left(\frac{y-5x}{8}-\frac{x-2y}{2}\right)$

□(4) $\frac{5x+2y-7}{3}-2(x-3y)+\frac{x-4y-3}{2}$

32 $A=3x-4y$，$B=-2x+5y$ とする。次の式を x，y を用いて表しなさい。

□(1) $A+B$

□(2) $A-B$

■(3) $2A-5B$

□(4) $\frac{1}{2}A-\frac{3}{5}B$

□(5) $\frac{2}{3}A+2B$

■(6) $\frac{2}{3}(A-3B)$

33 次の □ にあてはまる式を求めなさい。

□(1) $(\square)+(2x+8)=5x+3$

■(2) $(6x-2y)+(\square)=4x+y$

□(3) $(\square)-(4a-5b)=3a+7b$

■(4) $(-3x+7y)-(\square)=x+7y$

ヒント 33(1) □ と $2x+8$ をたすと $5x+3$ になるから，□ は $5x+3$ から $2x+8$ をひいたものになる。

3　単項式の乗法と除法　　4　式の値

基本のまとめ

1 乗法と除法

① **乗法**　係数の積に文字の積をかける。

② **除法**　数の場合と同じように計算する。

2 式の値

式の中の文字を数におきかえることを，文字にその数を **代入する** といい，代入して計算した結果を，**式の値** という。

基本問題

34 単項式の乗法　▶まとめ 1 ①

次の計算をしなさい。

□(1) $3a\times6b$　■(2) $7x\times(-5y)$　□(3) $(-6p)\times(-8q)$

■(4) $(-12xy)\times8z$　□(5) $\frac{3}{5}ab\times(-10c)$　■(6) $\left(-\frac{3}{14}p\right)\times\left(-\frac{7}{6}qr\right)$

□(7) $4a\times(-9a^2)$　■(8) $(-2x^2y)\times7xy$　□(9) $(-2p)^4$

■(10) $\frac{3}{8}a\times(-2b)^2$　□(11) $(-5xy)^2\times\left(-\frac{3}{5}z\right)$　■(12) $\left(\frac{3}{2}p\right)^3\times\left(-\frac{8}{3}q\right)^2$

35 単項式の除法　▶まとめ 1 ②

次の計算をしなさい。

□(1) $24ab^2\div(-8ab)$　■(2) $(-18x^3y^2)\div(-3x^2y)$　□(3) $12a^3b^2\div\frac{3}{4}a^2b$

■(4) $(-21xy^3)\div\frac{7}{5}xy$　□(5) $\left(-\frac{4}{5}a^4b^2\right)\div(-2a^3b)$　■(6) $\left(-\frac{15}{8}x^4y^2\right)\div\frac{5}{16}x^2y$

36 単項式の乗法，除法　▶まとめ 1 ①，②

次の計算をしなさい。

□(1) $9a^2\times ab\div(-3a)$　■(2) $16x^2\div(-4xy)\times y^2$

□(3) $12a^2b\times(-2ab)\div(-8a^2b^2)$　■(4) $(2xy)^2\div(-xy^2)\times(-3x)^2$

37 1文字の式の値　▶まとめ 2

$a=-5$ のとき，次の式の値を求めなさい。

■(1) $3a+4$　□(2) $-6a+24$　■(3) $-a^2$　□(4) $\frac{a^3}{3}-2a$　■(5) $(a+3)^3$

第2章

38 2文字の式の値　▶まとめ 2

$x=2$，$y=-3$ のとき，次の式の値を求めなさい。

■(1) $x-2y$　□(2) $-3xy$　■(3) $-\frac{4y}{x}$　□(4) $-\frac{3}{8}x^2+2y^2$　■(5) $(4x+3y)^2$

39 式の値　▶まとめ 2

$a=6$，$b=-8$ のとき，次の式の値を求めなさい。

□(1) $(5a-4b)-(6a-b)$　■(2) $3(2a+5b)-4(a-3b)$　□(3) $(-2a^2b)^2\times 4ab\div(-8a^4b^2)$

◆◆◆ 標準問題 ◆◆◆

例題3　複雑な式の値

$x=\frac{1}{2}$，$y=2$ のとき，$(-3xy^2)^3\div(-x^2y)^2\times\left(\frac{1}{6y}\right)^2$ の値を求めなさい。

考え方 このまま代入すると計算がたいへん。複雑な式の値は，まず，式を簡単にする。

解答

$$(-3xy^2)^3\div(-x^2y)^2\times\left(\frac{1}{6y}\right)^2=-27x^3y^6\times\frac{1}{x^4y^2}\times\frac{1}{36y^2}=-\frac{3y^2}{4x}$$

$-\frac{3y^2}{4x}$ に $x=\frac{1}{2}$，$y=2$ を代入して

$$-\frac{3y^2}{4x}=-\frac{3}{4}\times 2^2\div\frac{1}{2}=-6$$ 答

40 次の計算をしなさい。

□(1) $-ab^2\times(ab^2)^2\div(-ab)^3$

■(2) $(-2x^2y^3)^2\div(2x^2y)^2\times(-y)^3$

□(3) $(-2ab^2x^3)^2\times(-3a^2b)^2$

■(4) $\left(-\frac{1}{3}a^2b^3\right)^3\div(-a^2b)^2$

□(5) $2xy^2\times(-3x^2y^3)^2\div\left(-\frac{9}{2}x^3y^4\right)$

■(6) $(-4xy^3z)^2\times x^2yz\div 16x^2yz^3$

□(7) $4xy^2\times\left(-\frac{1}{2}x^2y\right)^3\div\frac{1}{2}x^2y^3$

■(8) $\frac{1}{3}x^2y\times(-2x^2y^3)^2\div\frac{1}{6}x^2y^2$

41 次の問いに答えなさい。

■(1) $x=-\frac{1}{5}$，$y=4$ のとき，$\frac{4x-y}{3}-\frac{2x-3y}{4}$ の値を求めなさい。

□(2) $a=\frac{1}{2}$，$b=-\frac{2}{3}$ のとき，$-8a^3b^2\div(-2a)^2\times\frac{3}{b}$ の値を求めなさい。

■(3) $x=1$，$y=-\frac{1}{2}$ のとき，$\left(-\frac{1}{2}xy^2\right)^2\div\left(\frac{1}{3}xy^2\right)^3\times\left(-\frac{4}{3}x^3\right)$ の値を求めなさい。

5　文字式の利用

基本のまとめ

1 いろいろな数（以下，n は整数とする）

① **偶数，奇数**　偶数は $2n$，　奇数は $2n+1$（または $2n-1$）

② **連続する数**　連続する 2 数は n，$n+1$，　連続する 3 数は $n-1$，n，$n+1$

③ **2 けたの数**　十の位の数が x，一の位の数が y である自然数は　$10x+y$
（x は 1 から 9 までの整数，y は 0 から 9 までの整数）

④ **倍数**　3 の倍数は $3n$，　4 の倍数は $4n$，　5 の倍数は $5n$，……

2 式の計算の利用

ことがらを文字の式で表し，式の計算を利用する。

基本問題

42　整数の性質　▶まとめ 1，2

次のことが成り立つわけを，文字を用いて説明しなさい。

□(1)　連続する 5 つの整数の和は 5 の倍数である。

□(2)　連続する 2 つの奇数の和は 4 の倍数である。

43　整数の表し方　▶まとめ 1 ③

次のような数を，文字式の表し方にしたがって書きなさい。

□(1)　千の位の数が a，百の位の数が b，十の位の数が c，一の位の数が d である 4 けたの自然数

□(2)　一，十，百の位の数がすべて x である 3 けたの自然数

44　整数の性質　▶まとめ 1，2

次のことが成り立つわけを，文字を用いて説明しなさい。

□(1)　2 けたの自然数と，この数の十の位の数と一の位の数を入れかえた数の和は，11 でわり切れる。

□(2)　7272 のように，千の位の数と十の位の数，百の位の数と一の位の数がそれぞれ等しい 4 けたの自然数は，101 でわり切れる。

□**45**　文字式の利用（図形）　▶まとめ 2

1 辺が a である小さい正方形と，1 辺が $(a+b)$ である大きい正方形がある。1 辺の差が b であるこの 2 つの正方形の周の長さの差を求めなさい。

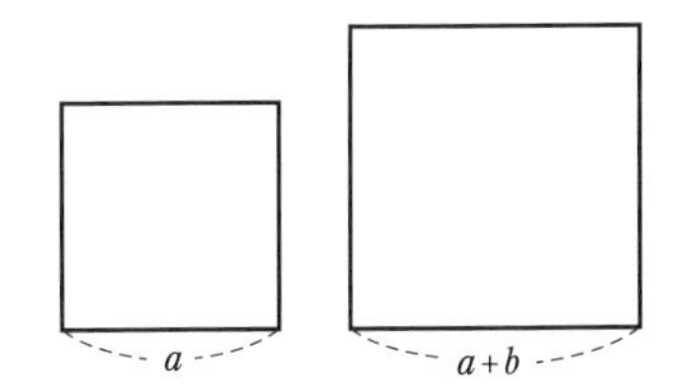

標準問題

46 縦の長さ，横の長さ，高さが，それぞれ a cm，b cm，c cm である直方体Aと，直方体Aの各辺をそれぞれ2倍した大きさの直方体Bがある。この2つの直方体について，次の問いに答えなさい。

□(1) 直方体Bの体積は，直方体Aの体積の何倍か。

□(2) 直方体Bの表面積は，直方体Aの表面積の何倍か。

47 次のことが成り立つわけを，文字を用いて説明しなさい。

■(1) 2けたの自然数がある。この自然数の十の位の数と一の位の数を入れかえてできる自然数を8倍した数と，もとの自然数との和は，9の倍数である。

□(2) 2つの連続する正の整数がある。小さい方を5でわった余りが2となるとき，この2つの整数の和は，5の倍数である。

48 右の図1は，ます目に12個の黒い石を正方形の形に並べたものである。図2は，図1の黒い石を取り囲むように白い石を並べたものである。このように，正方形が二重になった図形をつくるとき，次の問いに答えなさい。

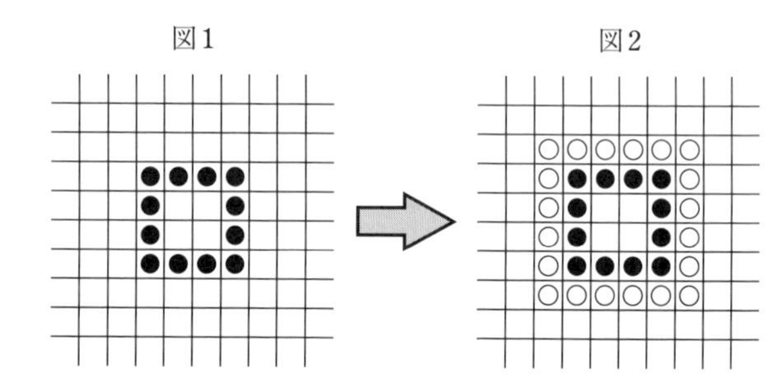
図1　図2

□(1) 黒い石を16個使って，図2のような図形をつくるとき，白い石は何個必要か。

□(2) 黒い石を1辺に x 個並べて，図2のような図形をつくるとき，黒い石の数と白い石の数を，それぞれ x を用いて表しなさい。

発展問題

49 右の表は，x 行 y 列のマス目に $3x+4y$ の値を入れたものである。この表の3つの数を，右のような枠 で囲み，その枠内の左上にある数を a，その右隣りにある数を b，真下にある数を c とする。たとえば，右の例では，$a=14$，$b=18$，$c=17$ である。このとき，次のことを文字を用いて説明しなさい。

x \ y	1	2	3	4	…
1	7	11	15	19	
2	10	14	18		
3	13	17	21		
4	16				
⋮					

□(1) 枠をどこにとっても，$a+b+c-1$ の値は3の倍数になる。

□(2) a が x 行 x 列にあるとき，$a+b+c$ の値は7の倍数になる。

ヒント　47(2) 正の整数 a を b でわったとき，その商が q で余りが $r \longrightarrow a=bq+r$

章末問題

1 次の数量を，文字式の表し方にしたがって書きなさい。

□(1) 縦が a cm，横が b cm，高さが $3b$ cm である直方体の表面積

□(2) ある店で，1個の定価が90円のお菓子を定価の a 割引きで売っていた。このお菓子を5個買って500円を払ったときのおつり

□(3) 12人が受けたテストの平均点が x 点で，12人のうちの5人の平均点が y 点であるとき，残り7人の平均点

2 次の計算をしなさい。

□(1) $\dfrac{a^2+ab-2b^2}{4}-\dfrac{2a^2-4ab-3b^2}{3}+\dfrac{5a^2+3ab-4b^2}{6}$

□(2) $-\dfrac{1}{3}x^2y\div\left(-\dfrac{1}{2}xy^2\right)^2\div 2y\times(-12xy^4)$

3 次の問いに答えなさい。

□(1) $A=x+2y-4$，$B=3x-y+1$ であるとき，$6A-5B-3(A-2B)$ を計算しなさい。

□(2) $A=x-6y-z$，$B=-x+2y+2z$ のとき，$A-2B+C$ を計算すると $x+2y$ になった。Cの式を求めなさい。

□**4** $x=-1$，$y=-\dfrac{1}{3}$ のとき，$\dfrac{1}{2}x^2y^3\div\left(-\dfrac{2}{3}x^3y^2\right)^3\times(-2x^2y)^4$ の値を求めなさい。

◆**5** 同じ長さのマッチ棒を下の図のように組み立てていく。上から1段目，2段目，3段目，……とするとき，次の問いに答えなさい。

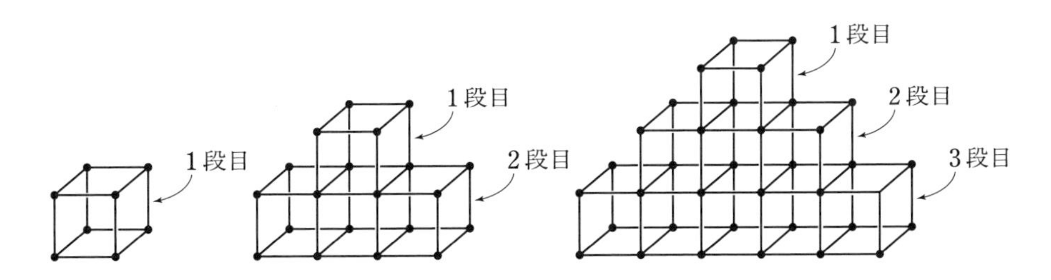

□(1) 1段目から4段目まで組み立てるときに使うマッチ棒の数を求めなさい。

□(2) 1段目から $(n+1)$ 段目まで組み立てるときに使うマッチ棒の数は，1段目から n 段目まで組み立てるときよりも何本多くなるか説明しなさい。

ヒント 5(2) 同じ向きに並んだマッチ棒の総数を，それぞれ比べるとよい。

第3章　方程式

1　方程式とその解　　2　1次方程式の解き方

基本のまとめ

1　等式と方程式

①　**等式**　等号を用いて数量が等しいという関係を表した式を **等式** という。

②　**方程式**　文字の値によって，成り立ったり成り立たなかったりする等式を **方程式** といい，方程式を成り立たせる文字の値を，その方程式の **解** という。

③　**等式の性質**　$A=B$ であるとき，次のことが成り立つ。

[1]　$A+C=B+C$　　等式の両辺に同じ数をたしても，等式は成り立つ。

[2]　$A-C=B-C$　　等式の両辺から同じ数をひいても，等式は成り立つ。

[3]　$AC=BC$　　等式の両辺に同じ数をかけても，等式は成り立つ。

[4]　$\frac{A}{C}=\frac{B}{C}$　　等式の両辺を同じ数でわっても，等式は成り立つ。ただし，$C\neq0$

2　方程式の解き方

[1]　係数に分数や小数がある方程式は，両辺を何倍かして分数や小数をなくす。かっこのある式は，かっこをはずす。

[2]　x を含む項を左辺に，数の項を右辺に移項する。

[3]　$ax=b$ の形に整理する。

[4]　$ax=b$ の両辺を，x の係数 a でわる。

基本問題

1　数量の関係　　▶まとめ 1 ①

次の数量の関係を等式で表しなさい。

□(1)　x を3倍した数に5を加えると10になる。

■(2)　a を m 倍した数と，b を n 倍した数は等しい。

□(3)　x を4倍した数と y を3倍した数の和は20である。

■(4)　x を2倍した数から7をひいた数は，x に3を加えた数を4倍した数に等しい。

□(5)　x を3でわった数と，y を5でわった数は等しい。

■(6)　x から m をひいた数を p でわった数と x との和は8である。

□(7)　a を n 倍した数と b を m 倍した数の和を，m と n の和でわった数は x である。

■(8)　x と3の和を5でわった数と，x を4倍した数と7の和を2でわった数の和は10である。

2 数量の関係 ▶まとめ 1 ①

次の数量の関係を等式で表しなさい。

□(1) Aさんの所持金をx円，Bさんの所持金をy円とする。2人の所持金の合計は2500円である。

■(2) 200問ある宿題を，1日あたりx問解くことにした。7日間続けたとき，残りは60問だった。

□(3) 時速x kmで2時間進んだ道のりと，時速y kmで3時間進んだ道のりが等しかった。

■(4) 時速4 kmでx時間進み，その後時速3 kmでy時間進むときの道のりと，時速z kmで5時間進むときの道のりは等しい。

□(5) 定価a円の品物をx割引きで10個買ったときの代金の合計がy円となった。

■(6) 原価x円の品物に，p %の利益を見込んで定価をつけ，100個販売したところ，売り上げの合計は5000円であった。

□(7) x gのおもりが12個，y gのおもりが17個ある。これらのおもりの平均の重さはz gである。

3 方程式の解 ▶まとめ 1 ②

−1，0，1の中から，次の方程式の解となっている数を選びなさい。

□(1) $x-3=-2$　□(2) $5x+7=2$　□(3) $x+6=3(x+2)$　□(4) $5(3-x)=16-4x$

■4 方程式の解 ▶まとめ 1 ②

次の方程式のうち，−2が解であるものはどれか答えなさい。

① $5(x-2)=0$　② $x+4=2$　③ $2(5+x)=3x$　④ $-(3x+5)=4x+9$

5 等式の性質と1次方程式の解き方 ▶まとめ 1 ③

次の方程式を解くとき，$\boxed{}$ に適する数を答えなさい。

□(1) $x-5=9$

両辺に $\boxed{①}$ をたすと　$x-5+\boxed{②}=9+\boxed{③}$

よって　$x=\boxed{④}$

□(2) $x+4=12$

両辺から $\boxed{①}$ をひくと　$x+4-\boxed{②}=12-\boxed{③}$

よって　$x=\boxed{④}$

□(3) $\dfrac{x}{5}=-4$

両辺に $\boxed{①}$ をかけると　$\dfrac{x}{5}\times\boxed{②}=-4\times\boxed{③}$

よって　$x=\boxed{④}$

□(4) $7x=35$

両辺を $\boxed{①}$ でわると　$\dfrac{7x}{\boxed{②}}=\dfrac{35}{\boxed{③}}$

よって　$x=\boxed{④}$

6 1次方程式の解き方 ▶まとめ 2

次の方程式を解きなさい。

■(1) $x-9=4$　□(2) $x-6=-7$　■(3) $x+3=11$

□(4) $x+5=-3$　■(5) $-2+x=6$　□(6) $4+x=0$

■(7) $x+\dfrac{1}{3}=\dfrac{1}{2}$　□(8) $x-1.3=4.2$　■(9) $\dfrac{7}{6}+x=-\dfrac{4}{5}$

第3章

7　1次方程式の解き方　▶まとめ 2

次の方程式を解きなさい。

□(1) $3x=15$　□(2) $6x=-24$　■(3) $-7x=42$

□(4) $\frac{x}{5}=4$　■(5) $\frac{x}{7}=-2$　□(6) $-\frac{x}{3}=9$

■(7) $\frac{x}{4}=\frac{1}{3}$　□(8) $-\frac{8}{3}x=4$　■(9) $-\frac{18}{5}x=-\frac{9}{20}$

8　1次方程式の解き方　▶まとめ 2

次の方程式を解きなさい。

□(1) $3x+4=10$　■(2) $5x-13=2$　□(3) $8x+15=-9$

■(4) $-4x+6=30$　□(5) $5-3x=14$　■(6) $-11-6x=25$

□(7) $2x=18-4x$　■(8) $9x=-15+6x$　□(9) $-5x=27+4x$

■(10) $x=-28-3x$　□(11) $5x-24=-3x$　■(12) $-8x+25=-3x$

9　1次方程式の解き方　▶まとめ 2

次の方程式を解きなさい。

□(1) $4x-7=2x-1$　■(2) $-3x+12=-8x+42$　□(3) $9x-13=4x+12$

■(4) $x+17=-3x-19$　□(5) $6x-21=4x-11$　■(6) $-5x+22=-13x+78$

第3章

10　かっこを含む方程式　▶まとめ 2

次の方程式を解きなさい。

□(1) $x-4=4(x+2)$　■(2) $3(x-5)=1-x$　□(3) $7-5(2-x)=12$

■(4) $5x-2(x-3)=15$　□(5) $x-4(2x-1)=25$　■(6) $5(x-3)=3x-10$

□(7) $2(4x+1)=5(x-5)$　■(8) $3(x-1)=2(3x-2)-5$

11　分数を含む方程式　▶まとめ 2

次の方程式を解きなさい。

□(1) $\frac{1}{3}x+1=\frac{1}{2}x$　■(2) $\frac{x-6}{4}=\frac{4x+2}{3}$　□(3) $\frac{2}{3}x-1=\frac{1}{6}x+2$

■(4) $\frac{2}{3}x-5=\frac{3}{4}x-6$　□(5) $\frac{x}{5}-\frac{x-3}{2}=0$　■(6) $\frac{1}{2}x-1=\frac{x-2}{5}$

□(7) $\frac{3}{10}x-\frac{3}{2}=\frac{4}{5}x+1$　■(8) $\frac{x}{12}-\frac{3x-1}{8}=1$

12　小数を含む方程式　▶まとめ 2

次の方程式を解きなさい。

□(1) $0.6x-2.1=-0.1x$　■(2) $0.4x-0.5=2-0.1x$　□(3) $2.5x-4=1.3x+0.8$

■(4) $0.58x-3.1=1.28x+1.8$　□(5) $0.4(x+2)=x-1.6$　■(6) $0.1(x-1)=0.2x-0.6$

◆◆◆ 標準問題 ◆◆◆

例題 1　複雑な方程式

次の方程式を解きなさい。

$$\frac{2x+1}{5}-0.2(6x-5)=\frac{x-2}{2}-0.7(x-2)$$

考え方　分数や小数を係数にもつ方程式は，まず，係数を整数にすることを考える。

解答

$$\frac{2x+1}{5}-0.2(6x-5)=\frac{x-2}{2}-0.7(x-2)$$

両辺に 10 をかけると　$2(2x+1)-2(6x-5)=5(x-2)-7(x-2)$

$$4x+2-12x+10=5x-10-7x+14$$

$$-8x+12=-2x+4$$

$$-6x=-8$$

$$x=\frac{4}{3}$$ 答

13 次の方程式を解きなさい。

□(1)　$0.18(30-x)=0.02(30+3x)$

■(2)　$1.5(3-0.5x)+2=0.25x-1$

□(3)　$2+9x-\{x-2(4x-3)\}=6x$

■(4)　$\{30+3x-(30-x)\}-\{30+3(30-x)-x\}=16$

□(5)　$3(x+24)-4\{2(2-x)+(x-12)\}=-3\{5(x+20)-1\}+5$

■(6)　$\{3(x+20)-8x-7\}+12=-2\{5(x-4)+6(2-x)+12\}+3$

14 次の方程式を解きなさい。

□(1)　$\frac{2x-1}{3}-\frac{x+2}{2}=1-x$

■(2)　$2x-\frac{4-3x}{9}=\frac{x-2}{3}$

□(3)　$\frac{x-3}{2}+\frac{x-5}{3}+\frac{x-2}{5}=1$

■(4)　$3-\frac{x-1}{2}=\frac{3x+5}{12}+\frac{6-x}{4}$

□(5)　$\frac{2(2x-3)}{3}+\frac{x-8}{5}+\frac{8}{15}=0$

■(6)　$3x-2\left(x-\frac{1-2x}{3}\right)=\frac{2x-1}{2}$

□(7)　$2-\frac{3x-2}{5}=0.6(1+x)$

■(8)　$3\left(\frac{3x+1}{4}-x\right)-0.5x=0.25(5x-1)-\frac{5}{8}x$

ヒント　13(2)　$1.5(3-0.5x)$ を 100 倍するときには，1.5 を 10 倍，$(3-0.5x)$ を 10 倍して $15(30-5x)$ とするとよい。

3　1次方程式の利用

基本のまとめ

1 方程式を利用した問題を解く手順

[1]　求める数量を文字で表す。

[2]　等しい数量の関係を見つけて，方程式をつくる。

[3]　方程式を解く。

[4]　解が実際の問題に適しているか確かめる。

2 方程式と解

p が x の方程式の解であるとき，$x=p$ を代入した式が成り立つ。

3 比例式

$a:b=c:d$　のとき　$ad=bc$

4 等式の変形

y を含む等式を変形して，「$y=\sim$」の形の等式を導くことを，**yについて解く** という。

基本問題

15 方程式の利用　▶ まとめ 1

Aは1200円，Bは840円を持っていて，AもBも同じ本を買ったところ，Aの残金はBの残金の2倍になった。

□(1)　本の代金を x 円として，x についての方程式をつくりなさい。

■(2)　(1)でつくった方程式を解いて，本の代金を求めなさい。

16 方程式の利用（数の問題）　▶ まとめ 1

次の問いに答えなさい。

□(1)　ある数 x から4をひいた数の3倍は，x に等しい。このような x を求めなさい。

□(2)　ある数の5倍は，もとの数より8小さくなる。このとき，もとの数を求めなさい。

■(3)　連続する3つの整数があり，その和は114になる。3つの整数のうち，最小の数を求めなさい。

17 方程式の利用（個数と代金の問題）　▶ まとめ 1

次の問いに答えなさい。

□(1)　おにぎりを3個と，100円のお茶を1缶買ったところ，代金の合計は370円であった。おにぎり1個の値段を求めなさい。

■(2)　1個150円のお菓子をいくつか買い，200円の箱に入れてもらったところ，代金の合計は2000円であった。買ったお菓子の個数を求めなさい。

18 方程式の利用（個数と代金の問題）　▶まとめ 1

次の問いに答えなさい。

□(1) 1個200円のプリンと1個300円のケーキを，ケーキがプリンより3個多くなるように買ったところ，代金の合計は2900円になった。プリンとケーキをそれぞれ何個買ったか答えなさい。

■(2) 1個120円のりんごと，1個30円のみかんを合わせて25個買ったところ，代金の合計は2100円であった。りんごとみかんをそれぞれ何個買ったか答えなさい。

19 方程式の利用（過不足の問題）　▶まとめ 1

次の問いに答えなさい。

■(1) 何人かの子どもにりんごを分けるのに，1人に6個ずつ分けると3個余り，1人に7個ずつ分けると4個たりない。子どもの人数とりんごの個数を求めなさい。

□(2) 何人かの子どもに鉛筆を配るのに，1人に7本ずつ配ると5本余り，1人に9本ずつ配ると5本たりない。子どもの人数と鉛筆の本数を求めなさい。

■(3) 講堂の長いすに，生徒が1脚につき4人ずつ座ると，20人が座れなくなる。また，1脚につき5人ずつ座ると，最後の長いすには4人座り，長いすは16脚余る。生徒の人数を求めなさい。

20 方程式の利用（速さの問題）　▶まとめ 1

次の問いに答えなさい。

□(1) ① 午前8時に，3 km 離れた学校へ姉が出かけ，姉が出発してから6分後に妹が走って同じ道を追いかけた。姉が歩く速さが分速 80 m，妹が走る速さが分速 120 m であるとき，妹が姉に追いつく時刻を求めなさい。

② 学校までの距離が 1 km であるとき，①で求めた時刻を答えとするのは正しいかどうか答えなさい。正しくない場合には，その理由を答えなさい。

■(2) 妹は分速 80 m で家から駅に向かって出発した。妹が出発してから15分後に兄が分速 240 m で妹を追いかけたところ，ちょうど同じ時刻に駅に着いた。家から駅までの距離を求めなさい。

■(3) AさんとBさんが 5 km 離れた場所にいる。Aさんは午前9時に，Bさんは午前9時2分に互いに向かって走り出した。Aさんが分速 250 m，Bさんが分速 200 m で走るとき，2人が出会う時刻を求めなさい。

21 方程式の利用（食塩水の問題）　▶まとめ 1

次の問いに答えなさい。

■(1) 7 % の食塩水が 500 g ある。この食塩水に水を加えて 5 % の食塩水を作るには，水を何 g 加えればよいか答えなさい。

□(2) 5 % の食塩水が 1000 g ある。この食塩水から水を蒸発させて 10 % の食塩水を作るには，水を何 g 蒸発させればよいか答えなさい。

■(3) 10 % の食塩水が 170 g ある。この食塩水に食塩を加えて 15 % の食塩水を作るには，食塩を何 g 加えればよいか答えなさい。

22 方程式と解　▶まとめ 2

次の問いに答えなさい。

□(1)　x についての方程式 $6-x=7x+a$ の解が -2 であるとき，a の値を求めなさい。

■(2)　x についての方程式 $5(a+2x)-3(2a-x)=a+1$ の解が -1 であるとき，a の値を求めなさい。

□(3)　x についての方程式 $\frac{2x-a}{3}=\frac{x+a}{5}+1$ の解が 2 であるとき，a の値を求めなさい。

□23 方程式と解　▶まとめ 2

x についての 2 つの方程式 $2x+5=-4x-7$，$ax-13=2x+a$ の解が等しいとき，a の値を求めなさい。

24 比例式　▶まとめ 3

次の比例式を満たす x の値を求めなさい。

■(1)　$x:9=2:3$

□(2)　$5:2=3x:8$

■(3)　$(3x-1):4=2:1$

□(4)　$3:(2x-3)=12:5x$

第3章

25 方程式の利用（比の問題）　▶まとめ 3

次の問いに答えなさい。

□(1)　ある中学校の全校生徒と女子生徒の人数の比は 25：12 であった。女子生徒の人数が 252 人のとき，男子生徒の人数を求めなさい。

■(2)　赤玉と白玉の個数の比が 4：3 で入っている袋の中に，赤玉を 24 個入れたところ，赤玉と白玉の個数の比が 2：1 になった。最初に入っていた赤玉と白玉の個数を求めなさい。

26 等式の変形　▶まとめ 4

次の等式を [　] の中の文字について解きなさい。

□(1)　$2x-y=6$　[x]

■(2)　$3x+4y=12$　[y]

□(3)　$6x=3y+1$　[y]

□(4)　$4a+7b-3c=8$　[a]

■(5)　$x=\frac{3a+4b}{7}$　[a]

■(6)　$z=\frac{2}{3}(x-2y)-4$　[y]

27 等式の変形　▶まとめ 4

縦が a cm，横が b cm の長方形について，次の問いに答えなさい。

□(1)　面積を $S\,\mathrm{cm}^2$ とするとき，a を S，b を用いて表しなさい。

■(2)　周の長さを ℓ cm とするとき，b を ℓ，a を用いて表しなさい。

◆◆◆ 標準問題 ◆◆◆

例題 2　方程式の解を確かめる

Aの水そうには毎分 6 L の割合で，Bの水そうには毎分 8 L の割合で，それぞれ水を入れる。正午における水の量は，Aでは 60 L，Bでは 96 L であった。Bの水の量が，Aの水の量の 2 倍であるのは，何時何分であるか答えなさい。

考え方　方程式の解が，そのまま問題に適するとはかぎらない。問題の内容に注意して，解を検討する。

解 答　正午の x 分後における水の量は

Aでは　$(60+6x)$ L，　　Bでは　$(96+8x)$ L

Bの水の量がAの水の量の 2 倍であるとすると

$$96+8x=2(60+6x)$$

これを解いて　　$x=-6$

-6 分後は 6 分前と考えることができる。

正午の 6 分前の水の量は，Aでは 24 L，Bでは 48 L であるから，これは問題に適している。

答　午前 11 時 54 分

第3章

28　次の問いに答えなさい。

□(1)　現在，Aさんの年齢は 14 歳，Aさんのお父さんの年齢は 41 歳である。お父さんの年齢がAさんの年齢の 4 倍であるのはいつか答えなさい。

■(2)　毎月，Aさんは 1000 円，Bさんは 500 円を貯金している。現在の貯金額はAさんが 32000 円，Bさんが 12000 円である。Aさんの貯金額がBさんの貯金額の 3 倍であるのはいつか答えなさい。

29　次の問いに答えなさい。

□(1)　十の位の数が 8 である 2 けたの自然数がある。この自然数の十の位の数と一の位の数を入れかえてできる数は，もとの数より 18 小さくなる。もとの自然数を求めなさい。

■(2)　2 けたの自然数がある。その数は，十の位の数と一の位の数の和が 9 で，十の位の数と一の位の数を入れかえてできる数は，もとの数より 27 大きくなる。もとの自然数を求めなさい。

30　次の問いに答えなさい。

■(1)　あるクラスの女子生徒は 22 人である。男子生徒は，このクラス全体の生徒数の $\frac{1}{2}$ より 4 人少ないという。このクラスの男子生徒の人数を求めなさい。

□(2)　新しいみかんの箱を開け，その中の $\frac{1}{4}$ を妹にあげた。次にその残りの $\frac{1}{3}$ を弟にあげたら，箱に 42 個のみかんが残った。最初にあったみかんの個数を求めなさい。

31 次の問いに答えなさい。

□(1) ある商品に原価の 20 % の利益を見込んで定価をつけ，それを 50 円引きで売ると，490 円になるという。この商品の原価を求めなさい。

□(2) 原価に 400 円の利益を見込んで定価をつけた商品を，定価の 1 割引きで売ると，商品 1 個あたり 50 円の利益になるという。この商品の原価を求めなさい。

□(3) 定価の 2 割引きで売られている商品を，売値からさらに 1 割引きで売ると，定価より 84 円安くなる。この商品の定価を求めなさい。

32 次の問いに答えなさい。

□(1) 池のまわりに 1 周 1500 m の道路がある。A さん，B さんの 2 人が同じ地点から互いに反対向きに，午前 8 時に同時にスタートする。A さんは分速 80 m で歩き，B さんは分速 170 m で走るとき，スタートしてから 2 人が最初に出会う時刻を求めなさい。

□(2) あるトンネルに，A 列車が秒速 30 m で入り始めた。この 10 秒後に，反対側から B 列車が秒速 40 m で入り始めた。その後，2 つの列車はトンネルの中央で出会ったという。このトンネルの長さを求めなさい。

第3章

33 次の問いに答えなさい。

□(1) 2 つの製品 A，B がある。A 4 個と B 3 個を合わせた 7 個の重さの平均は 2.2 kg であるという。製品 A 1 個の重さが 2.8 kg のとき，製品 B 1 個の重さを求めなさい。

□(2) 男性 22 人，女性 20 人の集団で，所持金の調査を行ったところ，男性の所持金の平均は 1890 円，女性の所持金の平均は 2100 円であった。女性全員がおそろいのペンを購入し，男性はお金を使わなかったところ，集団全体の所持金の平均は 100 円下がった。購入したペン 1 本の値段を答えなさい。

34 ある町内でのマラソン大会の参加人数を調べたところ，男性の参加者のうち，大人と子どもの比は 2：5 であった。また，大人の女性の人数は 14 人で，子どもの女子の人数は大人の総人数より 4 人多くて，大人の総人数と子どもの総人数の比は 1：3 であった。

□(1) 大人の男性の参加者数を求めなさい。

□(2) 参加者の総人数を求めなさい。

ヒント 34 まず，大人の男性を $2x$ 人，子どもの男子を $5x$ 人として式をつくる。

発展問題

例題3　等式の変形とその利用

次の問いに答えなさい。

(1)　$2x-3y=0$ のとき，$\dfrac{5x}{4x+6y}$ の値を求めなさい。

(2)　AとBの2人が協力して行えば30日で仕上がる仕事を，まずAが1人で10日行い，その後，残りをBが1人で行ったところ，さらに60日かかった。Aが1日にできる仕事の量は，Bが1日にできる仕事の量の何倍か答えなさい。

考え方　等式を変形して利用する。(2)は，Aが1日にできる仕事の量を a，Bが1日にできる仕事の量を b とおいて，等式をつくる。

解答　(1)　$2x-3y=0$ を y について解くと　$y=\dfrac{2}{3}x$

$y=\dfrac{2}{3}x$ を $\dfrac{5x}{4x+6y}$ に代入すると　$\dfrac{5x}{4x+6y}=\dfrac{5x}{4x+6\times\dfrac{2}{3}x}=\dfrac{5x}{8x}=\mathbf{\dfrac{5}{8}}$ 答

(2)　Aが1日にできる仕事の量を a，Bが1日にできる仕事の量を b とおくと，仕事量の全体について

$$30(a+b)=10a+60b$$

これを a について解くと　$a=\dfrac{3}{2}b$

よって，Aが1日にできる仕事の量は，Bが1日にできる仕事の量の　**1.5倍** 答

第3章

35　次の問いに答えなさい。

□(1)　$2x+5y=0$ のとき，$\dfrac{2y}{4x+3y}$ の値を求めなさい。

□(2)　$3a+4b=5a-2b$ のとき，$\dfrac{a+3b}{2a-5b}$ の値を求めなさい。

36　2種類のポンプA，Bを利用してタンクTに給水する。Tを満水にするために必要な時間は，

Aを1台とBを2台利用すると36時間，　Aを3台とBを4台利用すると15時間

である。このとき，次の問いに答えなさい。

□(1)　Aの1時間あたりの給水量は，Bの1時間あたりの給水量の何倍であるか答えなさい。

□(2)　Aのみを用いてタンクTを満水にするには何時間かかるか答えなさい。

4　連立方程式

基本のまとめ

1 連立方程式の解き方

① **代入法**　1つの方程式をyまたはxについて解き，もう1つの方程式に代入して1つの文字を消去する。

② **加減法**　2つの方程式を変形して1つの文字の係数の絶対値をそろえ，両辺をそれぞれたしたりひいたりして，1つの文字を消去する。

2 いろいろな方程式

① かっこがある場合は，かっこをはずす。係数に分数や小数がある場合は，係数を整数にする。

② $A=B=C$ の形をした方程式は，$\begin{cases}A=B\\A=C\end{cases}$ $\begin{cases}A=B\\B=C\end{cases}$ $\begin{cases}A=C\\B=C\end{cases}$ のどれかの組み合わせを使って解く。

3 連立3元1次方程式

まず，1つの文字を消去して，他の2つの文字の連立方程式を導き，それを解く。

基本問題

第3章

37 代入法による解き方　▶まとめ 1 ①

次の連立方程式を代入法で解きなさい。

□(1) $\begin{cases}y=3x\\x-3y=16\end{cases}$　□(2) $\begin{cases}y=x+9\\3x+2y=-7\end{cases}$　■(3) $\begin{cases}3x-2y=5\\y=3x-16\end{cases}$

□(4) $\begin{cases}2x-5y=-1\\x=4y-5\end{cases}$　■(5) $\begin{cases}9x+y=24\\x=3y-16\end{cases}$　□(6) $\begin{cases}x=2y+5\\y=x-3\end{cases}$

□(7) $\begin{cases}3x+4y=27\\2x-y=-4\end{cases}$　■(8) $\begin{cases}2x-7y=3\\x-3y=2\end{cases}$　■(9) $\begin{cases}4x-y=-8\\2x+3y=3\end{cases}$

38 加減法による解き方　▶まとめ 1 ②

次の連立方程式を加減法で解きなさい。

□(1) $\begin{cases}x+5y=3\\x+3y=1\end{cases}$　■(2) $\begin{cases}2x-3y=9\\2x-5y=11\end{cases}$　□(3) $\begin{cases}5x+2y=4\\5x-3y=19\end{cases}$

■(4) $\begin{cases}7x+2y=23\\3x+2y=19\end{cases}$　□(5) $\begin{cases}3x-y=-3\\2x+y=8\end{cases}$　■(6) $\begin{cases}7x+2y=38\\5x-2y=10\end{cases}$

□(7) $\begin{cases}3x-5y=21\\8x+5y=1\end{cases}$　■(8) $\begin{cases}4x+5y=38\\-4x+3y=42\end{cases}$　□(9) $\begin{cases}-5x+6y=-13\\5x-9y=19\end{cases}$

39 加減法による解き方 ▶まとめ 1 ②

次の連立方程式を加減法で解きなさい。

□(1) $\begin{cases} 3x+y=7 \\ 7x+2y=17 \end{cases}$　■(2) $\begin{cases} 5x+4y=-42 \\ 3x+y=-21 \end{cases}$　■(3) $\begin{cases} 2x-y=5 \\ 3x+2y=4 \end{cases}$

■(4) $\begin{cases} x+4y=16 \\ 3x+5y=13 \end{cases}$　□(5) $\begin{cases} 2x-y=4 \\ 7x-3y=15 \end{cases}$　■(6) $\begin{cases} 2x-3y=-7 \\ -x+4y=6 \end{cases}$

40 連立方程式の解き方 ▶まとめ 1 ①，②

次の連立方程式を解きなさい。

■(1) $\begin{cases} 2x+y=8 \\ y=2x \end{cases}$　□(2) $\begin{cases} 7x-2y=29 \\ y=2x-10 \end{cases}$　■(3) $\begin{cases} 2x+3y=1 \\ 6x+5y=4 \end{cases}$

■(4) $\begin{cases} 9x-2y=30 \\ 3x+5y=-24 \end{cases}$　□(5) $\begin{cases} 7x+8y=27 \\ 5x-4y=-39 \end{cases}$　■(6) $\begin{cases} 2x+3y=13 \\ 3x+2y=12 \end{cases}$

■(7) $\begin{cases} 7x+2y=17 \\ 4x+5y=2 \end{cases}$　□(8) $\begin{cases} 3x-2y=63 \\ 4x-3y=87 \end{cases}$　■(9) $\begin{cases} 15x+2y=60 \\ 3x-8y=-72 \end{cases}$

41 かっこのある連立方程式 ▶まとめ 2 ①

次の連立方程式を解きなさい。

■(1) $\begin{cases} 2x-3y=3 \\ 2(x+4)=7-y \end{cases}$　□(2) $\begin{cases} 2(x+4)=3(y+1) \\ 5x=2y-7 \end{cases}$　■(3) $\begin{cases} 3(x-y)+2y=11 \\ 5x-3(2x-y)=-9 \end{cases}$

42 分数，小数のある連立方程式 ▶まとめ 2 ①

次の連立方程式を解きなさい。

■(1) $\begin{cases} \dfrac{x}{2}+\dfrac{y}{3}=1 \\ 2x+y=7 \end{cases}$　□(2) $\begin{cases} \dfrac{1}{3}x-2y=2 \\ x-3y=-6 \end{cases}$　■(3) $\begin{cases} x+5y=1 \\ \dfrac{x-2}{6}=\dfrac{2x+5y}{3} \end{cases}$

□(4) $\begin{cases} \dfrac{4x+1}{5}-\dfrac{y-3}{10}=x-2 \\ 3x-2y=-1 \end{cases}$　□(5) $\begin{cases} 3x-2y=1 \\ 2.5x+0.5y=9.5 \end{cases}$　■(6) $\begin{cases} 0.7x+y=1 \\ 0.5x-0.4y=-4 \end{cases}$

43 $A=B=C$ の形をした方程式 ▶まとめ 2 ②

次の方程式を解きなさい。

□(1) $2x-y=4x+3y=5$　■(2) $4x+5y=3x+2y=14$

44 連立3元1次方程式 ▶まとめ 3

次の連立方程式を解きなさい。

□(1) $\begin{cases} x+y-3z=-1 \\ x-y+2z=6 \\ 2x+y-z=4 \end{cases}$　□(2) $\begin{cases} 3x+2y+4z=7 \\ 4x-2y+3z=19 \\ x+4y-z=-6 \end{cases}$　■(3) $\begin{cases} 5x-2y-3z=-14 \\ 8x+y-2z=7 \\ 19x+3y+4z=-29 \end{cases}$

◆◆◆ 標準問題 ◆◆◆

例題4 比例式を含む連立方程式

連立方程式 $\begin{cases} 0.5x+1.2y=8.2 \\ (x+4):(y-3)=2:1 \end{cases}$ を解きなさい。

考え方 比例式は，$p.34$ まとめ 3 の性質を用いて，$ax+by=c$ の形の式に変形する。

解答
$\begin{cases} 0.5x+1.2y=8.2 & \cdots\cdots ① \\ (x+4):(y-3)=2:1 & \cdots\cdots ② \end{cases}$

①×10 より　$5x+12y=82$　……　③

② より　$x+4=2(y-3)$

$x-2y=-10$　……　④

④×5 より　$5x-10y=-50$　……　⑤

③－⑤ より　$22y=132$　よって　$y=6$

これを ④ に代入して　$x-12=-10$　よって　$x=2$

答 $x=2$，$y=6$

45 次の連立方程式を解きなさい。

□(1) $8-3x=-5x+3y=2x+5y+3$

■(2) $2x-y-1=\frac{1}{2}(4x-3y)=\frac{1}{3}(x+3y-10)$

46 次の連立方程式を解きなさい。

□(1) $\begin{cases} 11x-13y=61 \\ 17x-19y=91 \end{cases}$

■(2) $\begin{cases} \frac{1}{2}x+\frac{1}{3}y=\frac{1}{5} \\ \frac{1}{4}x-\frac{1}{5}y=1.2 \end{cases}$

□(3) $\begin{cases} \frac{x+2y}{6}-\frac{x-y}{3}=2 \\ \frac{x}{20}+\frac{3}{5}y=\frac{1}{5} \end{cases}$

■(4) $\begin{cases} \frac{x-1}{2}+\frac{y+2}{3}=1 \\ 2x-3(2-y)=4 \end{cases}$

□(5) $\begin{cases} \frac{2}{3}x-\frac{y-5}{15}=\frac{4x+1}{5} \\ \frac{x-3}{2}+y=\frac{y-2}{3} \end{cases}$

■(6) $\begin{cases} \frac{3x+y}{3}-\frac{x-y}{2}=2 \\ 0.2x+0.7y=1.9 \end{cases}$

47 次の連立方程式を解きなさい。

■(1) $\begin{cases} (x-2):(y+3)=3:2 \\ 3x+5y=10 \end{cases}$

■(2) $\begin{cases} x:(x+y)=2:5 \\ 3x-y=6 \end{cases}$

□(3) $\begin{cases} 3:2=(x+y):(x-y) \\ 4x+y=21 \end{cases}$

発展問題

例題 5　特別な形の連立方程式

次の連立方程式を解きなさい。

(1) $\begin{cases} \dfrac{2}{x}+\dfrac{3}{y}=13 \\ \dfrac{3}{x}-\dfrac{1}{y}=3 \end{cases}$　　(2) $\begin{cases} x+y=2 \\ y+z=4 \\ z+x=8 \end{cases}$

考え方 方程式の形に応じて，解き方を工夫する。特に，同じものは 1 つの文字でおきかえる。

解答 (1) $\dfrac{1}{x}=X$, $\dfrac{1}{y}=Y$ とおくと，与えられた連立方程式は，次のようになる。

$$\begin{cases} 2X+3Y=13 & \cdots\cdots ① \\ 3X-Y=3 & \cdots\cdots ② \end{cases}$$

②×3 より　$9X-3Y=9$　……③

①+③ より　$11X=22$　　よって　$X=2$

これを ② に代入して　$6-Y=3$　　よって　$Y=3$

$\dfrac{1}{x}=X$, $\dfrac{1}{y}=Y$　より　$x=\dfrac{1}{X}$, $y=\dfrac{1}{Y}$　であるから　　$\boldsymbol{x=\dfrac{1}{2}}$, $\boldsymbol{y=\dfrac{1}{3}}$ 答

(2) $\begin{cases} x+y=2 & \cdots\cdots ① \\ y+z=4 & \cdots\cdots ② \\ z+x=8 & \cdots\cdots ③ \end{cases}$

①+②+③ より　$2x+2y+2z=2+4+8$　　すなわち　$2(x+y+z)=14$

両辺を 2 でわると　　$x+y+z=7$　……④

④−② より　$x=3$,　④−③ より　$y=-1$,　④−① より　$z=5$

答　$\boldsymbol{x=3}$, $\boldsymbol{y=-1}$, $\boldsymbol{z=5}$

48 次の連立方程式を解きなさい。

□(1) $\begin{cases} \dfrac{1}{x}+\dfrac{1}{y}=5 \\ \dfrac{2}{x}-\dfrac{1}{y}=1 \end{cases}$　□(2) $\begin{cases} \dfrac{1}{x}+\dfrac{3}{y}=3 \\ \dfrac{3}{x}-\dfrac{6}{y}=4 \end{cases}$　□(3) $\begin{cases} 2\left(x+\dfrac{1}{6}\right)+3\left(y-\dfrac{1}{7}\right)=8 \\ 3\left(x+\dfrac{1}{6}\right)-2\left(y-\dfrac{1}{7}\right)=-1 \end{cases}$

49 次の連立方程式を解きなさい。

□(1) $\begin{cases} x+y=1 \\ y+z=2 \\ z+x=-5 \end{cases}$　□(2) $\begin{cases} x+y-z=7 \\ x-y+z=1 \\ -x+y+z=-5 \end{cases}$　□(3) $\begin{cases} x+y+2z=13 \\ x+2y+z=12 \\ 2x+y+z=11 \end{cases}$

ヒント　48 (3)　$x+\dfrac{1}{6}=X$, $y-\dfrac{1}{7}=Y$ とおく。

5　連立方程式の利用

基本のまとめ

1　連立方程式を利用した問題を解く手順

[1]　求める数量を文字で表す。

[2]　等しい数量の関係を見つけて，2つの方程式をつくる。

[3]　連立方程式を解く。

[4]　解が実際の問題に適しているか確かめる。

2　連立方程式と解

x，y の連立方程式について，解が $x=p$，$y=q$ であるとき，これらをもとの連立方程式に代入した式が成り立つ。

たとえば，$\begin{cases} ax+by=1 \\ bx-ay=-2 \end{cases}$ の解が $x=2$，$y=3$ のとき $\begin{cases} 2a+3b=1 \\ 3b-2a=-2 \end{cases}$ が成り立つ。

基本問題

第3章

50　連立方程式の利用　　▶まとめ 1

10円玉と5円玉が合わせて45枚あり，その合計金額は325円であった。このとき，次の問いに答えなさい。

□(1)　10円玉の枚数を x，5円玉の枚数を y として，連立方程式をつくりなさい。

□(2)　(1)でつくった連立方程式を解いて，10円玉，5円玉の枚数を，それぞれ求めなさい。

51　連立方程式の利用　　▶まとめ 1

次の問いに答えなさい。

□(1)　ある美術館に，大人と子ども合わせて9人で入ったところ，入館料の合計は8400円であった。この美術館の入館料が，大人1人1100円，子ども1人800円であるとき，大人と子どもの人数を，それぞれ求めなさい。

□(2)　右の表は，ハンバーグとシチューを作るときの1人分のたまねぎと肉の分量を表したものである。
Aさんは，この分量にしたがって，ハンバーグとシチューを何人分か作った。そのときに使用したたまねぎは210 g，肉は490 gであった。ハンバーグとシチューを，それぞれ何人分作ったか答えなさい。

たまねぎと肉の分量（1人分）

メニュー＼材料	たまねぎ	肉
ハンバーグ	20 g	80 g
シチュー	30 g	50 g

52 連立方程式の利用（数の問題）　▶まとめ 1

次の問いに答えなさい。

□(1)　2 けたの自然数がある。一の位の数は十の位の数の 2 倍で，十の位の数と一の位の数を入れかえてできる数は，もとの数より 27 だけ大きくなる。もとの自然数を求めなさい。

■(2)　一の位の数と十の位の数が等しい 3 けたの自然数がある。それぞれの位の数の和は 17 で，百の位の数と一の位の数を入れかえてできる数は，もとの数より 198 だけ小さい。もとの自然数を求めなさい。

53 連立方程式の利用（速さの問題）　▶まとめ 1

次の問いに答えなさい。

□(1)　A地点から 16 km 離れたB地点まで行くのに，A地点から途中のC地点までは時速 3 km で歩き，C地点からB地点までは時速 4 km で歩いたところ，4 時間 30 分かかった。A，C 間の道のりと，C，B 間の道のりを，それぞれ求めなさい。

■(2)　峠をはさんで 12 km 離れたA地点，B地点がある。A地点からB地点まで行くのに，A地点から峠までは時速 3 km で歩いた。そして，峠で 1 時間休んだ後，峠からB地点までは時速 5 km で歩いて，全体で 4 時間かかった。A地点から峠まで，峠からB地点までは，それぞれ何 km であるか答えなさい。

□(3)　ある列車が，一定の速さで長さ 1440 m のトンネルを通るとき，列車全体がトンネルに隠れていたのは 45 秒間であった。また，この列車が同じ速さで長さ 240 m の駅のホームを通過し始めてから通過し終わるまでに 15 秒かかった。この列車の長さと速さをそれぞれ求めなさい。

■(4)　長さ 90 m の列車が，一定の速さである鉄橋を渡り始めてから渡り終わるまでに 27 秒かかった。また，その 1.5 倍の速さで，鉄橋の 2 倍の長さのトンネルに入り始めてから通過し終わるのに 33 秒かかった。この鉄橋の長さを求めなさい。

第3章

54 連立方程式の利用（食塩水の問題）　▶まとめ 1

次の問いに答えなさい。

■(1)　8 % の食塩水と 15 % の食塩水を混ぜ合わせて，10 % の食塩水を 700 g 作りたい。2 種類の食塩水を，それぞれ何 g ずつ混ぜ合わせればよいか答えなさい。

□(2)　9 % の食塩水と 4 % の食塩水を混ぜ合わせて，7 % の食塩水を 400 g 作りたい。2 種類の食塩水を，それぞれ何 g ずつ混ぜ合わせればよいか答えなさい。

■(3)　容器Aには 8 % の食塩水，容器Bには 3 % の食塩水が入っている。容器Aに入っている食塩水の $\frac{1}{4}$ を取り出し，容器Bに入れて混ぜると，5 % の食塩水が 600 g できた。容器 A，B に初めにあった食塩水の量を，それぞれ求めなさい。

55 連立方程式の利用（個数と代金の問題）　▶ まとめ 1

次の問いに答えなさい。

□(1) ある店で，お菓子Aを7個とお菓子Bを5個買い，代金として1860円支払った。ところが，店員の手違いで，実際に買ったのはお菓子Aが5個とお菓子Bが7個であったことがわかり，代金の差額として120円返してくれた。お菓子A，お菓子Bの値段を，それぞれ求めなさい。

■(2) 1個120円のケーキと1個100円のシュークリームを，合わせて20個買う予定で店に行った。ところが，ケーキとシュークリームの個数をとり違えてしまったため，予定の金額より200円高かった。最初，ケーキとシュークリームを，それぞれ何個ずつ買おうとしていたか答えなさい。

56 連立方程式の利用　▶ まとめ 1

次の問いに答えなさい。

□(1) ある中学校の1年生118人が，職業についての理解を深めるため，グループに分かれて地域の職場21か所を見学し，発表し合うことになった。この118人を5人のグループと6人のグループに分け，グループの数が全部で21となるようにしたい。5人のグループの数と6人のグループの数を，それぞれ求めなさい。

■(2) 兄と弟が互いにお金を出しあって，定価5000円の野球バットを10％引きにしてもらい購入した。兄は自分の持っていたお金の$\frac{3}{4}$を，弟は自分の持っていたお金の$\frac{1}{2}$をそれぞれ出して代金を支払った。2人の残金を比べたところ，兄の残金は弟の残金の3倍よりも500円少なくなっていた。このとき，兄と弟が初めに持っていたお金を，それぞれ求めなさい。

■(3) 弁当と飲み物の合計の値段は，定価では750円である。弁当は定価の10％引き，飲み物は定価の20％引きで買ったところ，合計の値段は660円であった。弁当と飲み物の定価を，それぞれ求めなさい。

■57 連立方程式の利用（連立3元1次方程式）　▶ まとめ 1

3種類の品物A，B，Cがある。A1個，B1個，C1個の重さの合計は470g，A3個，B1個，C2個の重さの合計は1100g，A1個，B2個，C3個の重さの合計は850gである。このとき，A1個，B1個，C1個の重さを，それぞれ求めなさい。

58 連立方程式と解　▶ まとめ 2

x，yの連立方程式と，その解が次のようになっているとき，a，bの値を求めなさい。

□(1) 連立方程式 $\begin{cases} ax+5y=-10 \\ -2x+by=38 \end{cases}$　解　$x=-5$，$y=4$

■(2) 連立方程式 $\begin{cases} ax-by=4 \\ bx-2ay=5 \end{cases}$　解　$x=-1$，$y=-2$

□(3) 連立方程式 $\begin{cases} x+y=7 \\ ax-y=-5 \end{cases}$　解　$x=1$，$y=b$

◆◆◆ 標準問題 ◆◆◆

59 ある店では，A，B 2 種類のマフラーをそれぞれ 1 枚 500 円，800 円で，合わせて 600 枚仕入れた。A，B ともに，仕入れ値の 30 % の利益を見込んで定価をつけて売り出したところ，A はすべて売れたが，B は仕入れた枚数の 60 % が売れ残った。そこで，売れ残った B を定価の 100 円引きにしたところ，すべて売れた。A，B を売って得た利益は全部で 97800 円であった。A，B をそれぞれ x 枚，y 枚仕入れたとして，次の問いに答えなさい。

□(1) A，B を売って得た利益の 97800 円を，x と y を使って表しなさい。

□(2) A，B をそれぞれ何枚仕入れたか求めなさい。

60 次の問いに答えなさい。

■(1) ある中学校の昨年度のテニス部の部員数は 35 人であった。今年度は，昨年度に比べて，男子が 20 % 増加し，女子が 20 % 減少し，全体では 1 人減少した。昨年度の男子，女子の部員数を，それぞれ求めなさい。

□(2) ある中学校の今年度の生徒数は，昨年度の生徒数に比べて，男子が 8 % 減少し，女子が 5 % 増加したが，全体では昨年度より 15 人少ない 920 人である。今年度の男子，女子の生徒数を，それぞれ求めなさい。

■(3) ある中学校で図書館の利用者数を調査した。10 月は男女合わせて 950 人であったが，11 月は 10 月に比べて，男子が 10 % 減少し，女子が 20 % 増加し，女子が男子より 195 人多かった。11 月の男子と女子の利用者数を，それぞれ求めなさい。

61 次の問いに答えなさい。

□(1) ある中学校の生徒 80 人がテストを受けた結果，全体の平均点は 58 点，男子の平均点は 52 点，女子の平均点は 62 点であった。男子と女子の人数を，それぞれ求めなさい。

■(2) 40 人の生徒に A，B，C の 3 題からなる数学の小テストを行った。50 点満点として，それぞれ問題の配点方法を考え，40 人の平均点を計算したところ，右の表のようになった。それぞれの問題の正解者数を求めなさい。

配点方法	問題A	問題B	問題C	平均点
方法 1	20 点	20 点	10 点	35.5 点
方法 2	10 点	30 点	10 点	38.5 点
方法 3	10 点	20 点	20 点	32.5 点

ヒント 60 (2)，(3) 求めるものを x，y とおくと，計算が複雑になる。計算が簡単になるように文字を定める。

例題6　問題を図や表に表して考える

A地点とB地点の間を乗用車とバスが走っている。乗用車はA地点を出発し，B地点で20分間停車し，再びA地点に戻る。バスはB地点を出発し，A地点で10分間停車し，再びB地点に戻る。いま，乗用車とバスが同時に出発し，2台は初めにC地点で出会い，折り返したあとD地点で出会った。乗用車は時速40 km で走り，バスは時速30 km で走る。また，D地点は，C地点からA地点側へ3 km 行った所にある。
このとき，A，B間，A，D間の距離を，それぞれ求めなさい。

考え方 複雑な問題は，その内容を図や表などに表して，方程式をつくるとよい。

解答 A，B間の距離を x km，A，D間の距離を y km とする。
最初に出会うまでに乗用車とバスは同じ時間だけ走っているから

$$\frac{y+3}{40}=\frac{x-(y+3)}{30}$$

整理して　$4x-7y=21$　…… ①

2回目に出会うまでの時間について

$$\frac{2x-y}{40}+\frac{20}{60}=\frac{x+y}{30}+\frac{10}{60}$$

整理して　$2x-7y=-20$　…… ②

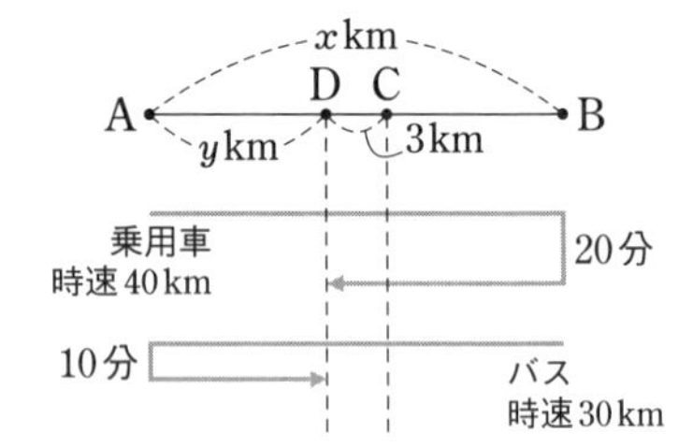

① と ② を連立方程式として解くと　$x=\frac{41}{2}$，$y=\frac{61}{7}$　　これらは問題に適している。

答　A，B間の距離は $\frac{41}{2}$ km，A，D間の距離は $\frac{61}{7}$ km

62　P地点とQ地点を結ぶ1本の道がある。AさんとBさんはP地点を同時に出発して，Aさんは時速5 km，Bさんは時速4 km で歩き，2人ともP，Q間を2往復することにした。AさんがQ地点を先に折り返して，2人が初めて出会ったのはR地点だった。さらに，AさんがP地点を折り返して，2人が2度目に出会ったのはS地点だった。S地点はR地点からP地点寄りに3 km 離れている。

□(1)　P，Q間，P，S間の距離をそれぞれ x km，y km として，連立方程式をつくりなさい。

□(2)　P，Q間，P，S間の距離を，それぞれ求めなさい。

63　次の各場合について，a，b の値を求めなさい。

□(1)　2つの連立方程式 $\begin{cases} x+y=-1 \\ ax+y=5 \end{cases}$，$\begin{cases} 2x+by=7 \\ 3x-2y=12 \end{cases}$ が同じ解をもつ

□(2)　2つの連立方程式 $\begin{cases} ax-3by=7 \\ -2x+7y=-15 \end{cases}$，$\begin{cases} 2x-y=9 \\ 3ax-2by=-14 \end{cases}$ が同じ解をもつ

ヒント　63(1)　4つの方程式のうち，a，b を含まないものを連立させて解いたものが，もとの2つの連立方程式の解となる。(2)も同じ。

章末問題

□**1** ある自然数 x を 6 でわると商が y で余りが 5 である。また，その商 y を 8 でわると商が z で余りが 3 である。このとき，x を 12 でわったときの余りを求めなさい。

2 次の連立方程式を解きなさい。

□(1) $\begin{cases} 7x-3y=23 \\ (x-1):(y-1)=4:3 \end{cases}$

□(2) $\begin{cases} \dfrac{x-y-2}{4}+\dfrac{x+2y+3}{5}=1 \\ \dfrac{-4x+y-2}{3}+\dfrac{4x-3y+4}{2}=1 \end{cases}$

□**3** x と y の連立方程式 $\begin{cases} 6x+ay=5 \\ 3x+by=4 \end{cases}$ を解くところを，間違って $\begin{cases} 6x-ay=5 \\ bx+3y=4 \end{cases}$ を解いたために，解が $x=\dfrac{9}{8}$，$y=\dfrac{7}{12}$ となった。このとき，正しい解を求めなさい。

□**4** 縦が x cm，横が y cm の長方形がある。縦の長さを 20 % 短くしても面積が変わらないようにするには，横の長さを何 % 長くすればよいか答えなさい。

□**5** 次の空欄にあてはまる数を答えなさい。

時計で，午後 3 時何分に長針と短針が重なるかを求めたい。長針は 1 分間に ア［　］°，短針は 1 分間に イ［　］° 動く。3 時 x 分に重なるとすると，ア［　］$x=$ イ［　］$x+$ ウ［　］ が成り立つ。これを解くと，$x=$ エ［　］ である。

◆**6** けいこさんがつくった次の問題について考える。

> 弟が家から 1400 m 離れた駅に向かって出発した。弟が出発してから 10 分後に姉が自転車で同じ道を追いかけた。弟の歩く速さは分速 80 m，姉の自転車の速さは分速 180 m であるとき，姉は出発してから何分後に弟に追いつくか求めなさい。

□(1) けいこさんがつくった問題を解き，解が問題に適していないことを確かめなさい。

□(2) たいちさんは問題文の中にある次の ①～④ の数のうちの 1 つだけを $\dfrac{1}{2}$ 倍にして，解が問題に適するようにしようと考えた。$\dfrac{1}{2}$ 倍にしたときに解が問題に適するものを ①～④ の中からすべて選びなさい。

① 1400　　② 10　　③ 80　　④ 180

第3章

第4章　不等式

1　不等式の性質　　2　不等式の解き方

基本のまとめ

1　不等式

① **不等式**　数量の大小関係を，不等号を用いて表した式を **不等式** といい，不等式を成り立たせる文字の値を，その不等式の **解** という。

② **不等式の性質**　$A<B$ であるとき，次のことが成り立つ。

[1]　$A+C<B+C$，$A-C<B-C$

[2]　$C>0$ ならば　$AC<BC$，$\dfrac{A}{C}<\dfrac{B}{C}$　　[3]　$C<0$ ならば　$AC>BC$，$\dfrac{A}{C}>\dfrac{B}{C}$

2　1次不等式の解き方

[1]　係数に分数や小数がある不等式は，両辺を何倍かして分数や小数をなくす。かっこがある式は，かっこをはずす。

[2]　x を含む項を左辺に，数の項を右辺に移項する。

[3]　$ax>b$，$ax\leqq b$ などの形に整理する。

[4]　[3] の両辺を，x の係数 a でわる。(不等号の向きに注意する)

第4章

基本問題

1　数量の関係　　▶まとめ 1 ①

次の数量の関係を不等式で表しなさい。

□(1)　x の 3 倍から 4 をひいた数は 5 より大きい。

□(2)　x から 5 をひいた数の 7 倍は，x より小さい。

□(3)　x の半分に 3 をたした数は -6 以下である。

□(4)　x の 5 倍に y の 2 倍をたした数は，z の 10 倍以上である。

2　数量の関係　　▶まとめ 1 ①

次の数量の関係を不等式で表しなさい。

□(1)　1 個 x 円の品物 5 個と 200 円の品物 1 個の代金の合計は，1000 円以下である。

□(2)　x km の道のりを，時速 4 km で歩くと，所要時間は 3 時間より長くなる。

□(3)　原価が x 円の品物に，原価の 15 % の利益を見込んでつけた定価は 1000 円未満である。

□(4)　長さ 2 m のひもから，長さ 30 cm のひもを x 本切り取ると，残りは 40 cm より短くなる。

3 数量の関係　▶まとめ 1 ①

次の数量の関係を不等式で表しなさい。

□(1)　1個 x 円のパンを5個と1個 y 円のパンを3個買ったとき，値段の平均は150円未満である。

■(2)　1個100円のお菓子と1個150円のお菓子を合わせて12個買い，代金の合計を1500円以下にしたい。ただし，100円のお菓子の個数を x 個とする。

4 不等式の性質　▶まとめ 1 ②

$-4<5$ に対して，次の □ にあてはまる不等号を書き入れなさい。

□(1)　$-4+2$ □ $5+2$　□(2)　$-4-3$ □ $5-3$　□(3)　-4×7 □ 5×7

□(4)　$-4\times(-6)$ □ $5\times(-6)$　□(5)　$\frac{-4}{8}$ □ $\frac{5}{8}$　□(6)　$-\frac{-4+6}{4}$ □ $-\frac{5+6}{4}$

5 不等式の性質　▶まとめ 1 ②

$a\geqq b$ のとき，次の □ にあてはまる不等号を書き入れなさい。

■(1)　$a+3$ □ $b+3$　■(2)　$a-5$ □ $b-5$　■(3)　$2a-1$ □ $2b-1$

■(4)　$4-2a$ □ $4-2b$　■(5)　$\frac{2a-3}{5}$ □ $\frac{2b-3}{5}$　■(6)　$-\frac{3-a}{8}$ □ $-\frac{3-b}{8}$

■6 不等式の解　▶まとめ 1 ①

次の値は，不等式 $6x-5>8$ の解であるかどうか調べなさい。

①　$x=4$　②　$x=-1$　③　$x=3$　④　$x=0$

7 不等式の解の図示　▶まとめ 1 ①

x の値の範囲 $x>-1$，$x\leqq2$ を，それぞれ右の図のように数直線に表すことにする。次の各範囲について，同様に数直線に表しなさい。

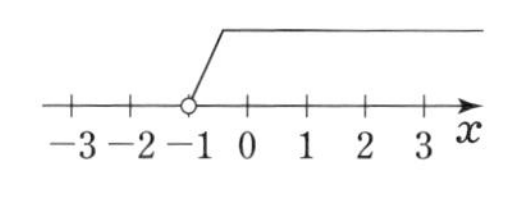

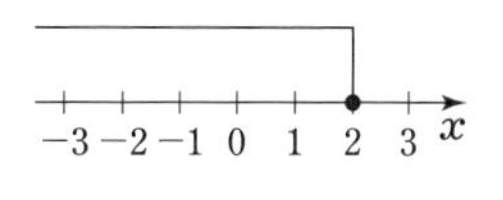

□(1)　$x<0$　□(2)　$x\geqq-2$　□(3)　$3>x$

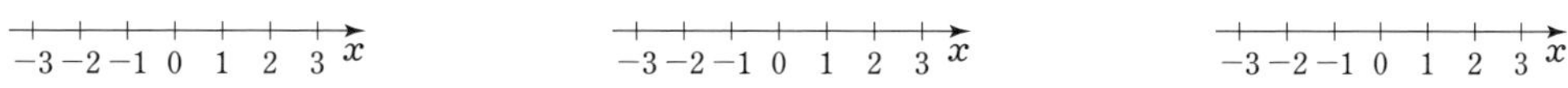
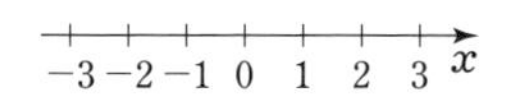
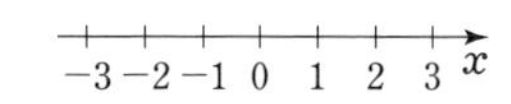

8 不等式の解き方　▶まとめ 2

次の不等式を解きなさい。

□(1)　$3x<12$　■(2)　$5x>15$　□(3)　$4x\leqq-24$

■(4)　$-7x>56$　□(5)　$-3x\geqq-21$　■(6)　$-5x<35$

□(7)　$\frac{x}{3}\leqq5$　■(8)　$-\frac{3}{4}x\geqq2$　□(9)　$-\frac{3}{5}x>-\frac{6}{7}$

9 不等式の解き方　▶まとめ 2

次の不等式を解きなさい。

□(1) $4x+3>15$　■(2) $-3x+2\leqq 20$　□(3) $5x+7<-18$

■(4) $-8+3x\leqq -2$　□(5) $-6x-3\geqq -21$　■(6) $9-3x>9$

10 不等式の解き方　▶まとめ 2

次の不等式を解きなさい。

□(1) $3x>4x+7$　■(2) $4x\leqq 7x-6$　□(3) $-3x\geqq 8-x$

■(4) $6x-8<2x$　□(5) $-3x+7>4x$　■(6) $10-9x\leqq 5x$

11 不等式の解き方　▶まとめ 2

次の不等式を解きなさい。

□(1) $5x-9>2x+3$　■(2) $2x+4\leqq 6x-8$　□(3) $9x+6<7x-2$

■(4) $2x-5\geqq 4x+3$　□(5) $1-2x\geqq x+7$　■(6) $-3x+5>4x+19$

□(7) $5x-2<3x-8$　■(8) $4x+3\geqq 7x-6$　□(9) $-2x-4<-x-7$

■(10) $-4+2x\geqq 5x-13$　□(11) $5-7x>9-2x$　■(12) $2-4x\leqq 11x-3$

12 かっこを含む不等式　▶まとめ 2

次の不等式を解きなさい。

□(1) $3(2x-1)<4x-7$　■(2) $2(x+3)>7x-4$

□(3) $3x-5\geqq 2(20-x)$　■(4) $x-4(3x-2)\leqq 19$

□(5) $2x-1<5-4(1-x)$　■(6) $3(2x-4)>5(x-1)$

□(7) $-2(3-5x)<3(x-2)$　■(8) $3(x-5)-2(5x+3)\geqq 0$

第4章

13 分数を含む不等式　▶まとめ 2

次の不等式を解きなさい。

□(1) $\frac{4}{3}x+1\geqq \frac{1}{2}x-\frac{2}{3}$　■(2) $\frac{3}{4}x-\frac{1}{2}<\frac{1}{3}x+2$

□(3) $\frac{1}{4}(3-x)>\frac{1}{3}x+\frac{1}{2}$　■(4) $\frac{2}{3}(x+1)\leqq \frac{3}{4}x+\frac{1}{2}$

□(5) $\frac{x}{3}>\frac{x-5}{2}$　■(6) $\frac{3x+2}{5}\geqq \frac{2x+1}{2}$

□(7) $\frac{2(x-1)}{3}-\frac{3}{2}x>6$　■(8) $\frac{4x+3}{6}-\frac{5x-7}{4}\geqq 1$

14 小数を含む不等式　▶まとめ 2

次の不等式を解きなさい。

□(1) $0.2x-1.5<0.5x+0.6$　■(2) $-0.3x-1.5\leqq 0.2x-2$

□(3) $0.6x+3\geqq x-0.5$　■(4) $0.3x+1.6>0.8x-0.4$

□(5) $0.2x-1\geqq -0.6x-1.4$　■(6) $0.25x+0.5<0.15-0.1x$

□(7) $0.15x+0.7\geqq 0.25+0.2x$　■(8) $0.5(x-4)\geqq 3(1.5x+10)$

◆◆◆ 標準問題 ◆◆◆

例題1 不等式と解

$x=1$ が次の不等式の解であるとき，a の値の範囲を求めなさい。

$$3-ax>5$$

考え方 $x=1$ が不等式の解 ⟶ $x=1$ を代入した不等式が成り立つ

解答 $x=1$ が不等式 $3-ax>5$ の解であるから，不等式に $x=1$ を代入して

$$3-a>5$$

これを解いて　　$\boldsymbol{a<-2}$ 答

15 次の不等式を解きなさい。

□(1) $3(2x-1)\geqq 2(4x+3)-5$

□(2) $2x-3-3(5+x)\leqq -4x+2(x-1)$

□(3) $4x-\{3-2(x-5)\}<7x$

□(4) $2\{2x-(4x+1)\}>-12x+6$

□(5) $\dfrac{4x+5}{5}-\dfrac{2x-1}{3}>2(x-1)$

□(6) $\dfrac{4}{3}x-\dfrac{5x-7}{2}\leqq\dfrac{3-x}{12}$

□(7) $-\dfrac{4x+1}{3}>4\left(x-\dfrac{1}{2}\right)-1$

□(8) $\dfrac{3}{4}(3-2x)-\dfrac{2}{3}(5x-2)\geqq\dfrac{-7x+4}{2}$

□(9) $\dfrac{2x+1}{2}-2(x+1)>-2-\dfrac{5+x}{4}$

□(10) $\dfrac{2x-3}{3}-2.5(x-2)<-\dfrac{10}{3}$

16 x の不等式 $ax-2>8-\dfrac{1}{3}x$ について，次の問いに答えなさい。

□(1) $a=3$ のとき，この不等式を解きなさい。

□(2) $x=-2$ が不等式の解であるとき，a の値の範囲を求めなさい。

■■■ 発展問題 ■■■

□**17** x についての不等式 $x+2-\dfrac{4x-a}{3}>0$ の解が $x<7$ であるとき，a の値を求めなさい。

□**18** 不等式 $9(x+2)<6+5x$ の解が，x についての不等式 $x-a<\dfrac{1}{3}x+3$ の解と等しくなるように，a の値を定めなさい。

ヒント 17 不等式 $x+2-\dfrac{4x-a}{3}>0$ を解いて，その解と $x<7$ を比べる。

3　不等式の利用

基本のまとめ

1 不等式と整数の解

不等式の解の端の値に注目する。数直線を利用して考えるとよい。

2 1次不等式の解き方

[1]　係数に分数や小数がある不等式は，両辺を何倍かして分数や小数をなくす。かっこのある式は，かっこをはずす。

[2]　x を含む項を左辺に，数の項を右辺に移項する。

[3]　$ax>b$，$ax\leqq b$ などの形に整理する。

[4]　[3] の両辺を，x の係数 a でわる。（不等号の向きに注意する）

基本問題

19 不等式と整数の解　▶まとめ 1

次の問いに答えなさい。

□(1)　不等式 $x-2<-2(x-4)$ を満たす数のうち，最も大きい整数を求めなさい。

■(2)　不等式 $-2x+51>4(7-2x)$ を満たす数のうち，最も小さい整数を求めなさい。

■(3)　不等式 $\dfrac{n-5}{3}<\dfrac{3n-8}{2}$ を満たす自然数 n のうち，最も小さいものを求めなさい。

第4章

20 不等式の利用　▶まとめ 2

次の問いに答えなさい。

□(1)　ある自然数 x の 5 倍から 20 をひいた数は，x の 2 倍よりも大きいという。このような x のうち，最も小さいものを求めなさい。

■(2)　ある自然数 x の 4 倍から 15 をひいた数は，11 から x の 2 倍をひいた数より小さいという。このような自然数 x の個数を求めなさい。

21 不等式の利用　▶まとめ 2

次の問いに答えなさい。

□(1)　姉は 60 枚，妹は 12 枚のコインを持っている。姉が妹に何枚かあげて，姉の枚数が，妹の枚数の 3 倍以下になるようにしたい。姉は妹に，少なくとも何枚以上あげればよいか答えなさい。

■(2)　現在，兄は 4000 円，弟は 3000 円持っている。兄弟でそれぞれ同じ金額だけ使ったときに，兄の残金が弟の残金の 5 倍以上になるのは，いくら以上使ったときか答えなさい。

22 不等式の利用　▶ まとめ 2

次の問いに答えなさい。

□(1) ある学校で遠足のしおりを作ることになった。印刷の費用は 100 冊までは 4000 円で，100 冊をこえた分については，1 冊につき 27 円である。1 冊あたりの印刷の費用を 30 円以下にするためには，何冊以上印刷すればよいか答えなさい。

■(2) 文化祭のパンフレットを印刷することにした。印刷の費用は 1000 部までは 1 部につき 17 円で，1000 部をこえた分については 1 部につき 12 円である。1 部あたりの印刷の費用を 15 円以下にするためには，パンフレットを何部以上作ればよいか答えなさい。

23 不等式の利用　▶ まとめ 2

次の問いに答えなさい。

□(1) 1 個 130 円のりんごと 1 個 60 円のみかんを合わせて 20 個買い，代金の合計を 2000 円以下にしたい。りんごをできるだけ多く買うとすると，りんごは何個買えるか答えなさい。

■(2) 長さ 3 m の針金から，24 cm と 16 cm の長さの針金を，合わせて 15 本切り取りたい。24 cm の針金は最大何本切り取れるか答えなさい。

□(3) 横の長さが 9 m のスペースに，横の長さがそれぞれ 42 cm と 30 cm の絵を合わせて 21 枚かざることにした。絵の間隔を 5 cm とするとき，横の長さが 42 cm の絵は最大何枚かざることができるか答えなさい。

第4章

24 不等式の利用　▶ まとめ 2

次の問いに答えなさい。

□(1) 原価 x 円の品物に 2 割の利益を見込んで定価をつけたが，売れないので 100 円値引きして売った。それでも，原価の 1 割以上の利益が得られた。このとき，x の値の範囲を求めなさい。

■(2) 原価 500 円の品物に 30 % の利益を見込んで定価をつけた。ところが，売れないので，特売日にこの商品を値引きして売りたいが，原価の 20 % 以上の利益は確保したい。いくらまで値引きできるか答えなさい。

25 不等式の利用　▶ まとめ 2

次の問いに答えなさい。

■(1) A町から 20 km 離れたB町へ行くのに，自転車に乗って時速 12 km で走っていたが，途中で自転車が故障したため，それからは時速 4 km で歩いたところ，B町に着くまでの所要時間は 3 時間以下であった。自転車が故障したのは，A町から何 km 以上の地点か答えなさい。

□(2) A地点から 3 km 離れたB地点まで行くのに，はじめは時速 4 km で歩き，途中から時速 10 km で走ることにする。所要時間を 27 分以内とするためには，時速 10 km で何 km 以上走ればよいか答えなさい。

◆◆◆ 標準問題 ◆◆◆

例題 2　食塩水の問題

8 % の食塩水が 150 g ある。この食塩水に水を加えて 6 % 以下の食塩水を作るには，水を何 g 以上加えればよいか答えなさい。

考え方　割合の大小に注目して不等式をつくると，分母に文字を含む不等式が得られる。このような場合は，分母の符号に注意して，不等式を解く。

解答　加える水の量を x g とする。

8 % の食塩水 150 g に含まれる食塩の量は

$$150\times\frac{8}{100}=12\ (\mathrm{g})$$

よって，食塩水の濃度について　$\dfrac{12}{150+x}\times100\leqq6$

$150+x>0$ より，不等式の両辺に $150+x$ をかけても不等号の向きは変わらないから

$$12\times100\leqq6(150+x)$$

これを解いて　$x\geqq50$

これは問題に適している。　**答　50 g 以上**

26　次の問いに答えなさい。

□(1)　5 % の食塩水が 300 g ある。この食塩水に水を加えて，4 % 以下の食塩水を作りたい。加える水は何 g 以上にすればよいか答えなさい。

□(2)　7 % の食塩水が 350 g ある。この食塩水から水を蒸発させて，10 % 以上の食塩水を作りたい。水は何 g 以上蒸発させればよいか答えなさい。

□(3)　13 % と 5 % の食塩水を混ぜて 400 g の食塩水を作ったところ，その濃度が 10 % 以上となった。混ぜた 5 % の食塩水は何 g 以下であったか答えなさい。

27　次の問いに答えなさい。

□(1)　原価 850 円の品物に x % 増しの定価をつけた。ところが，売れないので，定価の 20 % 引きで売ったところ，利益があったという。x の値の範囲を求めなさい。

□(2)　定価 160 円のお菓子を A，B 2 つの店で売っている。A店では定価の 10 % 引きで，B店では 20 個までは定価で，20 個をこえると，こえた分については定価の 25 % 引きで売るという。何個以上買うとB店の購入金額の方が安くなるか答えなさい。

ヒント　26 (2)　蒸発させる水の量を x g としたとき，$350-x>0$ と考えてよい。

28 次の問いに答えなさい。

□(1) Aさんの学校では，卒業記念に絵入りのコーヒーカップを作ることにした。製作のための費用は，製作個数にかかわらず，絵のデザイン料が 20000 円かかる。さらに，カップが 1 個あたり 400 円，絵のプリント代金が最初の 100 個までは 1 個あたり 300 円で，これをこえる分については 1 個あたり 200 円かかるという。1 個あたりの製作費用が 700 円以下となるようにするには，何個以上作ればよいか答えなさい。ただし，コーヒーカップは，100 個より多く作るものとする。

■(2) 1 冊の定価が 100 円のノートがある。このノートをまとめて 6 冊以上買うと，表のような割引きがある。たとえば，まとめて 12 冊買う場合の代金は，はじめの 5 冊は定価，次の 5 冊は定価の 1 割引き，残りの 2 冊は定価の 2 割引きとなる。3000 円で，最も多くのノートを買うとき，何冊まで買うことができるか答えなさい。

6 冊めから 10 冊めまで	定価の 1 割引き
11 冊めから 15 冊めまで	定価の 2 割引き
16 冊め以降	定価の 3 割引き

29 A社では原価 a 円の商品を 500 個仕入れ，P支店で 200 個，Q支店で 300 個販売することにした。P支店は原価の 3 割増しの定価をつけたが，まったく売れなかったので，定価の 2 割引きで販売したところ，その日のうちに売り切れ，12000 円の利益を得た。一方，Q支店では，原価の 2 割 5 分増しの定価をつけ販売したところ，販売初日に m 個の商品が残ったので，翌日に定価の 300 円引きで販売したところ，売り切れた。次の問いに答えなさい。

■(1) a の値を求めなさい。

■(2) Q支店の利益を，最も簡単な m の式で表しなさい。

■(3) A社の利益を 110000 円以上にするためには，Q支店では販売初日に商品を何個以上売ればよいか答えなさい。

30 次の問いに答えなさい。

□(1) x についての不等式 $2x+a<x+2$ の解が 3 を含まないように，a の値の範囲を定めなさい。

■(2) x についての不等式 $\frac{7}{2}x+1 \leqq \frac{x+1}{2}+a$ の解が正の整数を 1 つも含まないように，a の値の範囲を定めなさい。

■(3) x についての不等式 $3x+a<\frac{x-3a}{5}$ の解が，すべて 2 より小さくなるように，a の値の範囲を定めなさい。

ヒント 30 まず，不等式を解く。数直線を利用して考えるとわかりやすい。端点を含むかどうかに注意する。

第4章

発展問題

例題 3 **わからない数量を多く含む不等式**

ある商品をいくつか仕入れた。この商品を定価の 15 % 引きで売ったとき，仕入れた個数の 20 % が売れ残っても，仕入れ総額の 19 % 以上の利益が出るようにしたい。定価を，仕入れ値の何 % 増し以上にすればよいか答えなさい。

考え方 わからない数量が多いときは，とりあえずそれらを文字でおいて式をつくる。

解答 商品 1 個の仕入れ値を a 円とし，定価は仕入れ値の x % 増しであるとすると，定価は

$$a\left(1+\frac{x}{100}\right) \text{円}$$

また，仕入れた商品の個数を n 個とすると，仕入れ総額は　an 円

よって　$$a\left(1+\frac{x}{100}\right)\times 0.85\times 0.8n-an \geqq \frac{19}{100}an$$

$$an\times 0.68\times\left(1+\frac{x}{100}\right)-an \geqq \frac{19}{100}an$$

$an>0$ より，不等式の両辺を an でわっても不等号の向きは変わらないから

$$0.68\left(1+\frac{x}{100}\right)-1 \geqq \frac{19}{100}$$

これを解いて　$x \geqq 75$

これは問題に適している。　**答　75 % 増し以上**

第4章

□**31** ある商品をいくつか仕入れた。この商品を定価の 10 % 引きで売ったとき，仕入れた個数の 20 % が売れ残っても，仕入れ総額の 8 % 以上の利益が出るようにしたい。定価を，仕入れ値の何 % 増し以上にすればよいか答えなさい。

□**32** ある商品は，一度に 30 個以上 50 個未満買うと 10 % の割引があり，一度に 50 個以上買うと 20 % の割引がある。いま，30 人以上 50 人未満の団体の一人一人が，この商品を 1 個ずつ買うとき，まとめて 50 個を買ってしまった方が安くなる場合がある。このとき，考えられる人数をすべて求めなさい。

□**33** 男女の比が 5：4 であるクラスで 100 点満点のテストを行ったところ，男子の平均点は女子の平均点よりも 4.5 点低く，全体の平均点は 70 点以上であった。このとき，男子の平均点は何点以上であったか求めなさい。

ヒント 32　商品の値段はわからないので，a 円とおいて考える。

4　連立不等式

基本のまとめ

1　連立不等式の解き方

①　2つの不等式を解いて，それらの解に共通する範囲を求める。
　2つの不等式の解を，数直線に表して考えるとよい。

②　$A<B<C$ の形をした不等式は，$\begin{cases} A<B \\ B<C \end{cases}$ の形に変形してから解く。

2　特別な形をした不等式の解き方

(変数を含まない)<(変数を含む)<(変数を含まない) の形の連立不等式は，不等式の性質を用いて各辺を変形し，解くことができる。

例　　　　　　　　　$5<3x+20<41$
　各辺から 20 をひくと　$-15<3x<21$
　各辺を 3 でわると　　$-5<x<7$

基本問題

34　共通な x の値の範囲　　▶まとめ 1 ①

　2つの x の値の範囲 ①，② が，それぞれ次のように与えられているとき，① と ② に共通する x の値の範囲を求めなさい。また，その範囲を表す部分を，数直線に斜線で示しなさい。

□(1)　①　$x>-2$　　②　$x\leqq 3$

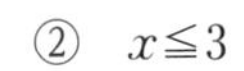

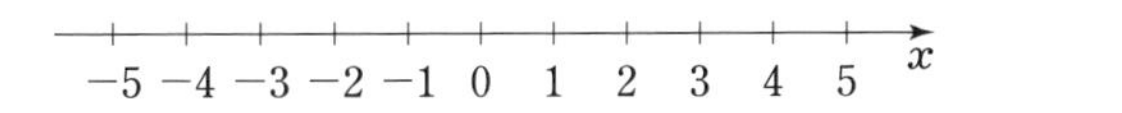

□(2)　①　$x\geqq -3$　　②　$x<0$

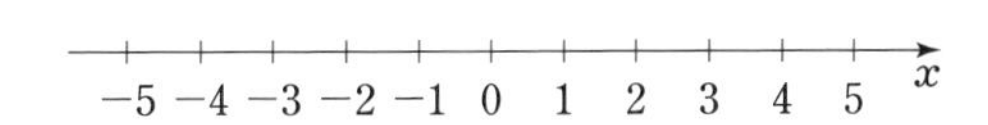

□(3)　①　$x\leqq 2$　　②　$x\geqq -1$

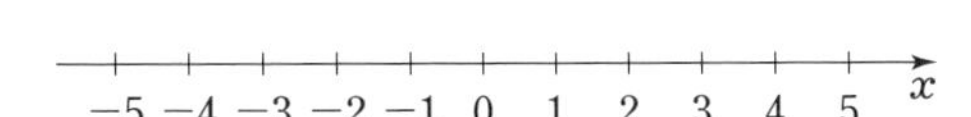

□(4)　①　$x<-1$　　②　$x\leqq 4$

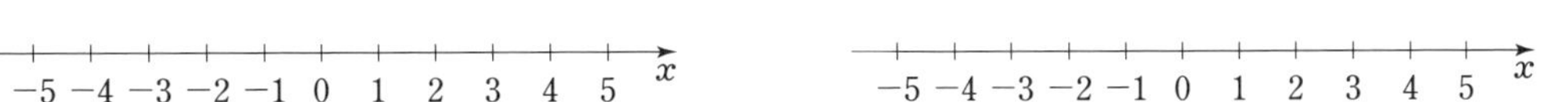

35　連立不等式の解き方　　▶まとめ 1 ①

　次の連立不等式を解きなさい。

□(1)　$\begin{cases} x+2>-3 \\ x+7\leqq 9 \end{cases}$　　□(2)　$\begin{cases} x-4\geqq -6 \\ x+3<6 \end{cases}$　　□(3)　$\begin{cases} x-2<5 \\ x-3\geqq -4 \end{cases}$

□(4)　$\begin{cases} x+6<4 \\ x+3>-3 \end{cases}$　　□(5)　$\begin{cases} x-5<-2 \\ x+3\leqq 10 \end{cases}$　　□(6)　$\begin{cases} 3+x\geqq 8 \\ x-7<-5 \end{cases}$

第4章

36 連立不等式の解き方　▶まとめ 1 ①

次の連立不等式を解きなさい。

□(1) $\begin{cases} 3x+4 \leqq -2 \\ 5x > 3x-8 \end{cases}$

■(2) $\begin{cases} -4x-6 \leqq -7x \\ -2 < 3x+13 \end{cases}$

□(3) $\begin{cases} 4x-5 \geqq 6x-9 \\ 7x+12 > -5x \end{cases}$

■(4) $\begin{cases} 4x+3 \leqq -21 \\ 3x+1 < 2x+11 \end{cases}$

□(5) $\begin{cases} 4x+1 > 3x-1 \\ x-9 \geqq -4x+6 \end{cases}$

■(6) $\begin{cases} 7x-8 \geqq 4x+7 \\ 2x+5 > 5x-9 \end{cases}$

37 連立不等式の解き方　▶まとめ 1 ①

次の連立不等式を解きなさい。

□(1) $\begin{cases} 6x+5 > 4x+3 \\ -x+4 \geqq 2(x-1) \end{cases}$

■(2) $\begin{cases} 3x+7 \leqq 4(2x+3) \\ 6x-9 < 2x+11 \end{cases}$

□(3) $\begin{cases} x+3 \leqq 2x+7 \\ 4x+9 > 2(x+1) \end{cases}$

■(4) $\begin{cases} 3x+4 \geqq 7x-4 \\ 3(1-2x) \leqq 8-x \end{cases}$

□(5) $\begin{cases} 5(x-2) \leqq 3x-11 \\ 8(4+x) < 3(3x+11) \end{cases}$

■(6) $\begin{cases} 2(2x-11)-3(x+1) < 6x \\ 3x+2(x-3) < 14 \end{cases}$

38 連立不等式の解き方　▶まとめ 1 ①

次の連立不等式を解きなさい。

□(1) $\begin{cases} 2x-1 \geqq 3x-5 \\ 3-2x < \dfrac{x+1}{2} \end{cases}$

■(2) $\begin{cases} \dfrac{2+x}{4}-\dfrac{1}{6}(2x-1) \geqq \dfrac{1}{2} \\ 13x-3(x-2) < 7x-6 \end{cases}$

□(3) $\begin{cases} -2x+5 < \dfrac{1}{3}(x-1) \\ \dfrac{x-3}{2} \geqq \dfrac{2-x}{3} \end{cases}$

■(4) $\begin{cases} \dfrac{1}{2}(x+4) < \dfrac{5-x}{4} \\ \dfrac{2(x-5)}{3}-\dfrac{1}{6}(3x-1) \geqq x-\dfrac{x+3}{2} \end{cases}$

□(5) $\begin{cases} 0.3x+1.6 \geqq 0.8x-0.4 \\ 0.5x-1 < 0.75x+1.25 \end{cases}$

■(6) $\begin{cases} 2-0.5x > 1-0.2(2x+1) \\ 0.5(x+3)-0.2(6-x) < 1 \end{cases}$

39 $A<B<C$ の形をした不等式　▶まとめ 1 ②

次の不等式を解きなさい。

□(1) $3x \leqq x+12 < 2x+8$

■(2) $2x-3 < 3x-2 < x+4$

□(3) $x+3 < 2x+5 \leqq 4x+7$

■(4) $x-10 \leqq 3x-9 < 6-2x$

40 特別な形をした不等式　▶まとめ 2

次の不等式を解きなさい。

□(1) $-5 \leqq 2x-3 \leqq 9$

■(2) $-1 \leqq \dfrac{4x+1}{3} < 4$

◆◆◆ 標準問題 ◆◆◆

41 次の問いに答えなさい。

□(1) ある整数xから2をひいて5倍した数は，xを2倍して25をひいた数より大きいという。また，xを3倍して20をたした数は，8からxをひいた数より小さいという。このような整数xを求めなさい。

■(2) xを4倍して5をひいた数は，xに3をたした数より大きいという。また，xから3をひいて5倍した数は，xに6をたした数より小さいという。このような数xのうち，整数であるものをすべて求めなさい。

42 次の問いに答えなさい。

■(1) 4 km の道のりを，はじめは分速 80 m で歩き，途中から分速 200 m で走った。目的地に着くまでにかかる時間を32分以上35分以下にしたいとき，歩く距離を何m以上何m以下にすればよいか答えなさい。

□(2) 2地点P，Qを通る直線道路があり，P，Q間の距離は 2.4 km である。Aさんは分速 180 m でPを，Bさんは分速 60 m でQを同時に出発して，右の図の矢印の方向に向かった。AさんがBさんに追いつくまでの間で，2人の間の距離が 360 m 以上 600 m 以下であるのは，出発後何分から何分までの間か答えなさい。

43 次の問いに答えなさい。

■(1) 原料Aと原料Bを混ぜ合わせて，1000 g の食品を製造する。原料Aには15％の水分が含まれ，原料Bには20％の水分が含まれているという。できあがった食品に含まれる水分の量を 175 g 以上 180 g 以下にするには，原料Aは何g以上何g以下にすればよいか答えなさい。

□(2) 5％の食塩水 100 g とx％の食塩水 200 g を混ぜ合わせて，7％以上11％以下の食塩水を作りたい。このとき，xのとりうる値の範囲を求めなさい。

44 次の連立不等式や不等式を満たす整数の個数を求めなさい。

□(1) $\begin{cases} 2(x-3)+5<4x-5 \\ 4x-5 \leqq \dfrac{4+10x}{3} \end{cases}$

■(2) $\begin{cases} 3x+2 \geqq 2(x+2) \\ \dfrac{x-4}{2} < -\dfrac{3}{2}x+15 \end{cases}$

□(3) $2x-7 \leqq 3x-4 < 2x+1$

■(4) $\dfrac{3x-1}{6} \leqq \dfrac{2x+1}{3} < \dfrac{x}{2}$

ヒント 42(2) Pを基準にして考える。

例題 4　連立不等式を解いて個数を求める

お菓子と箱がいくつかずつある。お菓子を 8 個ずつ箱に詰めると 21 個残り，12 個ずつ箱に詰めると最後の 1 箱は空にはならないが 5 個未満になるという。次の問いに答えなさい。

(1) 箱の数を x として，12 個ずつ詰めたときの最後の箱に入っているお菓子の個数を，x の式で表しなさい。

(2) お菓子の個数を求めなさい。

考え方 x についての不等式をつくる。x は自然数であることから，その値が決まる。

解答 (1) 8 個ずつ x 個の箱に詰めると 21 個残るから，お菓子の個数は全部で $(8x+21)$ 個

よって，$(x-1)$ 個の箱に 12 個ずつ詰めたとき，最後の箱に入っているお菓子の個数は

$(8x+21)-12(x-1)=-4x+33$　　**答 $(-4x+33)$ 個**

(2) 最後の箱に入っているお菓子の個数は，0 より大きく 5 より小さいから

$$0<-4x+33<5$$

これを解いて　$-33<-4x<-28$

$$7<x<\frac{33}{4}$$

箱の個数は自然数であるから　$x=8$

したがって，お菓子の個数は　$8\times8+21=85$　　**答 85 個**

第4章

45 次の問いに答えなさい。

□(1) ある中学校の 1 年生全員が長いすに座ることになった。1 脚に 6 人ずつかけていくと 15 人が座れなくなり，1 脚に 7 人ずつかけていくと，使わない長いすが 3 脚できる。長いすの数は何脚以上何脚以下であるか答えなさい。

■(2) ある団体旅行で，50 人乗りのバスを満席にして使うと，最後の 1 台は 14 人分の席が余る予定であった。ところが，参加者が予定より 46 人減ったため，1 台に 44 人乗せると予定の台数では不足し，1 台に 45 人乗せると最後の 1 台は 45 人未満となることがわかった。予定の台数は何台であったか答えなさい。

■**46** 兄弟合わせて 52 本の鉛筆を持っている。いま，兄が弟に自分の持っている鉛筆のちょうど $\frac{1}{3}$ をあげてもまだ兄の方が多く，さらに 3 本あげると弟の方が多くなる。兄が初めに持っていた鉛筆の本数を求めなさい。

ヒント 45(1) 長いすの数を x として，人数に関する不等式をつくる。

46 兄は自分の持っている鉛筆のちょうど $\frac{1}{3}$ を弟にあげることができるから，兄が初めに持っていた鉛筆の本数は 3 の倍数である。

例題 5　四捨五入と連立不等式

$\frac{4x-1}{10}$ の値の小数第 1 位を四捨五入すると 3 になるという。このような整数 x をすべて求めなさい。

考え方 小数第 1 位を四捨五入して 3 になる数は，2.5 以上 3.5 未満である。

解 答 $\frac{4x-1}{10}$ の値の小数第 1 位を四捨五入すると 3 になるから

$$2.5 \leqq \frac{4x-1}{10} < 3.5$$

各辺に 10 をかけて　$25 \leqq 4x-1 < 35$

よって　$\frac{13}{2} \leqq x < 9$

したがって，求める整数 x は　$\boldsymbol{x=7,\ 8}$ 答

47 $-1 \leqq x < 2$ であるとき，次の式のとりうる値の範囲を求めなさい。

□(1) $3x$　□(2) $-2x$　□(3) $x+4$　□(4) $3-x$

48 次の問いに答えなさい。

□(1) $3x+2$ の値の小数第 1 位を四捨五入すると 4 になるような x の値の範囲を求めなさい。

■(2) ある整数 x を 20 でわって，小数第 2 位を四捨五入すると 3.6 になる。このような x のうち，最も大きいものを求めなさい。

■**49** A さんのバスケットボールのシュートの成功率は 0.48 である。シュートの成功率とは，シュートが成功した回数をシュートした回数でわったものであり，小数第 3 位を四捨五入してある。A さんは 50 回シュートを打っているとする。A さんのシュートの成功回数を求めなさい。

第4章

発展問題

例題 6　整数の解の個数

x についての連立不等式 $\begin{cases} 3x+2>5x-6 \\ 2x+7 \geqq x+a \end{cases}$ を満たす整数 x の個数が，ちょうど 2 個であるような a の値の範囲を求めなさい。

考え方　2 つの不等式を解き，それぞれの解を数直線に表して考える。

解答　$\begin{cases} 3x+2>5x-6 & \cdots\cdots ① \\ 2x+7 \geqq x+a & \cdots\cdots ② \end{cases}$

① より　$-2x>-8$

$x<4$　$\cdots\cdots$ ③

② より　$x \geqq a-7$　$\cdots\cdots$ ④

0　1　2　3　4　5　x

$a-7$

連立不等式を満たす整数 x の個数がちょうど 2 個であるためには，

③ と ④ の共通範囲が

$a-7 \leqq x<4$　$\cdots\cdots$ ⑤

の形になり，この範囲に含まれる整数が 2 と 3 のみになればよい。

よって，⑤ の範囲の左端 $a-7$ が，1 より大きく 2 以下の値をとればよいから

$1<a-7 \leqq 2$

これを解いて　$\boldsymbol{8<a \leqq 9}$　**答**

第4章

50　次の問いに答えなさい。

□(1)　x についての連立不等式　$1<x<-2a+1$　を満たす整数 x の個数が，ちょうど 3 個であるような a の値の範囲を求めなさい。

□(2)　x についての連立不等式 $\begin{cases} \dfrac{x+1}{2}-\dfrac{4x-2}{3} \leqq 2 \\ 2x-3<a \end{cases}$ を満たす整数 x の個数が，ちょうど 4 個であるような a の値の範囲を求めなさい。

□**51**　x についての連立不等式 $\begin{cases} 3(2x+a)>8x-a \\ \dfrac{x+1}{2}-\dfrac{4a-2}{3}>7 \end{cases}$ が解をもつように，a の値の範囲を定めなさい。

ヒント　51　2 つの不等式の解が，共通な範囲をもてばよい。

章末問題

1 次の不等式を解きなさい。

□(1) $\dfrac{x+1}{3}-\dfrac{7x-3}{9}\leqq\dfrac{1}{3}-\dfrac{3x+4}{6}$　　□(2) $\dfrac{6x-1}{4}+1.2-\dfrac{7-x}{3}\geqq-\dfrac{5}{6}+2.75x$

□**2** 連立不等式 $\begin{cases}2x-1<3(x+1)\\x-4\leqq-2x+3\end{cases}$ を満たす整数 x の個数を求めなさい。

□**3** x についての方程式 $\dfrac{x-a}{2}=\dfrac{x-a}{5}+1$ の解が 2 と 3 の間にあるとき，整数 a の値を求めなさい。

4 $A<B$，$C<D$ のとき，$A+C<B+D$ が成り立つ。このことを利用して，$-1<x<3$，$2<y<6$ であるとき，次の式のとりうる値の範囲を求めなさい。

□(1) $x+y$　　□(2) $2x+3y$　　□(3) $x-y$　　□(4) $4x-y$

5 2 台の車 A，B がある。A は毎回 x 個，B は毎回 y 個の荷物を運ぶ。A で 8 回運び，B で 9 回運ぶとちょうど運び終わる個数の荷物がある。これらの荷物を A，B で 6 回ずつ運んだところ，運んだ個数は全体の半分より 75 個多かった。このとき，次の問いに答えなさい。

□(1) y を x の式で表しなさい。

□(2) 残りの荷物を B だけで運ぶと 6 回で運び終わる。ただし，6 回目のみ y 個未満であったとする。このとき，初めにあった荷物の個数を求めなさい。

◈**6** けいこさんは不等式 $2x+3<3x+2<5x-2$ を次のように解いた。

> 不等式 $2x+3<3x+2<5x-2$ は次のように表すことができる。
>
> $\begin{cases}2x+3<3x+2 & \cdots\cdots ①\\2x+3<5x-2 & \cdots\cdots ②\end{cases}$　　(A)
>
> ① を解くと　$x>1$　$\cdots\cdots$ ③　　(B)
>
> ② を解くと　$x>\dfrac{5}{3}$　$\cdots\cdots$ ④　　(C)
>
> ③ と ④ の共通範囲を求めて　$x>\dfrac{5}{3}$　　(D)

□(1) けいこさんの解答は誤っている。誤りがある箇所を (A)~(D) の中から 1 つ選び，記号で答えなさい。

□(2) たいちさんは $\begin{cases}2x+3<5x-2\\3x+2<5x-2\end{cases}$ を解くと，不等式 $2x+3<3x+2<5x-2$ の解と一致した。このことから，不等式 $A<B<C$ は $\begin{cases}A<B\\B<C\end{cases}$ として解いても，$\begin{cases}A<C\\B<C\end{cases}$ として解いてもよいといえるか答えなさい。

第4章

第5章　1次関数

1　変化と関数

基本のまとめ

1 関数

① **関数**　x の値が決まると，それに対応して y の値がただ1つに決まるとき，**y は x の関数である** という。

② **変域**　変数のとりうる値の範囲を **変域** という。特に，y が x の関数であるとき，x の変域を，その関数の **定義域** といい，定義域内の x の値に対応する y の変域を **値域** という。

基本問題

□**1** 関数　▶まとめ 1 ①

次にあげる x と y の関係のうち，y が x の関数であるものを選びなさい。

① 1個 x g のボール10個の重さを y g とする。

② 時速 x km で3時間歩いたときの道のりを y km とする。

③ 20本の鉛筆をAさんとBさんで分ける。Aさんが x 本取り，Bさんが残りの y 本を取る。

④ 周の長さが x cm である長方形の面積を y cm^2 とする。

⑤ 1冊100円のノートを x 冊買い，1000円出したときのおつりを y 円とする。

⑥ 自然数 x の倍数を y とする。

⑦ 円周率 3.141592… の小数第 x 位の数字を y とする。

第5章

2 関数と変域　▶まとめ 1 ②

次の問いに答えなさい。

□(1) 40Lの水が入る空の水そうに，水そうがいっぱいになるまで毎分5Lの割合で水を入れていく。水を入れ始めてから x 分後に水そうに入っている水の量を y L とする。

① y を x の式で表しなさい。　② x の変域を求めなさい。　③ y の変域を求めなさい。

□(2) 長さ18cmのろうそくがある。これに火をつけると，1分間に0.5cmの割合で短くなっていくという。火をつけてから x 分後のろうそくの長さを y cm とする。

① y を x の式で表しなさい。　② x の変域を求めなさい。　③ y の変域を求めなさい。

□(3) 面積が10cm^2 である三角形の，底辺の長さを x cm，高さを y cm とする。

① y を x の式で表しなさい。　② x の変域を求めなさい。　③ y の変域を求めなさい。

2　比例とそのグラフ

基本のまとめ

1 比例

y が x の関数で，$\boldsymbol{y=ax}$（a は定数，$a\neq0$）と表されるとき，**y は x に比例する** といい，定数 a を比例定数という。

2 座標

① **点の座標**　x 座標が a，y 座標が b である点の座標を $(a,\ b)$ と表す。

② **対称な点の座標**　x 軸，y 軸，原点のそれぞれについて，点 $(a,\ b)$ と対称な点の座標は

x 軸：　$(a,\ -b)$　　y 軸：　$(-a,\ b)$　　原点：　$(-a,\ -b)$

3 比例のグラフ

比例 $y=ax$ のグラフは，原点と点 $(1,\ a)$ を通る直線である。

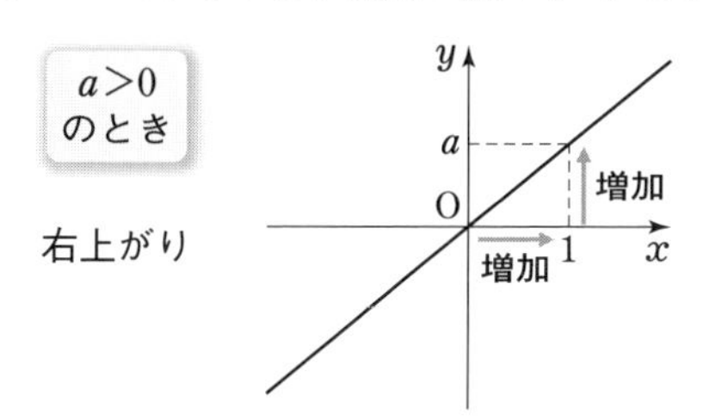

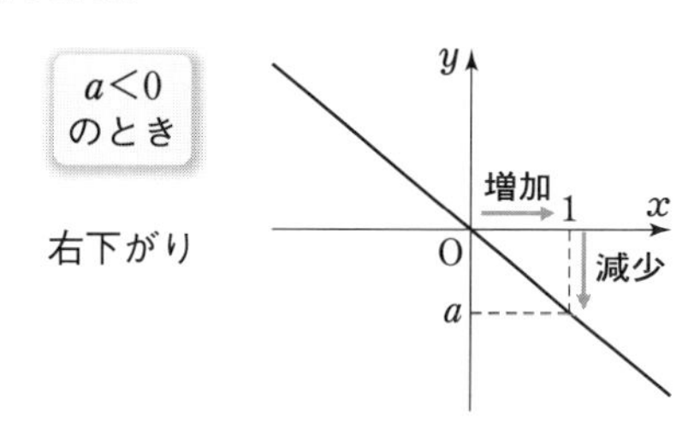

基本問題

□**3**　比例の関係　▶まとめ 1

次にあげる x と y の関係を表した式の中から，y が x に比例するものを選びなさい。

① $y=3x$　② $y=-5x$　③ $y=x-2$　④ $x+y=12$

⑤ $y=\dfrac{1}{x}$　⑥ $y=\dfrac{x}{4}$　⑦ $\dfrac{y}{x}=-2$　⑧ $x=-\dfrac{y}{3}$

4　比例の関係　▶まとめ 1

次にあげる表では，それぞれ y は x に比例している。表の空欄部分を埋めなさい。

□(1)

x	1	2	3	4	5
y	3	6		12	

□(2)

x	1	2	3	4	5
y	-2		-6	-8	

□(3)

x	-2	-1	0	1	2
y	1		0	$-\dfrac{1}{2}$	

□(4)

x	0	2	4		8
y	0	5	10	15	

5 比例の関係と比例定数　▶まとめ 1

次にあげる x と y の関係について，y は x に比例することを示しなさい。また，そのときの比例定数を答えなさい。

□(1)　1 個 120 円のパンを x 個買ったときの代金を y 円とする。

□(2)　底辺の長さが 5 cm，高さが x cm である三角形の面積を y cm^2 とする。

□(3)　時速 4 km で x 分歩いたときに進む道のりを y m とする。

6 比例の関係　▶まとめ 1

100 L の水が入る空の水そうに，水そうがいっぱいになるまで毎分 2 L の割合で水を入れていく。午前 8 時 30 分には，水が水そうの半分まで入っていた。この時点を基準にして，x 分後に水そうの中の水の量が y L 増えるとする。次の問いに答えなさい。

□(1)　y を x の式で表しなさい。

□(2)　$x=-5$ のときの y の値を求めなさい。また，このときの x，y の値は，それぞれどのようなことを表しているか説明しなさい。

□(3)　x の変域，y の変域を，それぞれ求めなさい。

□(4)　午前 8 時 45 分，午前 8 時 20 分に入っている水の量を，それぞれ求めなさい。

7 比例の式の決定　▶まとめ 1

次の問いに答えなさい。

□(1)　y は x に比例し，$x=3$ のとき $y=12$ である。

①　y を x の式で表しなさい。　②　$x=5$ のときの y の値を求めなさい。

□(2)　y は x に比例し，$x=-5$ のとき $y=10$ である。

①　y を x の式で表しなさい。　②　$x=4$ のときの y の値を求めなさい。

□(3)　y は x に比例し，$x=6$ のとき $y=-4$ である。

①　y を x の式で表しなさい。　②　$y=8$ となる x の値を求めなさい。

8 比例の関係　▶まとめ 1

ある自動車が走ることができる道のりは，使ったガソリンの量に比例する。この自動車が，30 L のガソリンで 360 km 走った。自動車が x L のガソリンで y km 走るとして，次の問いに答えなさい。

□(1)　y を x の式で表しなさい。

□(2)　ガソリン 50 L では何 km 走ることができるか答えなさい。

□(3)　204 km の道のりを走るには，何 L のガソリンが必要であるか答えなさい。

□9 比例の関係　▶まとめ 1

ばねののびの長さは，つるしたおもりの重さに比例することが知られている。
あるばねの下端に，重さ 20 g のおもりをつるしたところ，ばねがのびた長さは 16 mm になった。
このばねに重さ 50 g のおもりをつるすと，ばねがのびた長さは何 mm になるか求めなさい。

10 点の座標 ▶まとめ 2 ①

右の図で，次の各点の座標を答えなさい。

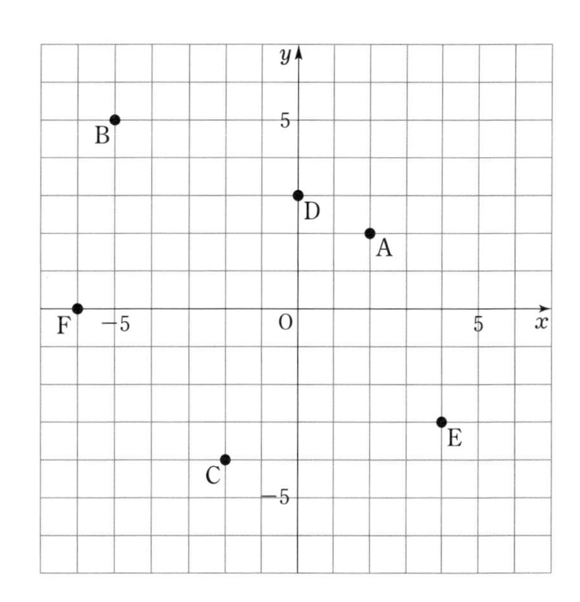

□(1) 点A　□(2) 点B
□(3) 点C　□(4) 点D
□(5) 点E　□(6) 点F

11 点の座標 ▶まとめ 2 ①

右の図に，座標が次のようになる点をかき入れなさい。

□(1) G(3, 5)　□(2) H(−4, 2)
□(3) I(−3, −6)　□(4) J(2, −5)
□(5) K(5, 0)　□(6) L(0, −2)

12 対称な点の座標 ▶まとめ 2 ②

次の問いに答えなさい。

□(1) 点 (−5, 2) について，次の点の座標を求めなさい。

① x 軸に関して対称な点　② y 軸に関して対称な点　③ 原点に関して対称な点

□(2) 点 (4, −3) について，次の点の座標を求めなさい。

① x 軸に関して対称な点　② y 軸に関して対称な点　③ 原点に関して対称な点

□(3) 点 (0, 6) について，次の点の座標を求めなさい。

① x 軸に関して対称な点　② y 軸に関して対称な点　③ 原点に関して対称な点

第5章

13 比例のグラフ ▶まとめ 3

次の比例のグラフをかきなさい。

□(1) $y=2x$　□(2) $y=-x$

□(3) $y=\frac{2}{3}x$　□(4) $y=-\frac{3}{4}x$

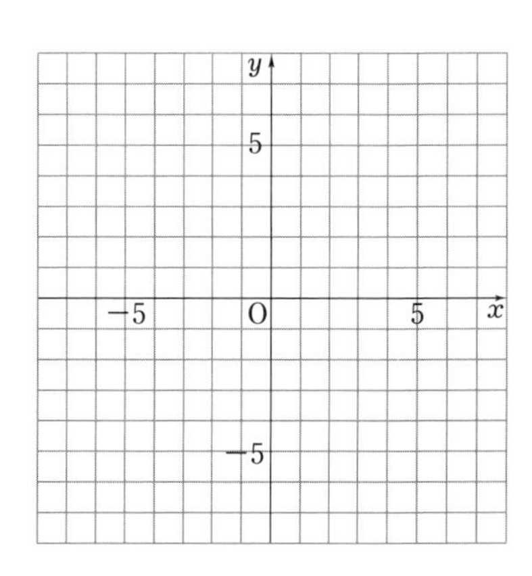

14　比例の関係と値の変化　▶まとめ 3

次の □ の中に，適当な言葉または数を入れなさい。

■(1)　比例 $y=3x$ は，x の値が 1 ずつ増加すると y の値は □ ずつ □ する。

■(2)　比例 $y=-4x$ は，x の値が 1 ずつ増加すると y の値は □ ずつ □ する。

□(3)　比例 $y=$ □ x は，x の値が 1 ずつ増加すると y の値は 5 ずつ減少する。

□(4)　比例 $y=$ □ x は，x の値が 1 ずつ増加すると y の値は $\frac{1}{2}$ ずつ増加する。

■15　比例のグラフ　▶まとめ 3

右の図の直線 ①～④ は，比例のグラフである。

それぞれについて，y を x の式で表しなさい。

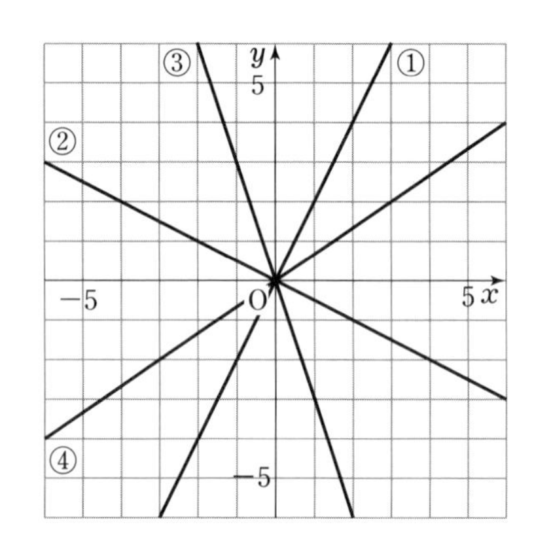

16　比例のグラフ　▶まとめ 3

y は x に比例し，そのグラフが，それぞれ次のような条件を満たすとき，y を x の式で表しなさい。

□(1)　点 (4, 12) を通る。

■(2)　点 (−9, 6) を通る。

■(3)　x の値が 2 増加するとき，y の値が 8 増加する。

□(4)　x の値が 4 増加するとき，y の値が 10 減少する。

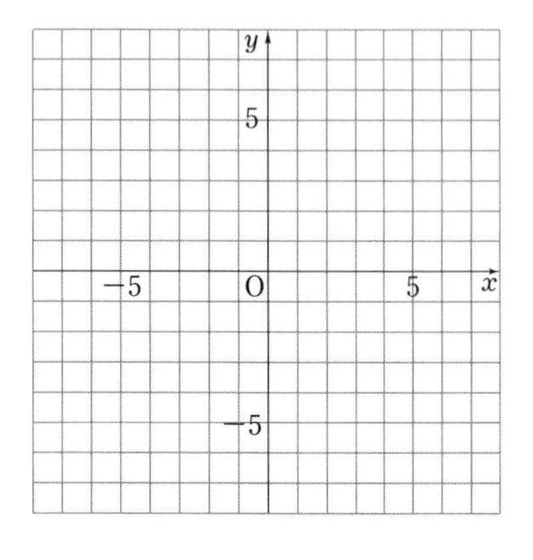

17　比例のグラフと値域　▶まとめ 3

次の比例のグラフをかき，値域を求めなさい。

□(1)　$y=2x$　$(1\leqq x\leqq 3)$

■(2)　$y=-\frac{1}{2}x$　$(-4\leqq x\leqq 6)$

標準問題

例題 1　対称な点の座標

2 点 $(2a+1,\ b-5)$，$(-a-3,\ 3b+9)$ が原点に関して対称であるとき，a，b の値を求めなさい。

考え方 条件を式に表すと，2 つの方程式が得られるから，これを解く。

解答 2 点 $(2a+1,\ b-5)$，$(-a-3,\ 3b+9)$ が原点に関して対称であるから

$$2a+1=-(-a-3),\quad b-5=-(3b+9)$$

これらを解いて　$\boldsymbol{a=2,\ b=-1}$ 答

18　2 点 $\mathrm{A}(a+1,\ 2b-1)$，$\mathrm{B}(2a+5,\ -3b+4)$ がある。次のような条件を満たすように，a，b の値をそれぞれ定めなさい。

□(1)　2 点 A，B が x 軸に関して対称である。

□(2)　2 点 A，B が y 軸に関して対称である。

■(3)　2 点 A，B が原点に関して対称である。

□**19**　A さんは公園で毎日ジョギングをしている。A さんがジョギングにかける時間は日によって異なるが，ジョギングをする速さは一定で，30 分間のジョギングをしたときに走る道のりは 4 km になる。A さんがジョギングを x 分間したときに走る道のりを y km とする。x の変域が $15\leqq x\leqq 90$ のとき，y の変域を求めなさい。

第5章

発展問題

20　次の問いに答えなさい。

□(1)　y は $x+2$ に比例し，$x=1$ のとき $y=-3$ である。

　①　y を x の式で表しなさい。　　②　$x=2$ のときの y の値を求めなさい。

□(2)　y は x に比例し，比例定数は 3 である。また，z は y に比例し，比例定数は 4 である。

　①　z を x の式で表しなさい。　　②　$z=-48$ のときの x の値を求めなさい。

ヒント　20(1)　○が△に比例するとき，比例定数を a とすると　○$=a\times$△　の形の式で表すことができる。

3　反比例とそのグラフ

基本のまとめ

1　反比例

y が x の関数で，$y=\dfrac{a}{x}$（a は定数，$a \neq 0$，$x \neq 0$）と表されるとき，**y は x に反比例する** といい，定数 a を比例定数という。

2　反比例のグラフ

反比例 $y=\dfrac{a}{x}$ のグラフは，原点に関して対称な双曲線である。

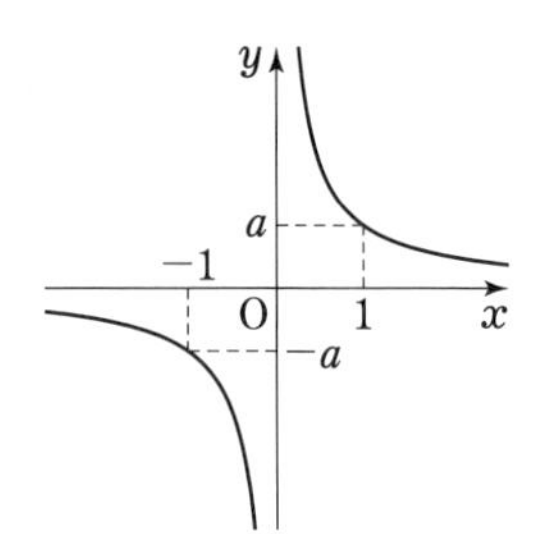

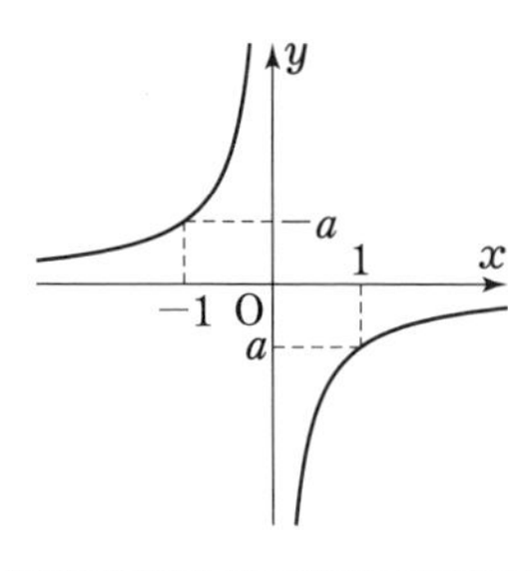

   **基本問題** 

□21　反比例の関係　▶まとめ 1

次にあげる x と y の関係を表した式の中から，y が x に反比例するものを選びなさい。

① $y=\dfrac{10}{x}$　② $y=\dfrac{-5}{x}$　③ $y=\dfrac{x}{8}$　④ $xy=24$

⑤ $y=\dfrac{4}{x}+1$　⑥ $y=\dfrac{1}{x-2}$　⑦ $x=-\dfrac{9}{y}$　⑧ $1=\dfrac{3}{xy}$

22　反比例の関係　▶まとめ 1

次にあげる表では，それぞれ y は x に反比例している。表の空欄部分を埋めなさい。

□(1)

x	1	2	3	4	6
y	12	6		3	

■(2)

x	1	2	3		12
y	−24			−6	

■(3)

x	−3	−2	−1	1	2
y					2

□(4)

x	−4	−2			20
y		20	−10	−5	

第5章

23 反比例の関係と比例定数　▶まとめ 1

次にあげる x と y の関係について，y は x に反比例することを示しなさい。また，そのときの比例定数をいいなさい。

□(1)　面積が $10\,\text{cm}^2$ である長方形の横の長さを $x\,\text{cm}$，縦の長さを $y\,\text{cm}$ とする。

■(2)　24 km の道のりを，時速 x km で進んだときにかかる時間を y 時間とする。

■(3)　120 cm のひもを x 等分したときの 1 本の長さを y cm とする。

□(4)　40 L の水が入る空の水そうに，毎分 x L の割合で水を入れていくとき，いっぱいになるまでに y 分かかる。

24 比例と反比例　▶まとめ 1

x，y が右の表のような値をとるとき，次の各場合について，［①］，［②］にあてはまる数を求めなさい。

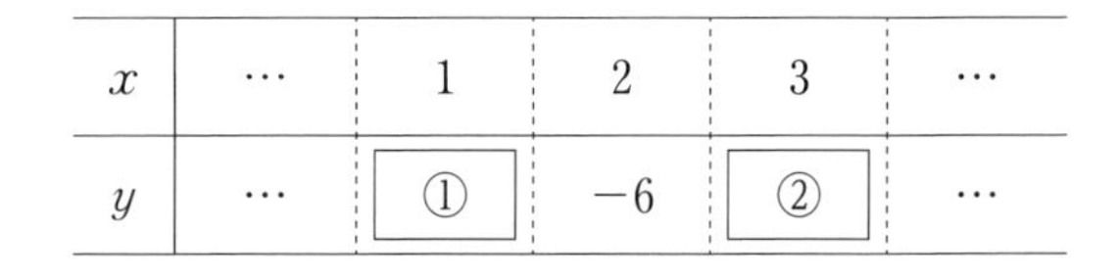

x	…	1	2	3	…
y	…	①	-6	②	…

□(1)　y が x に比例する。

□(2)　y が x に反比例する。

25 反比例の式の決定　▶まとめ 1

次の問いに答えなさい。

■(1)　y は x に反比例し，$x=4$ のとき $y=3$ である。

①　y を x の式で表しなさい。

②　$x=2$ のときの y の値を求めなさい。

□(2)　y は x に反比例し，$x=-5$ のとき $y=6$ である。

①　y を x の式で表しなさい。

②　$x=15$ のときの y の値を求めなさい。

■(3)　y は x に反比例し，$x=-6$ のとき $y=3$ である。

①　y を x の式で表しなさい。

②　$y=-8$ となる x の値を求めなさい。

26 反比例の関係　▶まとめ 1

1 人に 5 個ずつ分けると，ちょうど 12 人に分けることのできるお菓子がある。このお菓子を 1 人に x 個ずつ分けるとき，ちょうど y 人に分けられるものとして，次の問いに答えなさい。

□(1)　y を x の式で表しなさい。

□(2)　1 人に 10 個ずつ分けると，何人に分けることができるか答えなさい。

27 反比例の関係　▶まとめ 1

A地点からB地点まで移動するとき，時速 40 km で進むと 3 時間かかるという。A地点からB地点まで，時速 x km で進むとき y 時間かかるとして，次の問いに答えなさい。

■(1)　y を x の式で表しなさい。

■(2)　時速 50 km で進むと，A地点からB地点までどれだけの時間がかかるか答えなさい。

■(3)　A地点からB地点まで 6 時間で到達するためには，どれだけの速度で進めばよいか答えなさい。

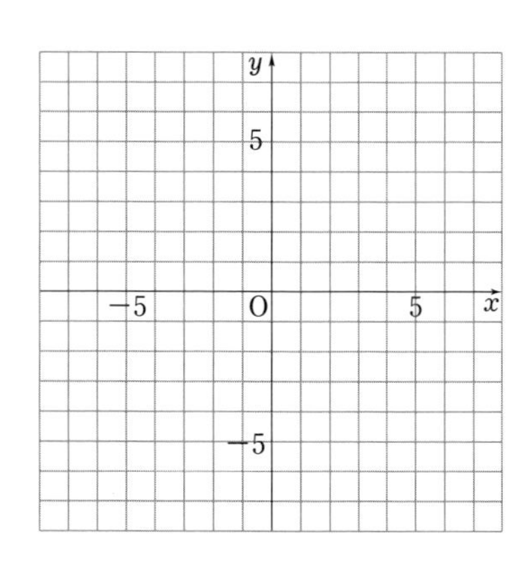

28 反比例のグラフ ▶まとめ 2

次の反比例のグラフをかきなさい。

□(1) $y=\frac{4}{x}$　□(2) $y=-\frac{12}{x}$

□(3) $y=\frac{-9}{x}$　□(4) $xy=12$

□29 反比例のグラフ ▶まとめ 2

右の図の曲線①～④は，反比例のグラフである。それぞれについて，yをxの式で表しなさい。

①は点 (3, 6) を通る。

②は点 (6, −4) を通る。

③は点 (4, 2) を通る。

④は点 (3, −3) を通る。

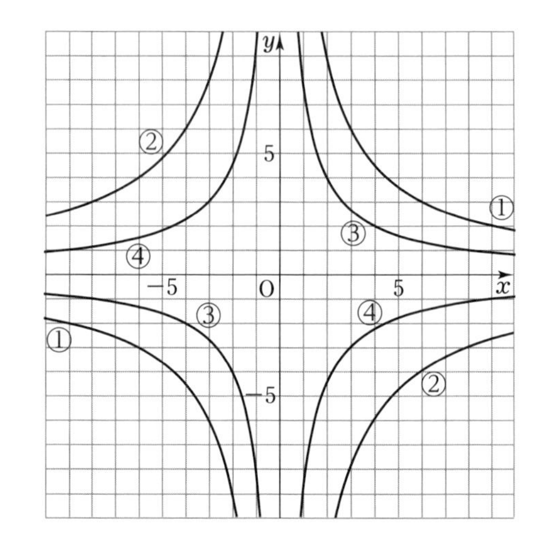

30 反比例のグラフ ▶まとめ 2

次の問いに答えなさい。

□(1) yはxに反比例し，そのグラフは，点 (4, −5) を通る。このとき，yをxの式で表しなさい。

□(2) yはxに反比例し，そのグラフは，点 (6, 3) を通る。このグラフ上の点で，x座標が −2 である点のy座標を求めなさい。

□(3) yはxに反比例し，そのグラフは，2点 (−12, −4)，(6, m) を通る。このとき，mの値を求めなさい。

◆◆◆ 標準問題 ◆◆◆

例題 2　反比例の関係と変域

反比例 $y=\dfrac{6}{x}$ において，x の変域が $a \leqq x \leqq -1$ のとき，y の変域が $b \leqq y \leqq -2$ となる。このとき，定数 a，b の値を求めなさい。

考え方　グラフをかいて，x の変域に対応する y の変域を考える。

解 答　$a \leqq x \leqq -1$ のとき，反比例 $y=\dfrac{6}{x}$ のグラフは右の図のようになるから

$x=a$ のとき $y=-2$，$x=-1$ のとき $y=b$

となる。

よって　　$-2=\dfrac{6}{a}$，$b=\dfrac{6}{-1}$

これを解いて　$a=-3$，$b=-6$

これらは問題に適している。　　**答**　$\boldsymbol{a=-3}$，$\boldsymbol{b=-6}$

31　次の問いに答えなさい。

□(1)　反比例 $y=\dfrac{12}{x}$ において，x の変域が $2 \leqq x \leqq 6$ のとき，y の変域を求めなさい。

■(2)　y は x に反比例し，$x=-4$ のとき $y=2$ である。x の変域が $x<-1$ であるとき，y の変域を求めなさい。

□**32**　反比例 $y=\dfrac{a}{x}$（a は定数）について，x の変域が $2 \leqq x \leqq 6$ であるとき，y の変域は $\dfrac{4}{3} \leqq y \leqq b$ となる。a，b の値を求めなさい。

33　次の問いに答えなさい。

□(1)　反比例 $y=\dfrac{8}{x}$ のグラフ上の点で，x 座標，y 座標がともに自然数である点の個数を求めなさい。

■(2)　y は x に反比例し，$x=6$ のとき $y=\dfrac{3}{2}$ である。x，y の関係を表すグラフ上の点で，x 座標，y 座標がともに整数である点の個数を求めなさい。

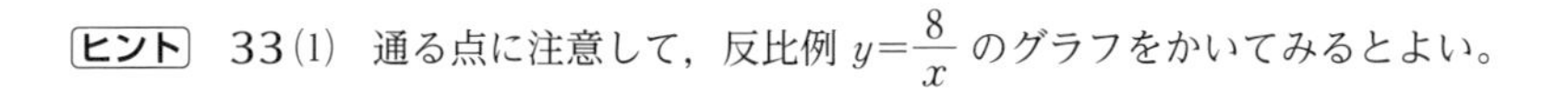

ヒント　33 (1)　通る点に注意して，反比例 $y=\dfrac{8}{x}$ のグラフをかいてみるとよい。

第5章

4　比例，反比例の利用

基本のまとめ

1　グラフの交点

① 2つのグラフが点 $(p,\ q)$ で交わるとき，それぞれのグラフの式に，$x=p$，$y=q$ を代入した等式が成り立つ。

② 比例のグラフと反比例のグラフが交わるとき，2つの交点は原点に関して対称である。

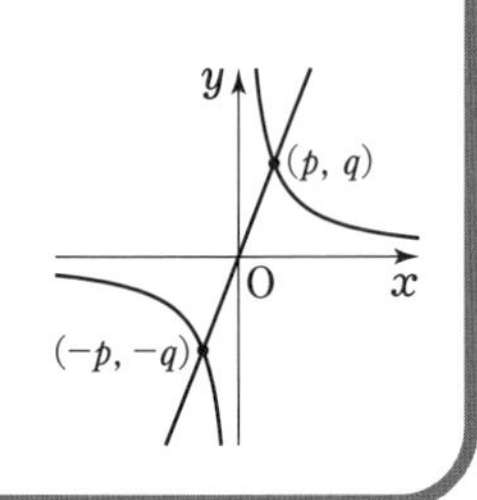

基本問題

34　グラフの交点　▶まとめ 1

右の図のように，比例 $y=\frac{1}{2}x$ のグラフと反比例 $y=\frac{a}{x}$ のグラフが，2点A，Bで交わっている。点Aの x 座標が4であるとき，次の問いに答えなさい。

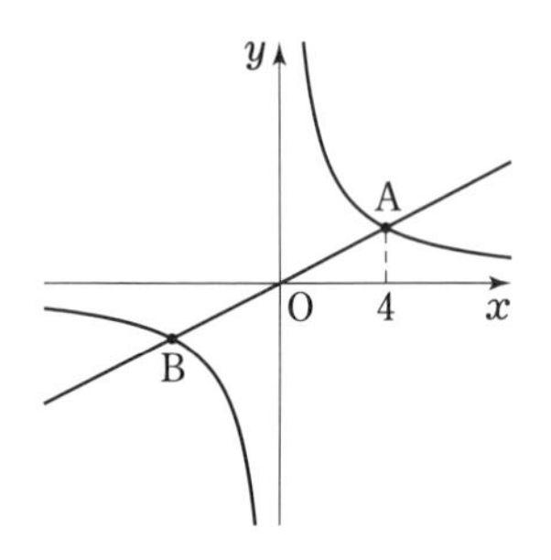

□(1)　点Aの y 座標を求めなさい。

□(2)　a の値を求めなさい。

□(3)　点Bの座標を求めなさい。

35　グラフの交点　▶まとめ 1

右の図のように，比例 $y=ax$ のグラフと反比例 $y=-\frac{6}{x}$ のグラフが，2点A，Bで交わっている。点Aの x 座標が -2 であるとき，次の問いに答えなさい。

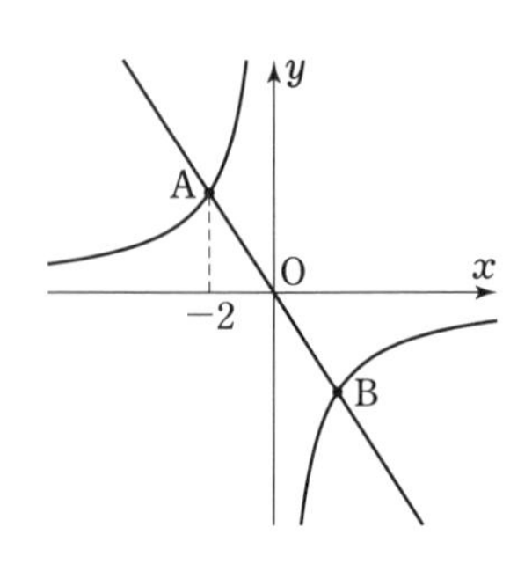

□(1)　a の値を求めなさい。

□(2)　点Bの座標を求めなさい。

□(3)　点Bから x 軸，y 軸にそれぞれ，垂線BP，BQを引く。このとき，長方形OPBQの面積を求めなさい。

◆◆◆ 標準問題 ◆◆◆

例題3 グラフ上の点と面積

x の変域が $x>0$ である反比例 $y=\dfrac{8}{x}$ のグラフがある。このグラフ上に点Pをとり，Pから x 軸，y 軸に引いた垂線を，それぞれ PA，PB とする。このとき，点Pの位置によらず，長方形 OAPB の面積は一定であることを説明しなさい。

考え方 点Pの x 座標を t とおくと，線分 OA，OB の長さが t を用いて表される。

解答 点Pの x 座標を t とおく。

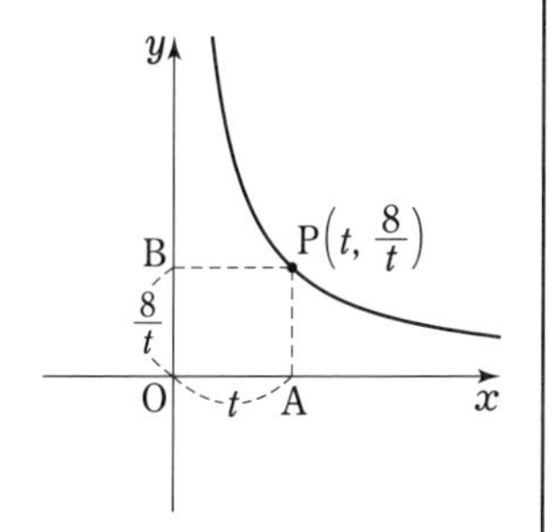

点Pは，反比例 $y=\dfrac{8}{x}$ $(x>0)$ のグラフ上にあるから，その y 座標は

$\dfrac{8}{t}$ と表され　　　　$OA=t$，$OB=\dfrac{8}{t}$

このとき，長方形 OAPB の面積は

$$OA\times OB=t\times\frac{8}{t}=8$$

よって，長方形 OAPB の面積は点Pの位置によらず 8 となり，一定である。 終

36 右の図のように，反比例 $y=\dfrac{12}{x}$ のグラフ上の x 座標，y 座標がともに正である部分に頂点Bがあり，点A，点Cが，それぞれ y 軸上，x 軸上にあるような，長方形 OABC を考える。

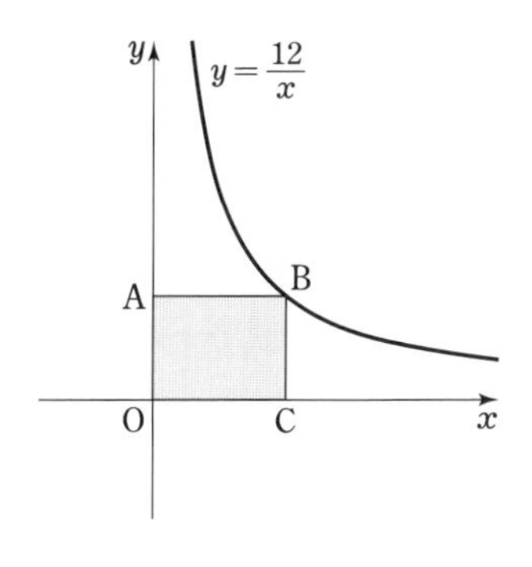

□(1) 長方形 OABC の面積を求めなさい。

□(2) 点Cの座標が (4, 0) であるとき，点Aの座標を求めなさい。

□(3) $OA=2$ であるとき，線分 OC の長さを求めなさい。

□**37** x の変域が $x>0$ である反比例 $y=\dfrac{9}{x}$ のグラフ上に点Aがあり，x 軸上に点Bがある。Bの x 座標は 10 で，△OAB の面積が 15 であるとき，点Aの座標を求めなさい。

38 右の図のように，比例 $y=2x$ のグラフと反比例 $y=\dfrac{a}{x}$ のグラフがある。2 つのグラフは 2 点で交わっており，その交点を図のように A，B とする。また，y 軸について点 A，B と対称な点をそれぞれ C，D とする。長方形 ACBD の周の長さが 36 であるとき，次のものを求めなさい。

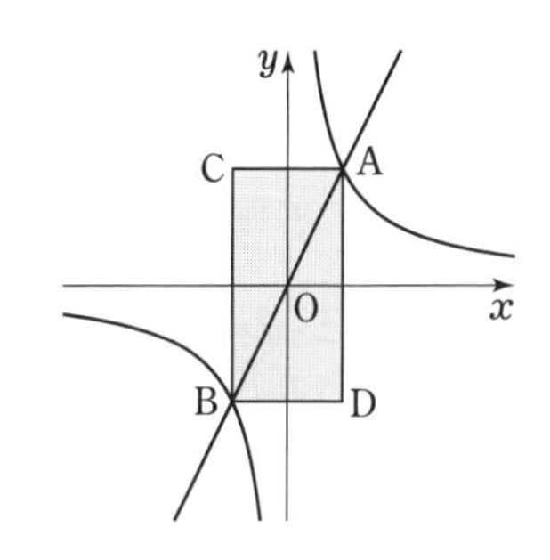

□(1) 点Aの座標　　　　□(2) 定数 a の値

ヒント 38(1) 点Aの x 座標を t とおき，長方形 ACBD の周の長さについての方程式をつくる。

5　1次関数とそのグラフ

基本のまとめ

1　1次関数

① **1次関数**　y が x の関数で，y が x の1次式で表されるとき，**y は x の1次関数である** という。
1次関数は，$y=ax+b$（a，b は定数，$a \neq 0$）と表される。

② **変化の割合**　(変化の割合)$=\dfrac{y\text{の増加量}}{x\text{の増加量}}=a$　(一定)

2　1次関数 $y=ax+b$ のグラフ

① 比例 $y=ax$ のグラフを，
y 軸の正の方向に b だけ平行移動した直線

② グラフの
傾きは a，切片は b

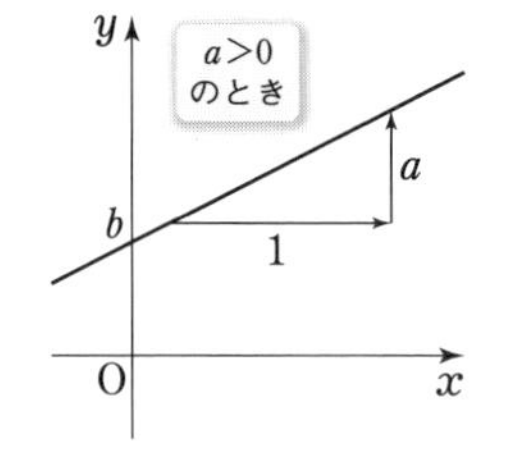

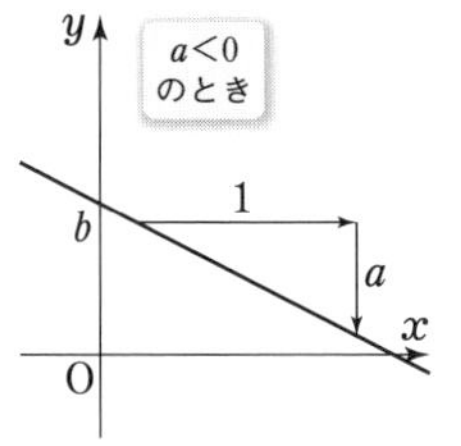

3　1次関数の式の決定

① グラフから式を求める。傾きと切片を読みとる。

② 変化の割合と1組の x，y の値から式を求める。

③ 2組の x，y の値から式を求める。

基本問題

第5章

□**39**　1次関数　▶まとめ 1 ①

次のような式で x と y の関係が表されるとき，y が x の1次関数となっているものを選びなさい。

① $y=2x+5$　② $y=-\dfrac{3}{5}x+8$　③ $y=\dfrac{1}{3x}-2$　④ $y=-4x+x^2$

⑤ $y=-3(x+2)$　⑥ $y=-x$　⑦ $\dfrac{x}{2}+\dfrac{y}{3}=5$　⑧ $xy=7x-3$

40　1次関数　▶まとめ 1 ①

次にあげる x と y の関係について，y を x の式で表しなさい。また，x の変域を求めなさい。

□(1)　ある灯油ストーブは，1時間に 0.5 L の灯油を消費するという。タンクに 5 L の灯油を入れて火をつける。火をつけてから x 時間後の残りの灯油の量を y L とする。

□(2)　10 km 離れたA地点とB地点の間を，AからBに向かって，時速 4 km で進む。出発してから x 時間後にいる位置とB地点の間の距離を y km とする。

41 変化の割合　▶まとめ 1 ②

次の問いに答えなさい。

□(1)　1次関数 $y=3x-5$ において，x の値が次のように増加するときの変化の割合を求めなさい。

①　1から5まで　　②　-3 から2まで

■(2)　1次関数 $y=-4x+2$ において，x の値が次のように増加するときの変化の割合を求めなさい。

①　4から8まで　　②　-2 から6まで

42 変化の割合　▶まとめ 1 ②

次のものを求めなさい。

■(1)　x の増加量が4のとき，y の増加量が -12 となる1次関数の変化の割合

□(2)　x の増加量が9のとき，y の増加量が6となる1次関数の変化の割合

□(3)　変化の割合が -3 である1次関数において，x の増加量が4のときの y の増加量

■(4)　変化の割合が $\frac{2}{3}$ である1次関数において，y の増加量が8のときの x の増加量

43 変化の割合　▶まとめ 1 ②

次の1次関数の変化の割合を答えなさい。

□(1)　$y=4x+8$　■(2)　$y=-3x$　■(3)　$y=\frac{3}{4}x-2$　□(4)　$y=-0.7x+0.35$

44 変化の割合　▶まとめ 1 ②

次の1次関数について，x の値が -4 から8まで増加するときの y の増加量を求めなさい。

□(1)　$y=2x-5$　■(2)　$y=-x+3$　■(3)　$y=\frac{1}{6}x+4$　□(4)　$y=-\frac{5}{3}x-\frac{1}{4}$

45 1次関数　▶まとめ 1 ①，②

あるつるまきばねは，何もつるさないときの長さが 12 cm で，おもりが 10 g 増えるごとに 5 mm ずつのびるという。x g のおもりをつるしたときのばねの長さを y cm とする。

■(1)　y を x の式で表しなさい。

■(2)　おもりを 15 g から 30 g にかえたとき，ばねののびはどれだけ増えるか求めなさい。

□46 傾きと切片　▶まとめ 2 ②

右の図の直線 ①，②，③ は，1次関数のグラフである。

①，②，③ のグラフの傾きと切片を答えなさい。

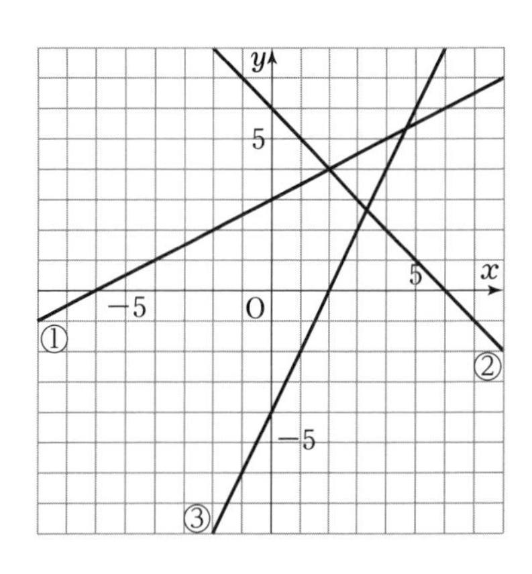

第5章

47　1次関数のグラフ　▶まとめ 2 ①

次の1次関数のグラフを，(1) は $y=-2x$，(2) は $y=\frac{1}{2}x$ のグラフを利用してかきなさい。

■(1)　①　$y=-2x+2$　　②　$y=-2x-3$

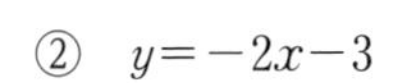

□(2)　①　$y=\frac{1}{2}x+5$　　②　$y=\frac{1}{2}x-2$

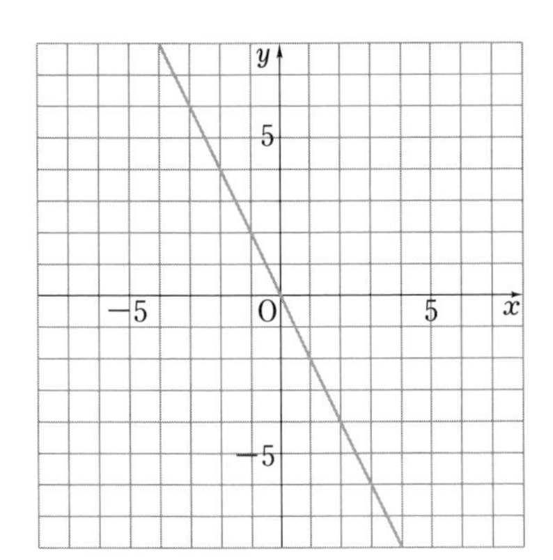

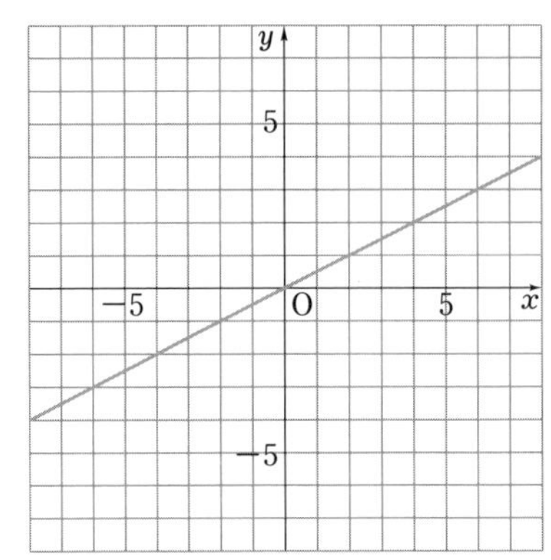

48　1次関数のグラフ　▶まとめ 2 ②

次の1次関数のグラフをかきなさい。

□(1)　$y=2x-4$　　■(2)　$y=-x+3$

□(3)　$y=\frac{1}{2}x+1$　　■(4)　$y=\frac{4}{3}x-2$

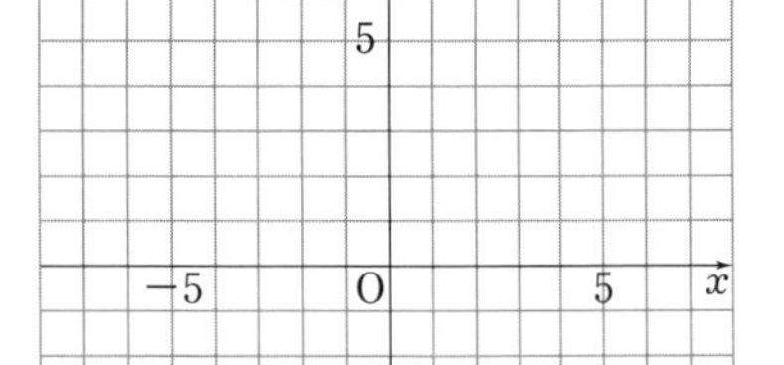

49　1次関数のグラフ　▶まとめ 2 ②

グラフが通る2点を見つけて，次の1次関数のグラフをかきなさい。

■(1)　$y=\frac{1}{2}x-\frac{3}{2}$　　□(2)　$y=-\frac{4}{3}x+\frac{2}{3}$

50　1次関数のグラフと値域　▶まとめ 2 ②

次の関数のグラフをかきなさい。また，関数の値域を求めなさい。

□(1)　$y=2x-3$　$(0\leqq x\leqq 4)$

■(2)　$y=-\frac{2}{3}x+2$　$(-3\leqq x\leqq 6)$

■51 グラフと1次関数の式 ▶まとめ 3 ①

右の図の直線 ①，②，③ は，1次関数のグラフである。これらの1次関数の式を求めなさい。

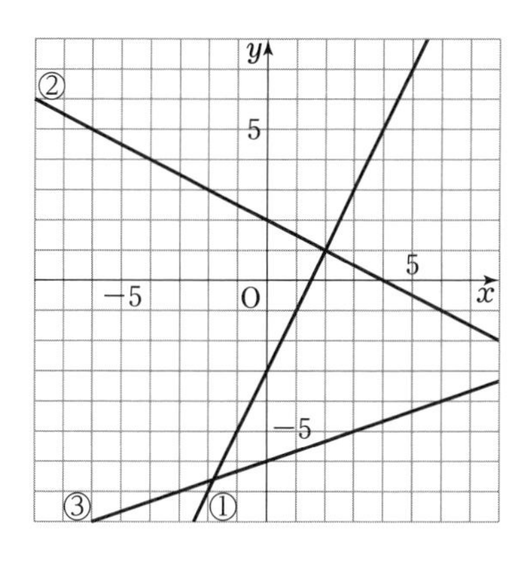

52 1次関数の式の決定 ▶まとめ 3 ②

次の条件を満たす1次関数の式を求めなさい。

□(1) 変化の割合が1で，$x=6$ のとき $y=2$

■(2) 変化の割合が -1 で，$x=-7$ のとき $y=9$

■(3) 変化の割合が2で，$x=3$ のとき $y=-6$

□(4) 変化の割合が -5 で，$x=-3$ のとき $y=8$

□(5) 変化の割合が $\frac{2}{3}$ で，$x=6$ のとき $y=-2$

■(6) 変化の割合が $-\frac{3}{4}$ で，$x=0$ のとき $y=-\frac{1}{4}$

53 直線の式の決定 ▶まとめ 3 ②

次の条件を満たす直線の式を求めなさい。

■(1) 点 $(5,\ 2)$ を通り，傾きが4

□(2) 点 $(-3,\ 1)$ を通り，傾きが $\frac{2}{3}$

■(3) 点 $(4,\ -3)$ を通り，直線 $y=2x$ に平行

□(4) 点 $(2,\ 2)$ を通り，直線 $y=-\frac{5}{2}x$ に平行

■(5) 点 $(-2,\ -1)$ を通り，切片が3

□(6) 点 $(-9,\ 2)$ を通り，切片が -1

54 直線の式の決定 ▶まとめ 3 ③

次の2点を通る直線の式を求めなさい。

□(1) $(-1,\ -9)$，$(2,\ 3)$

■(2) $(-2,\ 13)$，$(3,\ -12)$

□(3) $(-6,\ -6)$，$(-3,\ -4)$

■(4) $(-8,\ 16)$，$(12,\ -9)$

55 1次関数の式の決定 ▶まとめ 3 ③

次の条件を満たす1次関数の式を求めなさい。

□(1) $x=-3$ のとき $y=-17$，$x=2$ のとき $y=13$

■(2) $x=-5$ のとき $y=8$，$x=3$ のとき $y=-16$

□(3) $x=2$ のとき $y=0$，$x=6$ のとき $y=-3$

■(4) $x=0$ のとき $y=-2$，$x=8$ のとき $y=4$

標準問題

例題 4　一直線上にある3点

3点 A$(-3,\ 1)$，B$(2,\ 3)$，C$(7,\ a)$ が一直線上にあるとき，定数 a の値を求めなさい。

考え方　3点が通る直線の傾きに注目する。

解答　3点 A，B，C が一直線上にあるとき，直線 AB の傾きと，直線 BC の傾きは等しい。

直線 AB の傾きは　$\dfrac{3-1}{2-(-3)}=\dfrac{2}{5}$

直線 BC の傾きは　$\dfrac{a-3}{7-2}=\dfrac{a-3}{5}$

よって　$\dfrac{2}{5}=\dfrac{a-3}{5}$

したがって　$a=5$　答

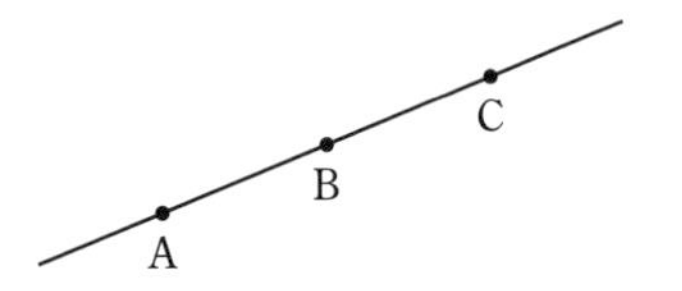

3点 A, B, C が一直線上にあるとき，
直線AB と直線BCの傾きは等しくなる。

別解　2点 A，B が通る直線 AB の式を求めると　$y=\dfrac{2}{5}x+\dfrac{11}{5}$

3点 A，B，C が一直線上にあるとき，点Cは直線 AB 上にあるから　$a=\dfrac{2}{5}\times7+\dfrac{11}{5}$

したがって　$a=5$

56　次の条件を満たす直線の式を求めなさい。

■(1)　2点 $(-1,\ 2)$，$(5,\ -4)$ を結ぶ線分の中点を通り，直線 $y=2x$ に平行な直線

□(2)　$x=-5$ のとき x 軸と交わり，$y=3$ のとき y 軸と交わる直線

■(3)　直線 $y=x-2$ と x 軸に関して対称な直線

57　次の問いに答えなさい。

■(1)　2直線 $y=ax+b$，$y=bx-a$ がともに点 $(2,\ 1)$ を通るとき，定数 a，b の値を求めなさい。

□(2)　2直線 $y=2x-a+1$，$y=-\dfrac{1}{3}x+\dfrac{1}{2}a$ が y 軸上で交わるとき，定数 a の値を求めなさい。

■(3)　点 $(-1,\ 3)$ と x 軸，y 軸に関してそれぞれ対称な点 P，Q がある。直線 $y=ax+b$ が2点 P，Q を通るとき，定数 a，b の値を求めなさい。

58　次の問いに答えなさい。

□(1)　3点 A$(-3,\ 4)$，B$(2,\ -6)$，C$(0,\ a)$ が一直線上にあるとき，定数 a の値を求めなさい。

■(2)　3点 A$\left(-1,\ -\dfrac{9}{2}\right)$，B$\left(2,\ \dfrac{9}{2}\right)$，C$\left(a,\ \dfrac{21}{2}\right)$ が一直線上にあるとき，定数 a の値を求めなさい。

■(3)　3点 A$(-1,\ 7)$，B$(-2,\ a+5)$，C$(2,\ 3-a)$ が一直線上にあるとき，定数 a の値を求めなさい。

ヒント　56(3)　グラフをかいて，傾きと切片を考える。

例題5　定義域から関数と値域を決定する

a，b は定数で，$a<0$ とする。1次関数 $y=ax+8$ の定義域が $-1 \leqq x \leqq 2$ であるとき，値域が $b \leqq y \leqq 11$ となるように，定数 a，b の値を定めなさい。

考え方　$a<0$ であることから，定義域の両端の値が，値域の両端の値に，どのように対応するかがわかる。

解答　$a<0$ であるから，1次関数 $y=ax+8$ のグラフは，右下がりの直線である。

よって，関数 $y=ax+8$ について

$x=-1$ のとき $y=11$ ……①

$x=2$　のとき $y=b$ ……②

①より　$11=-a+8$ ……③

②より　$b=2a+8$ ……④

③，④を連立方程式として解くと　$a=-3$，$b=2$

これらは条件に適している。　**答**　$\boldsymbol{a=-3}$，$\boldsymbol{b=2}$

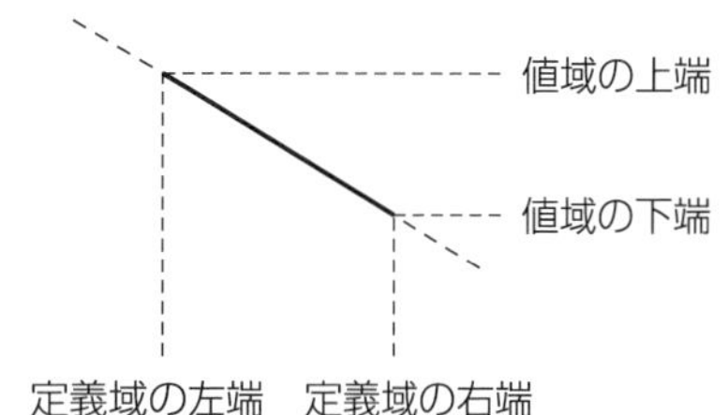

59　次の問いに答えなさい。

□(1)　1次関数 $y=-2x+5$ の定義域が $-2 \leqq x \leqq a$ であるとき，値域が $1 \leqq y \leqq b$ となるように，定数 a，b の値を定めなさい。

□(2)　a，b は定数で，$a>0$ とする。1次関数 $y=ax-3$ の定義域が $-3 \leqq x \leqq 1$ であるとき，値域が $-9 \leqq y \leqq b$ となるように，定数 a，b の値を定めなさい。

□(3)　a，b は定数で，$a<0$ とする。1次関数 $y=ax+6$ の定義域が $-2 \leqq x \leqq 2$ であるとき，値域が $0 \leqq y \leqq b$ となるように，定数 a，b の値を定めなさい。

□(4)　a，b は定数で，$a \neq 0$ とする。1次関数 $y=ax+b$ の定義域が $-2 \leqq x \leqq 4$ であるとき，値域は $-4 \leqq y \leqq 5$ となる。$a>0$ の場合と $a<0$ の場合を分けて考え，定数 a，b の値を求めなさい。

第5章

60　右の図の直線①～④は1次関数 $y=ax+b$ のグラフである。次の問いに答えなさい。

□(1)　a と b の符号の組み合わせを考えることにより，ab の値が正となる直線を選びなさい。

□(2)　$x=1$ のときの y の値を考えることにより，$a+b$ の値が最大となる直線を選びなさい。

□(3)　$x=-1$ のときの y の値を考えることにより，$-a+b$ の値が最小となる直線を選びなさい。

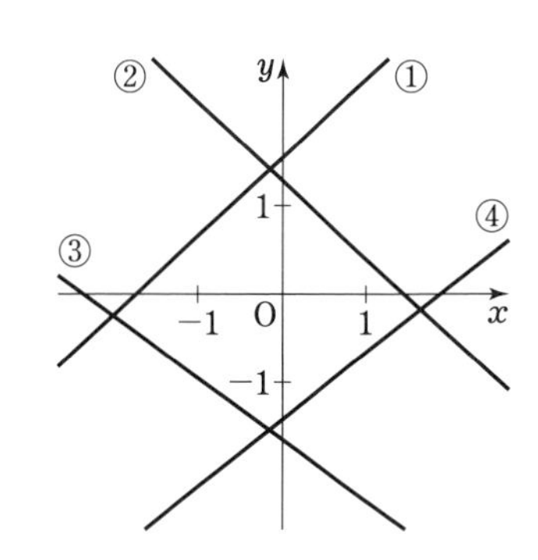

ヒント　59(4)　$a>0$ のときは定義域の左端と値域の下端が対応し，$a<0$ のときは定義域の左端と値域の上端が対応する。

発展問題

例題6　条件を満たすように切片の範囲を定める

2点 A(1, 2), B(5, 4) がある。直線 $y=-x+b$ が線分 AB と交わるように，定数 b の値の範囲を定めなさい。

考え方　グラフをかいて，線分 AB の両端を通る場合を考える。

解答　直線 $y=-x+b$ の傾きは -1，切片は b で，b の値が変化すると，y 軸の方向に平行に移動する。

直線が A(1, 2) を通るとき，b の値は最小で

$$2=-1+b$$

これを解いて　$b=3$

直線が B(5, 4) を通るとき，b の値は最大で

$$4=-5+b$$

これを解いて　$b=9$

したがって，b の値の範囲は

$$3 \leqq b \leqq 9$$　答

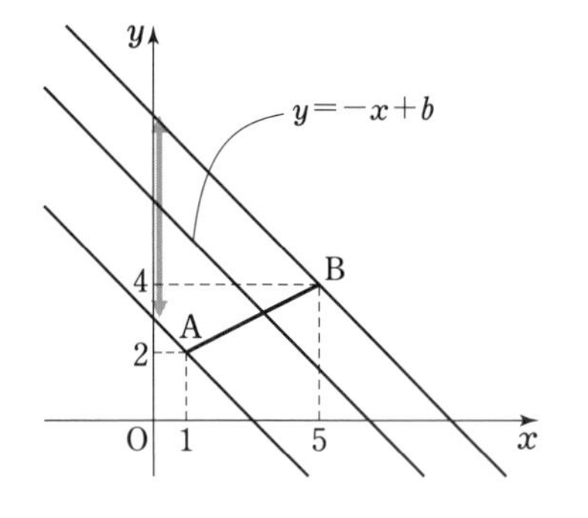

61　2点 A(5, 7), B(7, 4) がある。次の問いに答えなさい。

□(1)　直線 $y=\frac{1}{2}x+p$ が線分 AB と交わるように，定数 p の値の範囲を定めなさい。

□(2)　直線 $y=qx+2$ が線分 AB と交わるように，定数 q の値の範囲を定めなさい。

62　4点 A(3, 6), B(5, 2), C(−2, −2), D(−4, −2) があり，線分 AB 上の点と線分 CD 上の点を通る直線の式を $y=ax+b$ とする。次の問いに答えなさい。

□(1)　定数 a の値の範囲を求めなさい。

□(2)　定数 b の値の範囲を求めなさい。

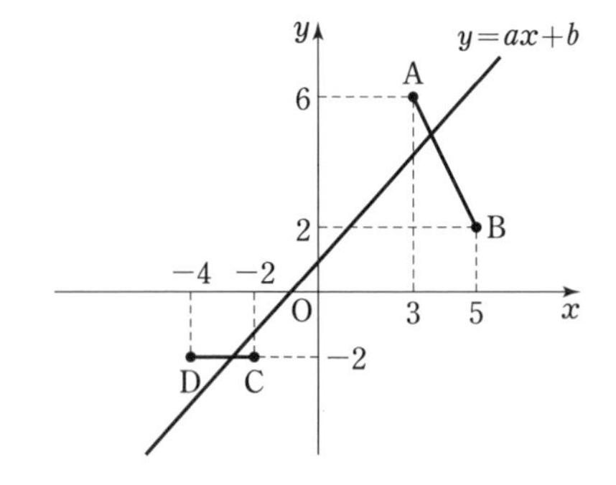

□**63**　1次関数 $y=ax+b$ は，$x=0$ のとき $-1 \leqq y \leqq 1$，$x=1$ のとき $3 \leqq y \leqq 5$ となるように定数 a，b の値が変化する。この関数について，$x=2$ のとき，y のとりうる値の範囲を求めなさい。

ヒント　63　グラフで考える。A(0, −1), B(0, 1), C(1, 3), D(1, 5) とすると，1次関数 $y=ax+b$ のグラフは線分 AB, CD とそれぞれ交わる。

6　1次関数と方程式

基本のまとめ

1　2元1次方程式のグラフ

2元1次方程式 $ax+by=c$ のグラフは直線である。
(ただし，a，b のうち少なくとも一方は0でない)

2　連立方程式の解とグラフ

連立方程式 $\begin{cases} ax+by=c & \cdots\cdots ① \\ a'x+b'y=c' & \cdots\cdots ② \end{cases}$

x，y についての連立方程式の解は，直線①，②の交点の x 座標，y 座標の組である。
直線①，②の交点が $(p,\ q)$ なら，連立方程式の解は $x=p$，$y=q$

基本問題

64　2元1次方程式のグラフ　▶まとめ 1

次の2元1次方程式を，y について解き，そのグラフをかきなさい。

□(1)　$2x-y=3$　　□(2)　$3x+4y=0$
□(3)　$3x+y-2=0$　　□(4)　$3x-2y=6$

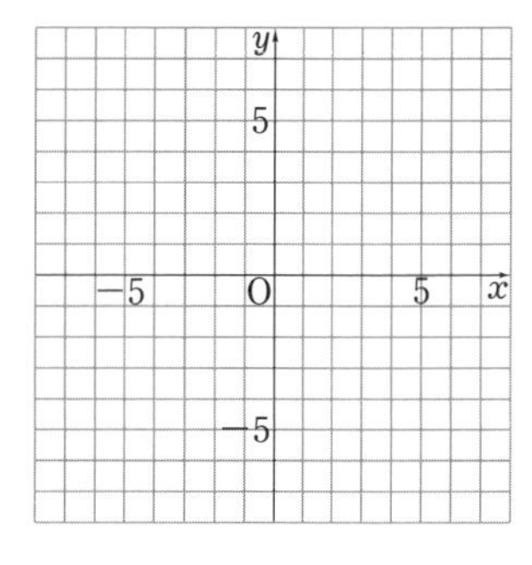

65　2元1次方程式のグラフ　▶まとめ 1

次の方程式のグラフを，通る2点を見つけてかきなさい。

□(1)　$4x+3y=12$　　□(2)　$5x+2y=-10$
□(3)　$3x-7y=21$　　□(4)　$-x+2y=4$

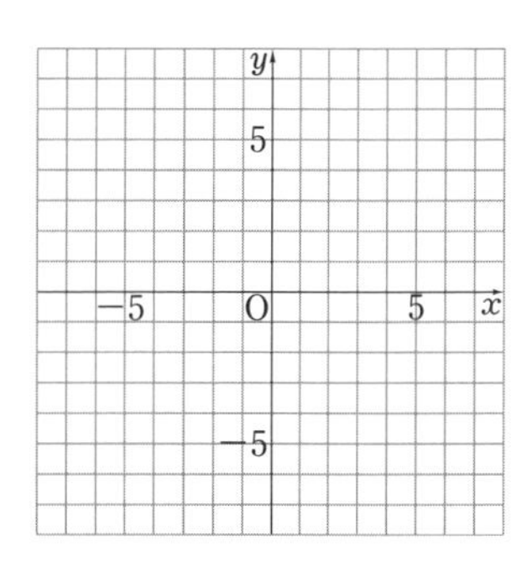

66　軸に平行な直線　▶まとめ 1

次の方程式のグラフをかきなさい。

□(1)　$x=3$　　□(2)　$-5x=10$　　□(3)　$3y=-15$
□(4)　$8y-16=0$　　□(5)　$3x+12=0$　　□(6)　$\dfrac{4}{3}y=8$

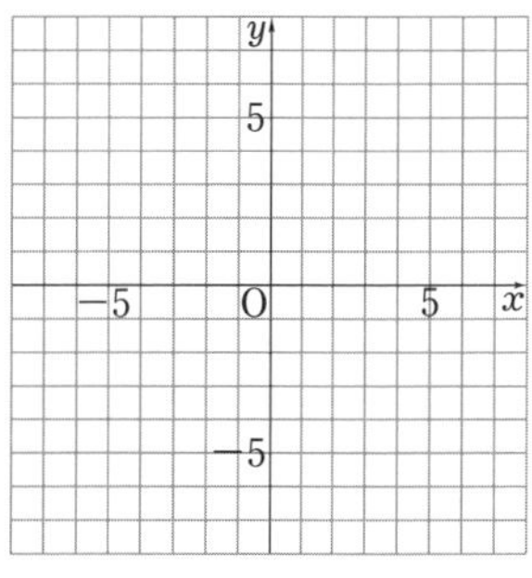

第5章

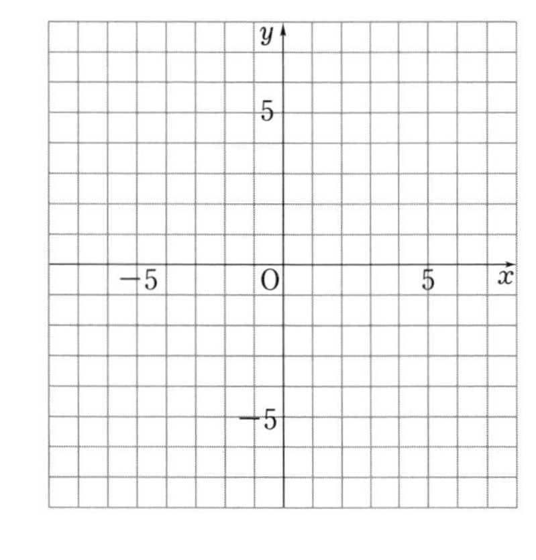

67 連立方程式の解とグラフ　▶まとめ 2

次の連立方程式の解を，グラフを用いて求めなさい。

□(1) $\begin{cases} x-y=5 \\ x+2y=-4 \end{cases}$　■(2) $\begin{cases} x+y=0 \\ 2x+y-5=0 \end{cases}$

□(3) $\begin{cases} x+y=4 \\ 2x+3y=9 \end{cases}$　■(4) $\begin{cases} 3x+2y=-3 \\ 2x-y=5 \end{cases}$

68 2直線の交点の座標　▶まとめ 2

2直線 ℓ，m が，それぞれ次の式で表されるとき，ℓ，m の交点の座標を求めなさい。

□(1) ℓ：$y=x-4$　m：$y=-2x+5$

■(2) ℓ：$2x-y=6$　m：$x+3y=10$

□(3) ℓ：$3x+2y=-3$　m：$9x-4y=16$

69 2直線の交点の座標　▶まとめ 2

次の (1) ~ (4) の図において，2直線 ℓ，m の交点の座標を，それぞれ求めなさい。

■(1)

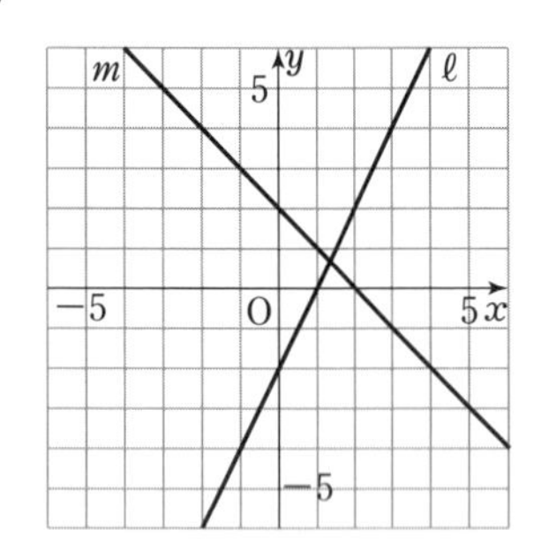

□(2)

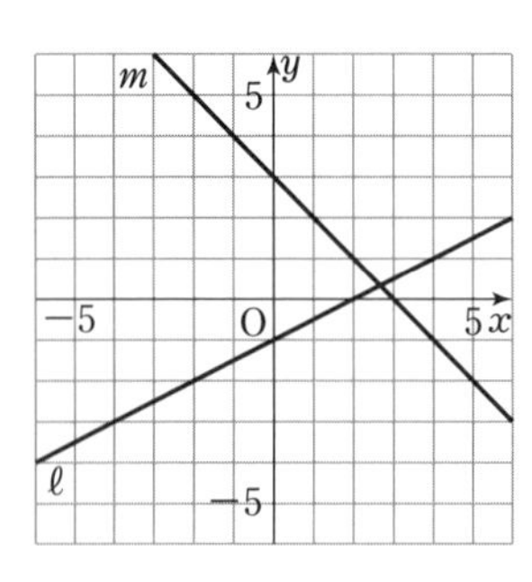

■(3)

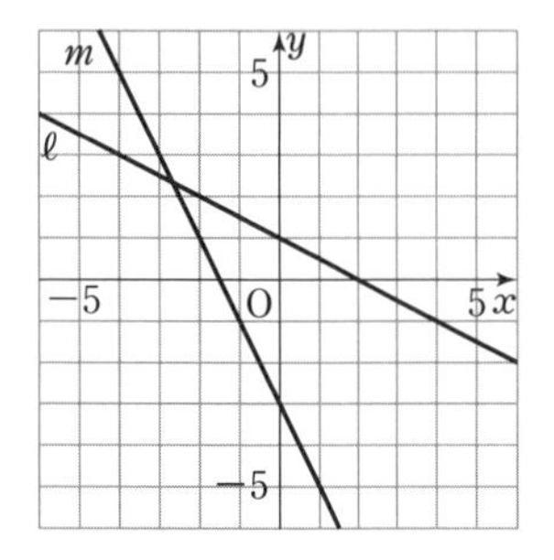

□(4)

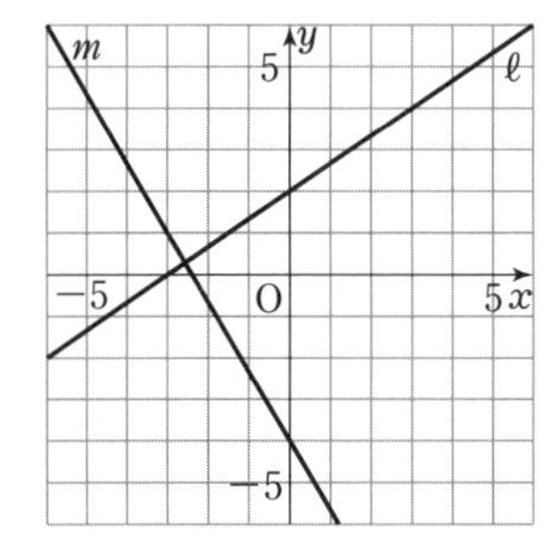

第5章

例題 7　3直線が三角形をつくらないための条件

3直線　$\ell: y=-2x+10$，$m: y=\frac{4}{3}x+5$，$n: y=ax$　が三角形をつくらないような定数 a の値をすべて求めなさい。

考え方　三角形をつくらないのは，2直線が平行であるか3直線が1点で交わる場合である。

解答　ℓ と m は平行ではないから，3直線 ℓ，m，n が三角形をつくらないのは，次の3つの場合である。

[1]　ℓ と n が平行　　[2]　m と n が平行　　[3]　n が ℓ と m の交点を通る

[1] の場合　ℓ の傾きは -2，n の傾きは a であるから　$a=-2$

[2] の場合　m の傾きは $\frac{4}{3}$，n の傾きは a であるから　$a=\frac{4}{3}$

[3] の場合　ℓ と m の交点の座標は，連立方程式 $\begin{cases} y=-2x+10 \\ y=\frac{4}{3}x+5 \end{cases}$ の解である。

これを解いて，$x=\frac{3}{2}$，$y=7$ より，交点の座標は　$\left(\frac{3}{2},\ 7\right)$

よって，n が点 $\left(\frac{3}{2},\ 7\right)$ を通ればよいから　$7=\frac{3}{2}a$　　ゆえに　$a=\frac{14}{3}$

[1]，[2]，[3] より，求める a の値は　$\boldsymbol{a=-2,\ \frac{4}{3},\ \frac{14}{3}}$　答

70　次の問いに答えなさい。

■(1)　2直線 $x-6y-2a=0$，$ax+2y+7=0$ が1点で交わり，その交点の座標が $(-1,\ b)$ であるとき，定数 a，b の値を求めなさい。

□(2)　2直線 $2x+y-4=0$，$4kx+3y-8=0$ が x 軸上で交わるとき，定数 k の値を求めなさい。

■(3)　2直線 $y=\frac{1}{2}x+3$，$y=ax+4$ が1点Pで交わり，点Pは直線 $y=2x-1$ 上にある。このとき，点Pの座標と定数 a の値を求めなさい。

第5章

71　次の問いに答えなさい。

■(1)　3直線 $x+y=1$，$3x-4y=3$，$4x-3y=a$ が1点で交わるとき，定数 a の値を求めなさい。

□(2)　3直線 $3x-y=9$，$x+2y=-4$，$2x-5y=a$ が1点で交わるとき，定数 a の値を求めなさい。

■(3)　3直線 $2x+y=5$，$x+4y=13$，$ax+y=0$ が1点で交わるとき，定数 a の値を求めなさい。

72　次の問いに答えなさい。

■(1)　3直線 $\ell: x-2y+4=0$，$m: 2x+y+3=0$，$n: ax-y+3=0$ が三角形をつくらないような定数 a の値をすべて求めなさい。

□(2)　3直線 $\ell: 2x-3y=12$，$m: -\frac{1}{3}x+2y=1$，$n: x-ay=8$ が三角形をつくらないような定数 a の値をすべて求めなさい。

7　1次関数の利用

基本のまとめ

1　1次関数の利用

一定の割合で変化する量の問題には，1次関数が利用できる。変化の様子がグラフで与えられた場合は，変化の割合を読みとったり，変化の様子を式に表したりする。

2　中点の座標

2点 $\mathrm{A}(a,\ b)$，$\mathrm{B}(c,\ d)$ を結ぶ線分 AB の中点の座標は $\left(\dfrac{a+c}{2},\ \dfrac{b+d}{2}\right)$

73　1次関数の利用　▶まとめ 1

　空の水そうに一定の割合で水を注ぐ。水を注ぎ始めてから x 分後の水の量を y L として，x と y の関係をグラフに表すと，右の図のようになった。また，水を注ぎ始めてから 36 分後に水そうはいっぱいになった。

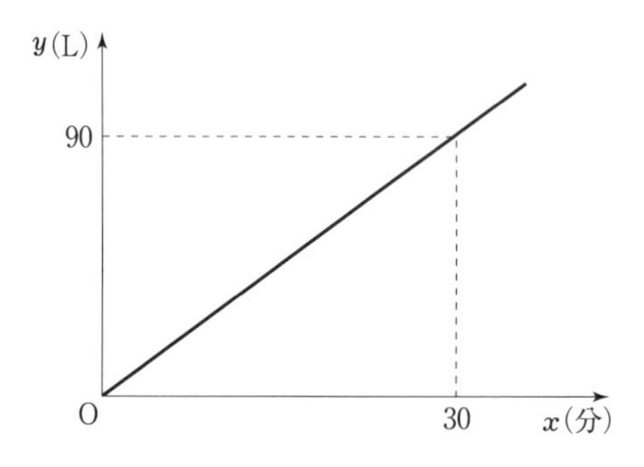

□(1)　毎分何 L の割合で水を注いでいるか求めなさい。

□(2)　水そうには全部で何 L の水が入るか求めなさい。

□(3)　水そうの中の水が 40 L になるのは，水を注ぎ始めてから何分後になるか求めなさい。

□**74**　1次関数の利用　▶まとめ 1

　長さ 20 cm のろうそくに火をつけると，一定の割合で短くなっていくものとする。火をつけてから x 分後のろうそくの長さを y cm として，x と y の関係をグラフに表すと，右の図のようになった。また，火をつけてから 45 分後にろうそくは燃えつきて長さが 0 になった。ろうそくの長さが 12 cm になるのは，火をつけてから何分後になるか求めなさい。

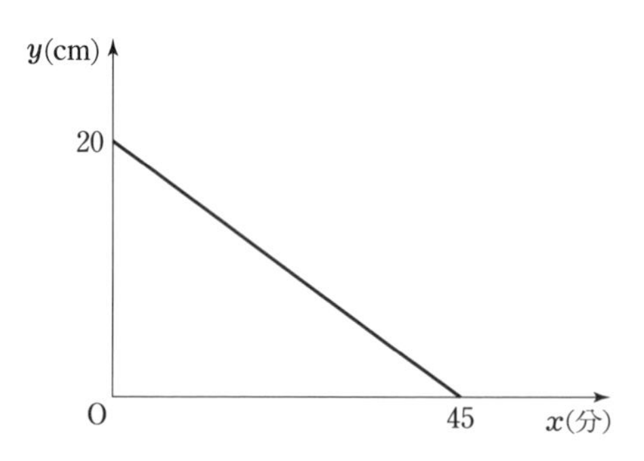

75　中点の座標　▶まとめ 2

次の2点 A，B を結ぶ線分 AB の中点の座標を求めなさい。

□(1)　A(2, 5)，B(4, 9)　　　□(2)　A(−6, 3)，B(8, −7)

□(3)　A(3, 4)，B(8, −7)　　　□(4)　A(−4, −7)，B(4, −2)

76 1次関数の利用 ▶まとめ 1

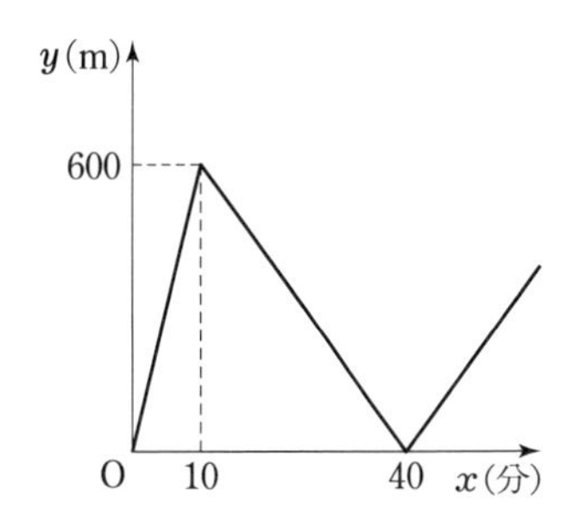

弟は家を出発し，一定の速さで歩いた。その後，兄も家を出発して，同じ道を一定の速さで歩いた。右の図は，弟が家を出発してから x 分後の，弟と兄の間の距離を y m として，x と y の関係を表したグラフである。

□(1) 兄は弟が出発してから何分後に家を出発したか答えなさい。

□(2) 兄の速さは分速何mであるか答えなさい。

77 定義域によって異なる式で表される関数 ▶まとめ 1

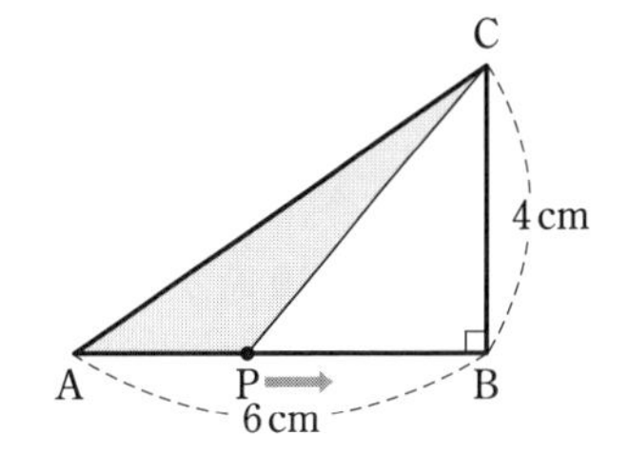

右の図のように，AB=6 cm，BC=4 cm，∠ABC=90° の直角三角形 ABC があり，点PはAを出発して，秒速 1 cm の速さでこの三角形の辺上をBを通ってCまで動く。点PがAを出発してから x 秒後の △APC の面積を y cm^2 とする。

□(1) 点PがAを出発してから4秒後の y の値を求めなさい。

□(2) 点Pが辺BC上を動くときの x の値の範囲を求めなさい。
また，そのときの y を x の式で表しなさい。

78 定義域によって異なる式で表される関数 ▶まとめ 1

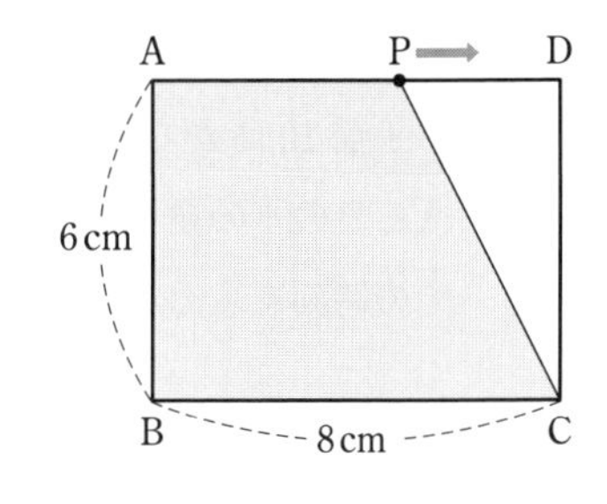

AB=6 cm，BC=8 cm である長方形 ABCD の辺上を，頂点Aから秒速 2 cm の速さで，点Dを通り点Cまで動く点Pがある。Pが頂点Aを出発してから x 秒後の四角形 ABCP の面積を y cm^2 とする。

□(1) $0<x<4$ のとき，y を x の式で表しなさい。

□(2) $4 \leqq x<7$ のとき，y を x の式で表しなさい。

□(3) $0<x<7$ のときの x と y の関係を表すグラフをかきなさい。

□(4) $y=32$ となる x の値をすべて求めなさい。

第5章

□79 定義域によって異なる式で表される関数 ▶まとめ 1

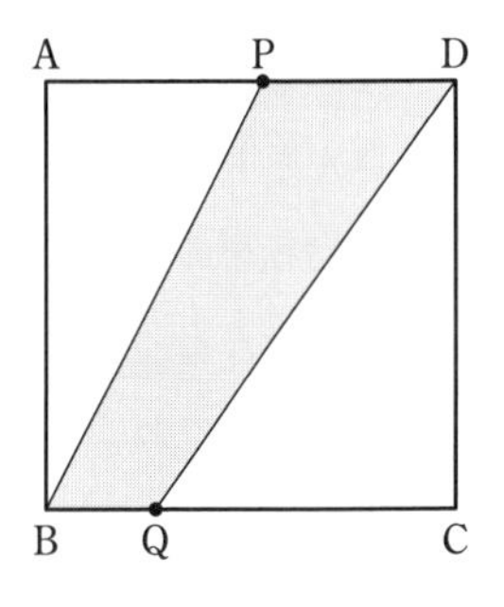

1辺の長さが 2 cm の正方形 ABCD がある。辺 AD 上を動く点Pは，頂点Aからスタートし，頂点Dまで行って頂点Aに戻る。また，辺 BC 上を動く点Qは，点Pと同時に頂点Bからスタートし，頂点Cまで動く。点Pの動く速さを秒速 2 cm，点Qの動く速さを秒速 1 cm とする。スタートしてから x 秒後の四角形 PBQD の面積を y cm^2 とするとき，x と y の関係をグラフに表しなさい。
ただし，点Pがスタートするときおよび点Dに一致するときは，それぞれ △PBD，△PBQ の面積を y cm^2 とする。

◆◆◆ 標準問題 ◆◆◆

□**80** Aさんは家を出発し，まっすぐな道を 20 分間歩いて学校に着いた。右の図は，Aさんが家を出発してから x 分後のAさんと家との距離を y m として，x と y の関係をグラフに表したものである。このグラフにおいて，$12 \leqq x \leqq 20$ のときの y を x の式で表すと $y=100x-600$ であった。Aさんが家から学校まで行くのに，初めの 12 分間の速さで同じ道を歩いたとすると，何分かかるか求めなさい。

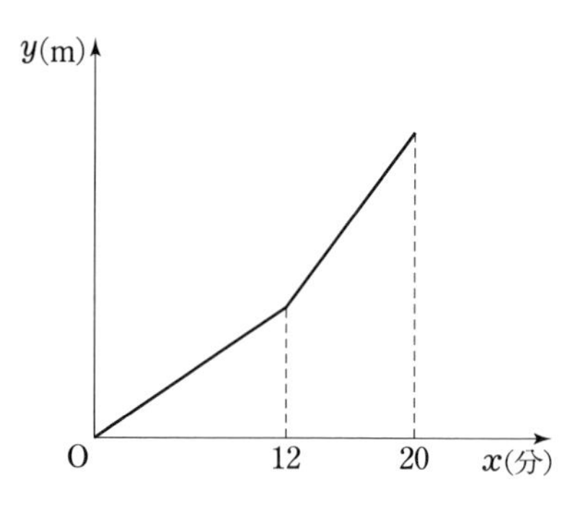

81 水が入っていない水そうAと，水がいくらか入っている水そうBがある。AとBは同じ大きさで，Aには午前 10 時から毎分 5 L の割合で水を入れる。次の問いに答えなさい。

□(1) 午前 10 時 x 分にAに入っている水の量を y L とする。y を x の式で表しなさい。

□(2) 右の図は，午前 10 時 x 分にBに入っている水の量を y L として，x と y の関係を表したグラフである。

① Bに入っている水の量は，午前 10 時 10 分から毎分何Lの割合で増加しているか求めなさい。

② 午前 10 時から午前 10 時 30 分までの間に，AとBの水の量が等しくなるときが 2 回ある。その時刻を求めなさい。

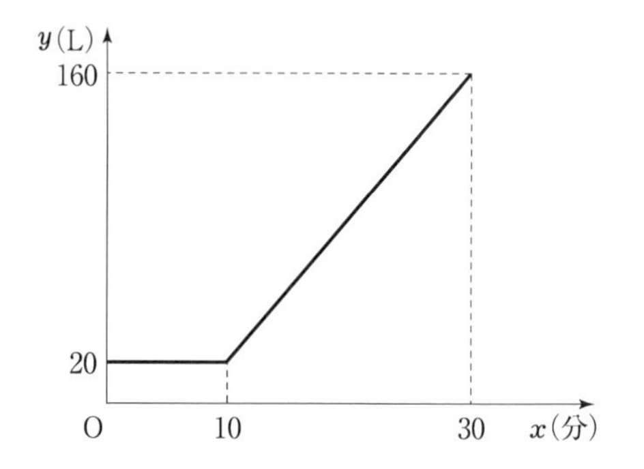

82 P町と 6 km 離れたQ町がある。AさんとBさんの 2 人がP町を同時に出発し，P町とQ町との間を，Aさんは自転車で 2 往復，Bさんは走って 1 往復した。このとき，Aさんの自転車の速さとBさんの走る速さは，それぞれ一定とする。右の図のグラフは，2 人が出発してからの時間と，AさんとP町，BさんとP町との距離の関係を表している。

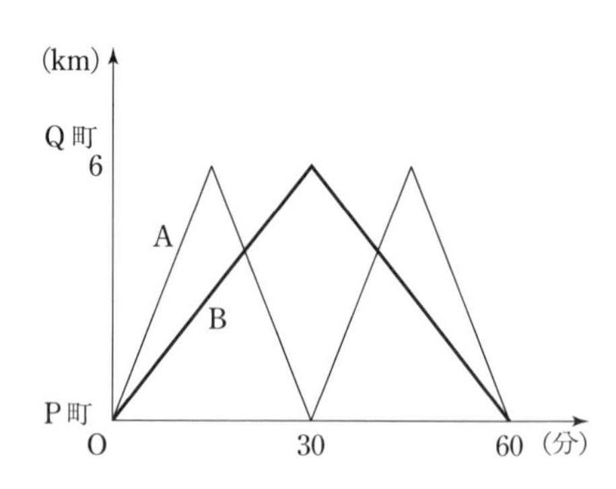

□(1) 自転車の速さを求めなさい。

□(2) AさんとBさんが初めてすれちがったのは，出発してから何分後か求めなさい。

□(3) AさんとBさんが 2 回目にすれちがったのは，出発してから何分後か求めなさい。

ヒント 81 (2)② AとBの水の量のグラフを参考にして方程式をつくる。

例題 8　三角形の面積

3 点 O(0, 0), A(4, 3), B(−2, 6) について，次の問いに答えなさい。

(1)　直線 AB の式を求めなさい。　　　(2)　△OAB の面積を求めなさい。

考え方 (2) は (1) の結果がヒントになる。△OAB を分割して考える。

解答 (1)　直線 AB の式を $y=ax+b$ とおくと

$$\begin{cases} 3=4a+b \\ 6=-2a+b \end{cases}$$

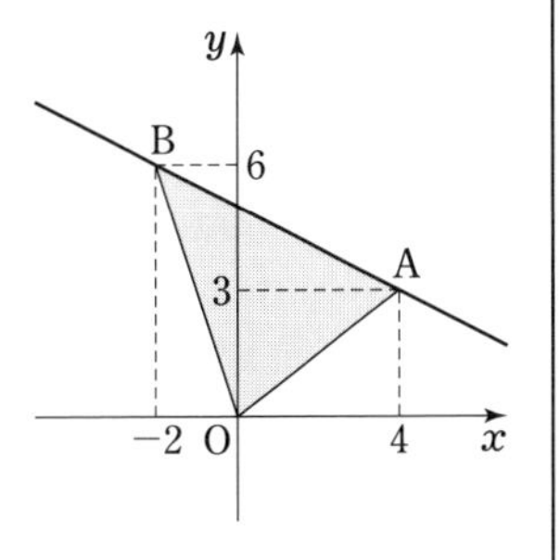

これを解いて　　$a=-\dfrac{1}{2}$, $b=5$

よって，直線 AB の式は　　$\boldsymbol{y=-\dfrac{1}{2}x+5}$　答

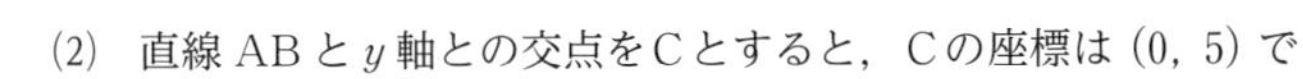

(2)　直線 AB と y 軸との交点を C とすると，C の座標は (0, 5) で

$$\triangle OAB=\triangle OAC+\triangle OBC=\frac{1}{2}\times5\times4+\frac{1}{2}\times5\times2=\mathbf{15}$$　答

83　3 点 A(0, −2), B(3, 7), C(−3, 1) について，次の問いに答えなさい。

■(1)　直線 BC の式を求めなさい。

■(2)　△ABC の面積を求めなさい。

84　次の問いに答えなさい。

□(1)　3 直線 $8x-y=0$, $x-2y=0$, $2x+y=10$ によってつくられる三角形の面積を求めなさい。

■(2)　3 直線 $x-5y=-10$, $3x-2y=9$, $2x+3y=6$ によってつくられる三角形の面積を求めなさい。

□(3)　3 直線 $x-y+4=0$, $2x+y-7=0$, $x+y-2=0$ によってつくられる三角形の面積を求めなさい。

第5章

85　直線 $y=-x-2$ と直線 $y=\dfrac{1}{2}x+7$ がある。この 2 直線と x 軸との交点をそれぞれ A, B とし，2 直線の交点を C とする。このとき，次の問いに答えなさい。

□(1)　△ABC の面積を求めなさい。

□(2)　点 C を通り，切片が正の数となる直線を ℓ とする。直線 ℓ と直線 $y=-x-2$ と y 軸とで囲まれた三角形の面積が，△ABC の面積と等しくなるとき，直線 ℓ の式を求めなさい。

ヒント　84　三角形を囲む長方形を考えて，余分な部分を除いて求める。

例題 9　三角形の面積を 2 等分する直線

直線 $y=ax+3$ が 3 点 A(2, −2), B(0, 3), C(−1, 0) を頂点とする △ABC の面積を 2 等分している。このとき，定数 a の値を求めなさい。

考え方 底辺の長さと高さがそれぞれ等しい 2 つの三角形は，面積が等しいことを利用する。

解答 直線 $y=ax+3$ は点Bを通る。

辺 AC の中点を M とすると，△BAM と △BCM は底辺の長さが等しく高さが等しいから，面積は等しい。

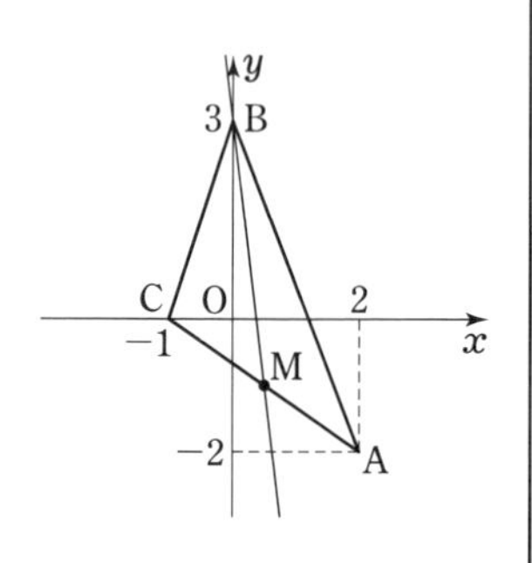

Mの座標は $\left(\dfrac{2+(-1)}{2},\ \dfrac{(-2)+0}{2}\right)$ すなわち $\left(\dfrac{1}{2},\ -1\right)$

直線 $y=ax+3$ は点Mを通るから，$x=\dfrac{1}{2}$，$y=-1$ を $y=ax+3$ に代入して　$-1=a\times\dfrac{1}{2}+3$

したがって　$\boldsymbol{a=-8}$ 答

□**86**　3 点 O(0, 0), A(4, 8), B(−2, 2) を頂点とする △OAB がある。Oを通り，△OAB の面積を 2 等分する直線の式を求めなさい。

87　2 直線 $\ell：y=-x+7$，$m：y=ax-2$ が点 A(3, b) で交わっている。また，ℓ と x 軸の交点をB，m と y 軸の交点をCとする。このとき，次のものを求めなさい。

□(1) 定数 a の値　　□(2) 点Bの座標　　□(3) △ABC の面積

□(4) 点Aを通り，△ABC の面積を 2 等分する直線の式

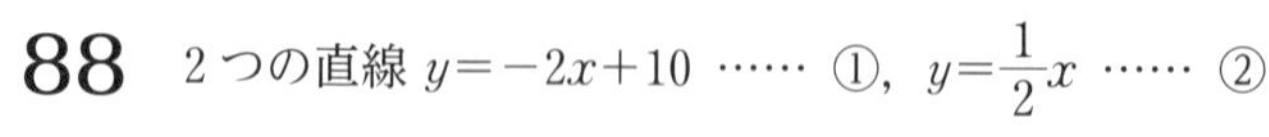

88　2 つの直線 $y=-2x+10$ …… ①，$y=\dfrac{1}{2}x$ …… ②

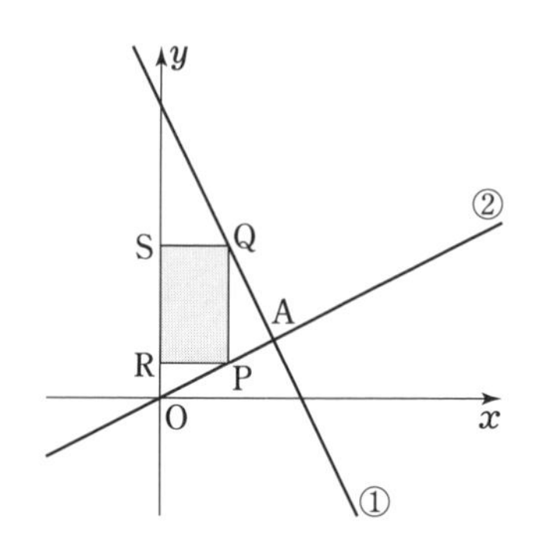

があり，① と ② の交点をAとする。右の図のように，線分 OA 上に点Pをとり，Pから y 軸に平行に引いた直線と ① との交点をQとする。また，P，Q から x 軸に平行に引いた直線と y 軸との交点をそれぞれ R，S とする。

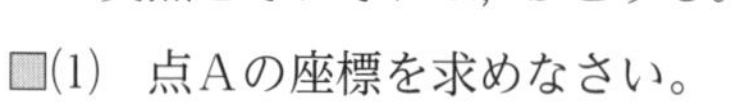

■(1) 点Aの座標を求めなさい。

■(2) 点Pの x 座標を t として，線分 PQ の長さを t の式で表しなさい。

■(3) 四角形 PQSR が正方形になるとき，点Qの座標を求めなさい。

発展問題

89 A駅から 4200 m 離れたところに競技会場がある。A駅から競技会場までのバスは，9時にA駅を出発し，分速 600 m で走り，途中で停車することはないものとする。バスは競技会場に到着したら，3分間停車し，折り返して分速 600 m でA駅に戻り，A駅で3分間停車してから，また競技会場に向かう運行をくり返す。Pさんは9時にA駅を出発し，バスが通っている道を分速 80 m で競技会場に向かって歩いた。下のグラフは，9時から x 分後におけるA駅とバスの間の距離を y m としたときの x と y の関係を表したものである。次の問いに答えなさい。

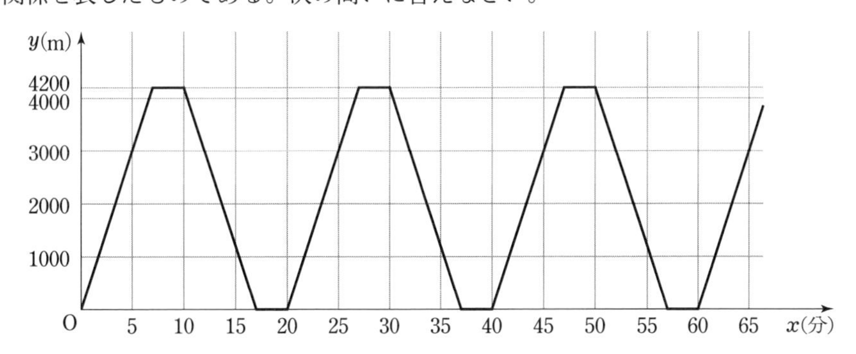

□(1) A駅を9時20分に出発するバスが競技会場に到着するまでの x と y の関係を，式で表しなさい。また，この式における x の値の範囲を求めなさい。

□(2) PさんがA駅を9時20分に出発するバスに追いつかれたとき，同じ道をひき返してA駅に戻って，9時40分に出発するバスに乗るためには，遅くとも分速何 m で戻る必要があるか答えなさい。

90 あるサービスの会社では，1か月のサービス料金（基本料金と利用料金の合計金額）について，次の2種類のプラン A，B を用意している。

> A　基本料金0円，利用料金　1分利用するごとに20円
> B　基本料金あり，利用料金　利用時間が120分までは0円，以後1分利用するごとに8円

この2つのプランでは，利用時間が170分のときのサービス料金は同じであるという。1分未満の利用時間は切り上げ，利用時間は1分単位で計算するものとするとき，次の問いに答えなさい。

□(1) Bを利用して，利用時間が120分をこえる場合を考える。このとき，利用時間を x 分，サービス料金を y 円として，y を x の式で表しなさい。

□(2) あらたに，次のようなプランCを導入する。

> C　基本料金あり，利用料金　利用時間に比例

このとき，3つのプランを比較すると，Bのサービス料金が最も高くなるのは利用時間が45分以内のときで，逆に最も安くなるのは，利用時間がある時間からある時間までの75分間であるという。

① Cを利用するとき，利用時間を x 分，サービス料金を y 円として，y を x の式で表しなさい。

② 1か月に180分利用する場合，サービス料金が最も高いプランと最も安いプランとの差額を求めなさい。

例題10 平行線と面積

3点 O(0, 0), A(2, 4), B(6, −2) を頂点とする △AOB と，y 軸上の点Pがある。
△AOB と △POB の面積が等しいとき，点Pの y 座標を求めなさい。ただし，点Pの y 座標は正とする。

考え方 △AOB と △POB の頂点 A，P が，直線 OB に関して同じ側にあるとき，PA∥OB ならば，△AOB と △POB の面積は等しい。

解答 点Aを通り，直線 OB に平行な直線を ℓ とする。

このとき，ℓ と y 軸との交点をPとすると，△AOB と △POB の面積は等しい。

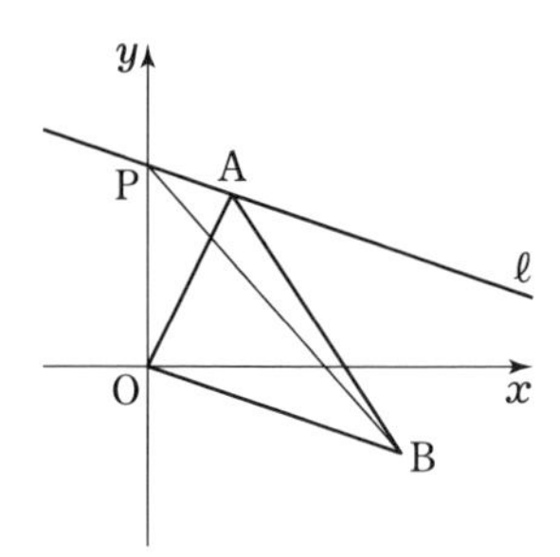

直線 OB の傾きは $-\frac{1}{3}$ であるから，ℓ の式は，b を定数として $y=-\frac{1}{3}x+b$ とおける。

これに，$x=2$，$y=4$ を代入すると　$4=-\frac{1}{3}\times2+b$

したがって，$b=\frac{14}{3}$ より，求めるPの y 座標は　$\boldsymbol{\frac{14}{3}}$ 答

91 右の図のように，2つの直線

$$y=-2x+7 \cdots\cdots ①,\quad y=\frac{2}{3}x+\frac{5}{3} \cdots\cdots ②$$

がある。点Aは直線①と直線②との交点で，点Bは直線②と x 軸との交点，点Cは直線①と x 軸との交点である。また，点Bを通り，直線①に平行な直線と y 軸との交点をDとする。

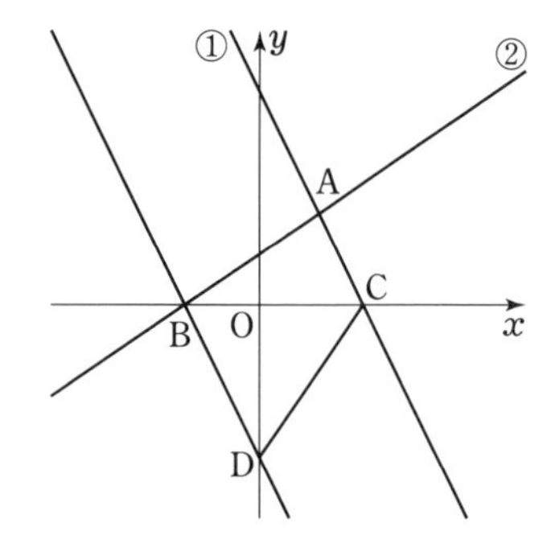

□(1) 直線 BD の式を求めなさい。

□(2) 点Pを直線①上にとり，Pの x 座標を t ($t>2$) とするとき，△PAB と四角形 ABDC の面積が等しくなるような t の値を求めなさい。

92 右の図のように A(−1, 4)，B(−2, 0)，C(5, 0)，D(3, 6) を頂点とする四角形 ABCD がある。

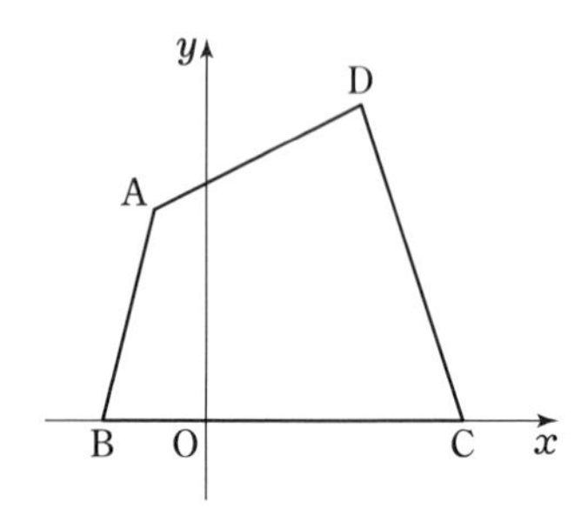

□(1) 2点 A，D を通る直線の式を求めなさい。

□(2) 四角形 ABCD と △ADC の面積をそれぞれ求めなさい。

□(3) 点Dを通り四角形 ABCD の面積を半分にする直線と，x 軸との交点の座標を求めなさい。

ヒント 92(3) (2)の結果を利用して考える。

章末問題

1　y は x に反比例し，$x=2$ のとき $y=4$ である。このとき，次の問いに答えなさい。

□(1)　y を x の式で表しなさい。

□(2)　この反比例のグラフ上の点で，x 座標，y 座標がともに負の整数である点の個数を求めなさい。

□**2**　3 点 O(0, 0)，A(0, 12)，B(6, 0) を頂点とする △OAB がある。点 C(0, 3) を通り，△OAB の面積を 2 等分する直線の式を求めなさい。

3　右の図のように 2 点 A(2, 3)，B(0, 1) が与えられているとき，次の問いに答えなさい。

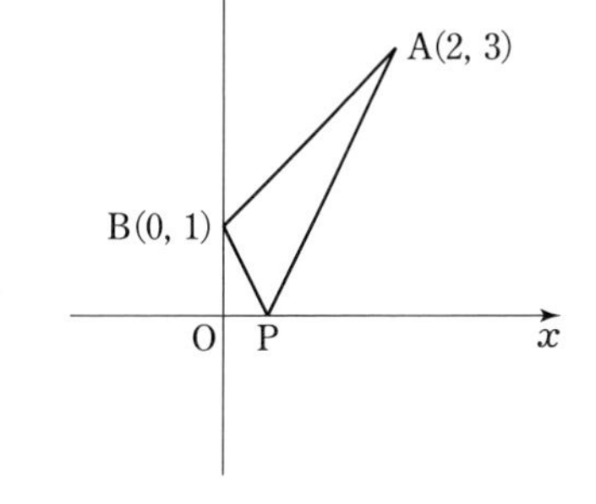

□(1)　直線 AB の式を求めなさい。

□(2)　線分 AP と線分 BP の長さの和が最小となる x 軸上の点 P の座標を求めなさい。

□(3)　(2) のとき，△ABP を x 軸を回転の軸として 1 回転させてできる立体の体積を求めなさい。

4　右の図のように，AB＝10 cm，AD＝16 cm である長方形 ABCD がある。また，点 M は辺 AD の中点である。点 P は，頂点 A を出発して，辺 AB，BC，CD 上を，秒速 0.5 cm の速さで頂点 D まで動く。

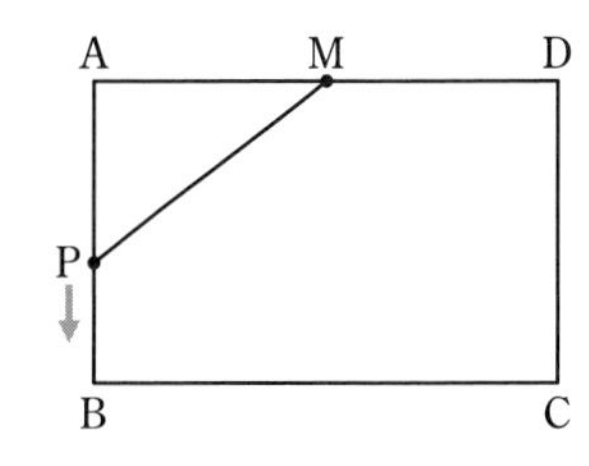

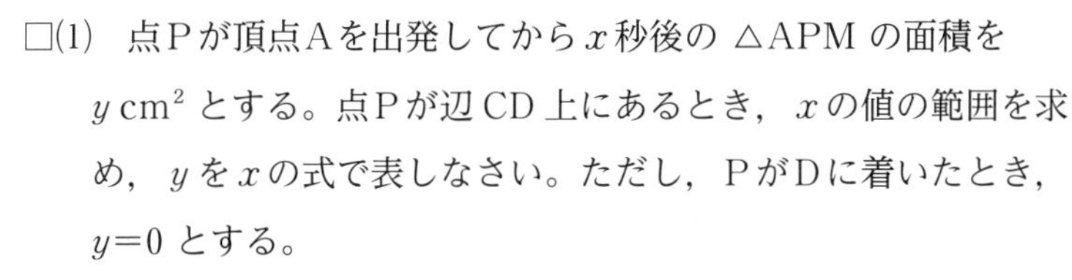

□(1)　点 P が頂点 A を出発してから x 秒後の △APM の面積を y cm^2 とする。点 P が辺 CD 上にあるとき，x の値の範囲を求め，y を x の式で表しなさい。ただし，P が D に着いたとき，$y=0$ とする。

□(2)　△APM の面積が 20 cm^2 になるのは，点 P が頂点 A を出発してから何秒後か答えなさい。

□**5**　たいちさんは，9 時ちょうどに家を出発して 1800 m 離れた図書館に歩いて向かった。図書館に向かっている途中に忘れ物に気づき，急いで家までもどり，また図書館に向かった。急いで図書館に向かったため，途中で休憩を挟み，また図書館に向かった。

右の図は，9 時 x 分における，家からたいちさんがいる場所までの道のりを y m としたときの y と x の関係を表したものである。

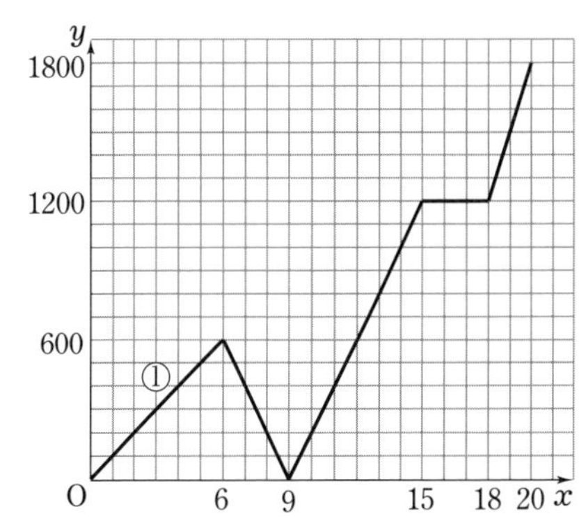

たいちさんの弟が 9 時 5 分に家を出発し，① のときと同じ速さで図書館に向かった。たいちさんの弟はたいちさんと何回出会うか答えなさい。

初　版
第１刷　2006年４月１日　発行
三訂版対応
第１刷　2011年４月１日　発行
四訂版対応
第１刷　2015年２月１日　発行
新課程
第１刷　2020年２月１日　発行
第２刷　2021年２月１日　発行
第３刷　2021年４月１日　発行
第４刷　2021年８月１日　発行
第５刷　2023年２月１日　発行
第６刷　2024年１月10日　発行
第７刷　2024年８月１日　発行

ISBN978-4-410-21564-3

新課程
中高一貫教育をサポートする
体系問題集 数学１　代数編
【基礎～発展】
［中学１，２年生用］

編　者　数研出版編集部
発行者　星野 泰也
発行所　**数研出版株式会社**
〒101-0052　東京都千代田区神田小川町２丁目３番地３
〔振替〕00140-4-118431
〒604-0861　京都市中京区烏丸通竹屋町上る大倉町205番地
〔電話〕代表（075）231-0161
ホームページ　https://www.chart.co.jp
印刷　創栄図書印刷株式会社

新課程

中高一貫教育をサポートする

体系問題集
数学1 [中学1,2年生用]

代数編
基礎～発展

解答編

数研出版
https://www.chart.co.jp

第１章　正の数と負の数

1　正の数と負の数

■ p.4 ■

1　(1)　$+3$ ℃　　(2)　-7.5 ℃

2　(1)　$+6$　　(2)　-9

3　(1)　12，-2，0，4，-20，5

(2)　12，4，5　　(3)　-2，-20

4　(1)　-400 円　　(2)　$+600$ 円

■ p.5 ■

5　火曜日の販売個数 146 個と 150 個との違いは

-4 個

水曜日の販売個数 154 個と 150 個との違いは

$+4$ 個

木曜日の販売個数 147 個と 150 個との違いは

-3 個

金曜日の販売個数 139 個と 150 個との違いは

-11 個

曜日	月	火	水	木	金
販売個数	151	146	154	147	139
目標との違い(個)	$+1$	-4	$+4$	-3	-11

6　(1)　-5 大きい　　(2)　-7 小さい

(3)　-2 個多い　　(4)　西へ -10 m

(5)　-3 ℃ の上昇　　(6)　$+2$ 時間前

7　A : -5，B : -1，C : $+2$，D : -9，E : $+8$

また，各点は次のようになる。

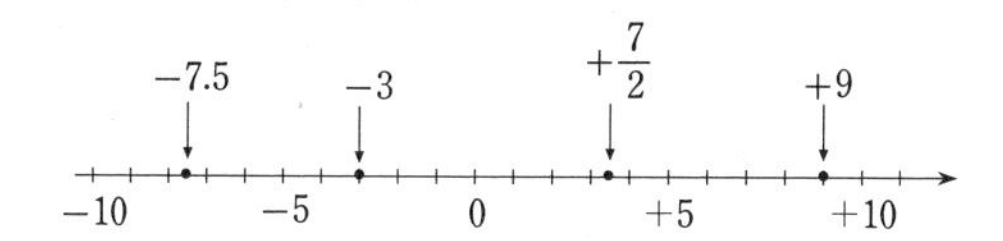

8　(1)　10　　(2)　2.5

(3)　$\dfrac{12}{5}$　　(4)　$\dfrac{3}{7}$　　(5)　21

9　(1)　-8 と $+8$

(2)　$|+6|=6$，　$|-11|=11$，　$|0|=0$

10　(1)　$+3$，-4，-5，$+7$

(2)　$\left|+\dfrac{2}{3}\right|=\dfrac{2}{3}=0.666\cdots$，

$\left|-\dfrac{3}{5}\right|=\dfrac{3}{5}=0.6$，

$|-0.65|=0.65$

よって　0，$-\dfrac{3}{5}$，-0.65，$+\dfrac{2}{3}$

11　(1)　$-3<4$　　(2)　$7>-8$

(3)　$-4>-5$　　(4)　$\dfrac{3}{4}>-0.8$

(5)　$-\dfrac{5}{12}=-\dfrac{25}{60}$，$-\dfrac{2}{5}=-\dfrac{24}{60}$

よって　$-\dfrac{5}{12}<-\dfrac{2}{5}$

(6)　$-\dfrac{3}{7}=-0.428\cdots$

よって　$-0.4>-\dfrac{3}{7}$

(7)　$-3<-1<2$

(8)　$-1<-0.99<-0.9$

(9)　$-\dfrac{1}{3}=-0.333\cdots$，$-\dfrac{2}{7}=-0.285\cdots$

よって　$-\dfrac{1}{3}<-0.3<-\dfrac{2}{7}<0.3$

■ p.6 ■

12　(1)　-5，-4，-3，-2，2，3，4，5

(2)　絶対値が 4 以下となる整数は，次のようになる。

-4，-3，-2，-1，0，1，2，3，4

よって　9 個

(3)　絶対値が 3 以上 7 未満となる整数は，次のようになる。

-6，-5，-4，-3，3，4，5，6

よって　8 個

13　(1)　絶対値が 6 より小さい整数は

-5，-4，-3，-2，-1，0，1，2，3，4，5

よって，最も小さい整数は　-5

(2)　-3，-2，-1，0，1，2，3

(3)　$\dfrac{5}{3}=1.666\cdots$，$\dfrac{17}{4}=4.25$　であるから，求める整数は，次のようになる。

-4，-3，-2，2，3，4

14　$|-3.8|=3.8$，$\left|+\dfrac{13}{3}\right|=4.333\cdots$，$|-2.1|=2.1$，

$|-4.3|=4.3$，$\left|+\dfrac{25}{6}\right|=4.166\cdots$，$\left|-\dfrac{19}{5}\right|=3.8$，

$|+4|=4$，$\left|-\dfrac{22}{7}\right|=3.142\cdots$

したがって，絶対値が小さい方から順に並べると

-2.1，$-\dfrac{22}{7}$，-3.8，$-\dfrac{19}{5}$，$+4$，

注

$+\dfrac{25}{6}$，-4.3，$+\dfrac{13}{3}$

（注：-3.8 と $-\dfrac{19}{5}$ の絶対値は等しい）

よって，絶対値が小さい方から 5 番目の数は　$+4$

② 加法と減法

■ p.7 ■

15 (1) $+7$　(2) -8　(3) -15

(4) $+31$　(5) -48　(6) -57

(7) $+133$　(8) -146　(9) -845

16 (1) $+2$　(2) -2　(3) -8

(4) 0　(5) -16　(6) -13

(7) $+2$　(8) $+27$　(9) -36

(10) $+53$　(11) -86　(12) $+38$

17 (1) $(+2.2)+(+4.7)=+6.9$

(2) $(-5)+(-3.8)=-8.8$

(3) $(+4.8)+(-7.2)=-2.4$

(4) $(-5.38)+(-2.02)=-7.4$

(5) $(-6.82)+(+27.3)=+20.48$

(6) $(+1.96)+(-13.8)=-11.84$

18 (1) $\left(-\frac{2}{3}\right)+\left(-\frac{4}{3}\right)=-\left(\frac{2}{3}+\frac{4}{3}\right)=-2$

(2) $\left(-\frac{4}{5}\right)+\left(-\frac{1}{2}\right)=\left(-\frac{8}{10}\right)+\left(-\frac{5}{10}\right)$

$=-\left(\frac{8}{10}+\frac{5}{10}\right)=-\frac{13}{10}$

(3) $\left(-\frac{1}{4}\right)+\left(+\frac{5}{6}\right)=\left(-\frac{3}{12}\right)+\left(+\frac{10}{12}\right)$

$=+\left(\frac{10}{12}-\frac{3}{12}\right)=+\frac{7}{12}$

(4) $\left(+\frac{7}{4}\right)+\left(-\frac{17}{8}\right)=\left(+\frac{14}{8}\right)+\left(-\frac{17}{8}\right)$

$=-\left(\frac{17}{8}-\frac{14}{8}\right)=-\frac{3}{8}$

(5) $(-3)+\left(-\frac{2}{5}\right)=\left(-\frac{15}{5}\right)+\left(-\frac{2}{5}\right)$

$=-\left(\frac{15}{5}+\frac{2}{5}\right)=-\frac{17}{5}$

(6) $\left(+\frac{19}{12}\right)+\left(-\frac{2}{15}\right)=\left(+\frac{95}{60}\right)+\left(-\frac{8}{60}\right)$

$=+\left(\frac{95}{60}-\frac{8}{60}\right)$

$=+\frac{87}{60}=+\frac{29}{20}$

■ p.8 ■

19 (1) $(+12)+(-28)+(+18)+(-2)$

$=\{(+12)+(+18)\}+\{(-28)+(-2)\}$

$=(+30)+(-30)=0$

(2) $(-136)+(-34)+(+19)+(+136)$

$=\{(-136)+(+136)\}+\{(-34)+(+19)\}$

$=0+(-15)=-15$

(3) $(+2.7)+(-4.4)+(+1.3)+(-0.6)$

$=\{(+2.7)+(+1.3)\}+\{(-4.4)+(-0.6)\}$

$=(+4)+(-5)=-1$

(4) $\left(-\frac{7}{6}\right)+\left(-\frac{3}{4}\right)+\left(+\frac{5}{6}\right)+\left(-\frac{11}{4}\right)$

$=\left\{\left(-\frac{7}{6}\right)+\left(+\frac{5}{6}\right)\right\}+\left\{\left(-\frac{3}{4}\right)+\left(-\frac{11}{4}\right)\right\}$

$=\left(-\frac{1}{3}\right)+\left(-\frac{7}{2}\right)=-\frac{23}{6}$

20 (1) $+3$　(2) -6　(3) -13

(4) -12　(5) -10　(6) -20

(7) -57　(8) -57　(9) -236

21 (1) $+9$　(2) $+16$　(3) -5

(4) $+4$　(5) $+31$　(6) $+75$

(7) $+18$　(8) -20　(9) $+236$

22 (1) $(+8.2)-(+5.1)=+3.1$

(2) $(+2)-(-6.3)=+8.3$

(3) $(-4.2)-(+5.9)=-10.1$

(4) $(+13.6)-(-4.72)=+18.32$

(5) $(-21.27)-(-8.06)=-13.21$

(6) $(-60.38)-(-137.4)=+77.02$

23 (1) $\left(-\frac{5}{7}\right)-\left(+\frac{3}{7}\right)=\left(-\frac{5}{7}\right)+\left(-\frac{3}{7}\right)$

$=-\left(\frac{5}{7}+\frac{3}{7}\right)=-\frac{8}{7}$

(2) $\left(+\frac{5}{9}\right)-\left(+\frac{3}{4}\right)=\left(+\frac{20}{36}\right)+\left(-\frac{27}{36}\right)$

$=-\left(\frac{27}{36}-\frac{20}{36}\right)=-\frac{7}{36}$

(3) $\left(+\frac{2}{3}\right)-\left(-\frac{3}{2}\right)=\left(+\frac{4}{6}\right)+\left(+\frac{9}{6}\right)$

$=+\left(\frac{4}{6}+\frac{9}{6}\right)=+\frac{13}{6}$

(4) $\left(-\frac{5}{12}\right)-\left(+\frac{17}{18}\right)=\left(-\frac{15}{36}\right)+\left(-\frac{34}{36}\right)$

$=-\left(\frac{15}{36}+\frac{34}{36}\right)=-\frac{49}{36}$

(5) $(-2)-\left(+\frac{7}{10}\right)=\left(-\frac{20}{10}\right)+\left(-\frac{7}{10}\right)$

$=-\left(\frac{20}{10}+\frac{7}{10}\right)=-\frac{27}{10}$

(6) $\left(-\frac{13}{15}\right)-\left(-\frac{11}{12}\right)=\left(-\frac{52}{60}\right)+\left(+\frac{55}{60}\right)$

$=+\left(\frac{55}{60}-\frac{52}{60}\right)$

$=+\frac{3}{60}=+\frac{1}{20}$

24 (1) -11, $+3$, -7, -25

(2) $+9$, $+14$, -32, -17

25 (1) $(+4)+(-5)-(+6)$

$=4-5-6=4-11=-7$

(2) $(-9)-(-3)+(-8)$
$=-9+3-8=-9-8+3=-17+3=-14$

(3) $-12+(-14)-(-7)$
$=-12-14+7=-26+7=-19$

(4) $0.5+(-3.4)-8.6$
$=0.5-3.4-8.6=0.5-12=-11.5$

(5) $-\frac{1}{3}-\left(-\frac{1}{2}\right)+\frac{1}{6}$
$=-\frac{1}{3}+\frac{1}{2}+\frac{1}{6}=-\frac{1}{3}+\frac{2}{3}=\frac{1}{3}$

(6) $\frac{2}{5}-\left(-\frac{3}{2}\right)+(-2)$
$=\frac{2}{5}+\frac{3}{2}-2=\frac{19}{10}-2=-\frac{1}{10}$

■ p.9 ■

26 (1) $2+(-8)-(+5)+(+3)$
$=2-8-5+3=5-13=-8$

(2) $(-2)-5+(-4)-(-9)$
$=-2-5-4+9=-11+9=-2$

(3) $(+7)+(-7)-3+6-(-5)$
$=7-7-3+6+5=0-3+11=8$

(4) $-7+(-9)-(+4)+8-(-6)$
$=-7-9-4+8+6=-20+14=-6$

(5) $(-35)-24+(+51)-(-82)$
$=-35-24+51+82=-59+133=74$

(6) $68-(+95)-52+(-68)$
$=68-95-52-68=0-147=-147$

(7) $-62+(+94)-30+41-(+18)$
$=-62+94-30+41-18=-110+135=25$

(8) $47-(-82)-75-(+56)+(-96)$
$=47+82-75-56-96=129-227=-98$

(9) $157+(-309)-73+(+241)$
$=157-309-73+241=398-382=16$

(10) $(-147)+(-362)+408+(-116)-(-86)$
$=-147-362+408-116+86$
$=-625+494=-131$

27 (1) $0.28-5.2+7.3-(-1.4)$
$=0.28-5.2+7.3+1.4=8.98-5.2=3.78$

(2) $-5.61+(-4.08)-0.54+(+3.3)$
$=-5.61-4.08-0.54+3.3$
$=-10.23+3.3=-6.93$

(3) $10.8-31.2-(-5.59)+(-2.7)+0.49$
$=10.8-31.2+5.59-2.7+0.49$
$=16.88-33.9=-17.02$

(4) $(-6.17)+(+13.5)-3.4-(-8.21)-0.65$
$=-6.17+13.5-3.4+8.21-0.65$
$=-10.22+21.71=11.49$

28 (1) $\left(-\frac{1}{5}\right)+\frac{3}{4}-\frac{7}{3}-\left(-\frac{5}{2}\right)$
$=-\frac{1}{5}-\frac{7}{3}+\frac{3}{4}+\frac{5}{2}=-\frac{3}{15}-\frac{35}{15}+\frac{3}{4}+\frac{10}{4}$
$=-\frac{38}{15}+\frac{13}{4}=-\frac{152}{60}+\frac{195}{60}=\frac{43}{60}$

(2) $\frac{3}{4}-\frac{2}{7}+\frac{1}{3}-\frac{7}{6}$
$=\frac{3}{4}+\frac{1}{3}-\frac{2}{7}-\frac{7}{6}=\frac{9}{12}+\frac{4}{12}-\frac{12}{42}-\frac{49}{42}$
$=\frac{13}{12}-\frac{61}{42}=\frac{91}{84}-\frac{122}{84}=-\frac{31}{84}$

(3) $\frac{1}{3}+\left(-\frac{4}{3}\right)+3-\frac{2}{15}-\left(-\frac{5}{6}\right)$
$=\frac{1}{3}+3+\frac{5}{6}-\frac{4}{3}-\frac{2}{15}$
$=\frac{2}{6}+\frac{18}{6}+\frac{5}{6}-\frac{20}{15}-\frac{2}{15}$
$=\frac{25}{6}-\frac{22}{15}=\frac{125}{30}-\frac{44}{30}=\frac{81}{30}=\frac{27}{10}$

(4) $-3+\frac{1}{4}-\left(-\frac{5}{6}\right)+\frac{1}{2}-\frac{11}{12}$
$=-3-\frac{11}{12}+\frac{1}{4}+\frac{5}{6}+\frac{1}{2}$
$=-\frac{36}{12}-\frac{11}{12}+\frac{3}{12}+\frac{10}{12}+\frac{6}{12}$
$=-\frac{47}{12}+\frac{19}{12}=-\frac{28}{12}=-\frac{7}{3}$

(5) $\frac{5}{24}-3+\left(-\frac{9}{16}\right)-\left(-\frac{1}{12}\right)-(-6)$
$=\frac{5}{24}+\frac{1}{12}+6-3-\frac{9}{16}$
$=\frac{5}{24}+\frac{2}{24}+\frac{144}{24}-\frac{48}{16}-\frac{9}{16}$
$=\frac{151}{24}-\frac{57}{16}=\frac{302}{48}-\frac{171}{48}=\frac{131}{48}$

(6) $\frac{7}{36}+\left(-\frac{1}{4}\right)-(-2)+\frac{13}{18}+\left(-\frac{2}{9}\right)-5$
$=\frac{7}{36}+2+\frac{13}{18}-\frac{1}{4}-\frac{2}{9}-5$
$=\frac{7}{36}+\frac{72}{36}+\frac{26}{36}-\frac{9}{36}-\frac{8}{36}-\frac{180}{36}$
$=\frac{105}{36}-\frac{197}{36}=-\frac{92}{36}=-\frac{23}{9}$

29 (1) $-2+6-(-4+3)=-2+6-(-1)$
$=-2+6+1=5$

(2) $(+17)-\{25-(-16+5)\}$
$=17-\{25-(-11)\}=17-(25+11)$
$=17-36=-19$

(3) $\{(16-24)-(-30+8)\}-(-15)$
$=\{(-8)-(-22)\}+15=(-8+22)+15$
$=14+15=29$

(4) $3.6-\{1.2-(-0.5+4.3)\}+(-1.8)$
$=3.6-(1.2-3.8)-1.8=3.6-(-2.6)-1.8$
$=3.6+2.6-1.8=4.4$

(5) $\frac{2}{5}-\left\{\frac{7}{4}-\left(-2+\frac{4}{3}\right)\right\}$
$=\frac{2}{5}-\left(\frac{7}{4}+\frac{2}{3}\right)=\frac{2}{5}-\left(\frac{21}{12}+\frac{8}{12}\right)$
$=\frac{2}{5}-\frac{29}{12}=\frac{24}{60}-\frac{145}{60}=-\frac{121}{60}$

(6) $-\frac{5}{12}+\left\{\left(\frac{1}{4}-\frac{5}{3}\right)-\frac{5}{12}\right\}-\left(-\frac{3}{8}\right)$
$=-\frac{5}{12}+\left\{\left(\frac{3}{12}-\frac{20}{12}\right)-\frac{5}{12}\right\}+\frac{3}{8}$
$=-\frac{5}{12}+\left(-\frac{17}{12}-\frac{5}{12}\right)+\frac{3}{8}$
$=-\frac{5}{12}-\frac{22}{12}+\frac{3}{8}=-\frac{9}{4}+\frac{3}{8}$
$=-\frac{18}{8}+\frac{3}{8}=-\frac{15}{8}$

3 乗法と除法

■ p.10 ■

30 (1) 8 (2) -15 (3) 24
(4) -8 (5) -63 (6) 72

31 (1) -30 (2) -64 (3) 0
(4) 4 (5) 0 (6) 1

32 (1) $(-0.5)\times(+8)=-4$
(2) $(-32)\times(-0.25)=8$
(3) $2.5\times(-1.6)=-4$
(4) $\frac{5}{6}\times\left(-\frac{4}{15}\right)=-\frac{2}{9}$
(5) $\left(-\frac{7}{12}\right)\times\left(+\frac{9}{2}\right)=-\frac{21}{8}$
(6) $(-12)\times\left(-\frac{3}{4}\right)=9$
(7) $\left(-\frac{15}{8}\right)\times\left(-\frac{1}{12}\right)=\frac{5}{32}$
(8) $\left(+\frac{13}{14}\right)\times\left(-\frac{7}{26}\right)=-\frac{1}{4}$
(9) $-\frac{6}{5}\times(-15)=18$

■ p.11 ■

33 (1) $5\times(-6)\times3=(-30)\times3=-90$
(2) $(-9)\times(-10)\times8=(-72)\times(-10)=720$
(3) $(-4)\times14\times(-5)=20\times14=280$
(4) $(-9)\times(-25)\times(-4)=(-9)\times100=-900$
(5) $4\times(-13)\times(-25)=(-100)\times(-13)=1300$
(6) $125\times(-12)\times8=1000\times(-12)=-12000$
(7) $(-4)\times2.5\times(-15)=(-10)\times(-15)=150$
(8) $(-1.25)\times9\times8=(-10)\times9=-90$
(9) $0.125\times(-8)\times(-12)=(-1)\times(-12)=12$
(10) $7\times(-2.5)\times(-9)\times4=(-63)\times(-10)=630$

34 (1) $2^3=2\times2\times2=8$
(2) $(-5)^2=(-5)\times(-5)=25$
(3) $-5^2=-(5\times5)=-25$
(4) $(-1.5)^2=(-1.5)\times(-1.5)=2.25$
(5) $-3^4=-(3\times3\times3\times3)=-81$
(6) $-\left(-\frac{3}{4}\right)^3=-\left(-\frac{3}{4}\right)\times\left(-\frac{3}{4}\right)\times\left(-\frac{3}{4}\right)$
$=\frac{27}{64}$

35 (1) -4 (2) 6 (3) -8 (4) 3
(5) $-\frac{1}{3}$ (6) $-\frac{7}{4}$

36 (1) $\frac{1}{3}$ (2) $-\frac{1}{4}$ (3) $\frac{8}{5}$ (4) -2
(5) $0.5=\frac{1}{2}$ であるから，0.5 の逆数は 2
(6) $-0.6=-\frac{3}{5}$ であるから，-0.6 の逆数は
$-\frac{5}{3}$

37 (1) $(-9)\div\left(-\frac{3}{5}\right)=(-9)\times\left(-\frac{5}{3}\right)=15$
(2) $8\div\left(-\frac{4}{3}\right)=8\times\left(-\frac{3}{4}\right)=-6$
(3) $-\frac{5}{9}\div\left(-\frac{10}{3}\right)=-\frac{5}{9}\times\left(-\frac{3}{10}\right)=\frac{1}{6}$
(4) $\frac{1}{3}\div\left(-\frac{2}{9}\right)=\frac{1}{3}\times\left(-\frac{9}{2}\right)=-\frac{3}{2}$
(5) $-\frac{25}{12}\div\frac{15}{8}=-\frac{25}{12}\times\frac{8}{15}=-\frac{10}{9}$
(6) $\left(-\frac{7}{24}\right)\div\left(-\frac{21}{8}\right)=\left(-\frac{7}{24}\right)\times\left(-\frac{8}{21}\right)=\frac{1}{9}$

38 (1) $(-12)\div4\times(-3)=12\times\frac{1}{4}\times3=9$
(2) $(-16)\times(-4)\div(-8)=-\left(16\times4\times\frac{1}{8}\right)=-8$
(3) $9\times\left(-\frac{7}{10}\right)\div\left(-\frac{3}{5}\right)=9\times\frac{7}{10}\times\frac{5}{3}=\frac{21}{2}$
(4) $\frac{3}{28}\div\frac{4}{7}\times\left(-\frac{2}{9}\right)=-\left(\frac{3}{28}\times\frac{7}{4}\times\frac{2}{9}\right)=-\frac{1}{24}$
(5) $(-0.2)\div(+0.3)\times6=-\left(\frac{2}{10}\times\frac{10}{3}\times6\right)=-4$
(6) $\left(-\frac{6}{7}\right)\div4\times\left(-\frac{7}{5}\right)=\frac{6}{7}\times\frac{1}{4}\times\frac{7}{5}=\frac{3}{10}$

39 (1) $-2\times(-3)^2=-2\times9=-18$
(2) $(-2)^2\div(-4)=4\div(-4)=-1$
(3) $(-3)^3\div(-9)=(-27)\div(-9)=3$

(4) $(-3)^2\times\frac{5}{9}=9\times\frac{5}{9}=5$

(5) $-(-6)^2\div\frac{9}{2}=-36\times\frac{2}{9}=-8$

(6) $\left(-\frac{3}{8}\right)\div\left(-\frac{1}{2}\right)^3=\left(-\frac{3}{8}\right)\div\left(-\frac{1}{8}\right)=\frac{3}{8}\times 8$
$=3$

■ p.12 ■

40 (1) $(-1)\times(-2)\times(-3)\times(-4)\times(-5)$
$=-(1\times2\times3\times4\times5)=-120$

(2) $(-2)\times3\div(-8)\times(-32)\div4=-\frac{2\times3\times32}{8\times4}$
$=-6$

(3) $(-27)\times8\times(-2)\times1.25=27\times8\times2\times1.25$
$=54\times10=540$

(4) $\left(-\frac{3}{5}\right)\div10\times\frac{1}{8}\div\left(-\frac{6}{7}\right)=\frac{3\times7}{5\times10\times8\times6}$
$=\frac{7}{800}$

41 (1) $(-3)^2\times12\div(-3)^3=-\frac{3\times3\times12}{3\times3\times3}=-4$

(2) $-(-2)^4\times6^2\div2^3\div(-9)$
$=\frac{2\times2\times2\times2\times6\times6}{2\times2\times2\times9}=8$

(3) $(-5)^2\times\left(\frac{1}{3}\right)^3\times\left(-\frac{1}{5}\right)\div\left\{-\left(\frac{1}{3}\right)^2\right\}$
$=\frac{5\times5\times3\times3}{3\times3\times3\times5}=\frac{5}{3}$

(4) $(-3)^2\times(-2^2)\div\left(-\frac{2}{3}\right)\times\left(\frac{1}{2}\right)^3$
$=\frac{3\times3\times2\times2\times3}{2\times2\times2\times2}=\frac{27}{4}$

42 $(-1)^{2000}=1$ であるから
$(-1)^{2000}\times(-3)^2\div\left(\frac{1}{3}\right)^3=1\times3\times3\times3\times3\times3$
$=243$

43 (1) $-2^2\times(-1.5)^3\div\left(-\frac{1}{2}\right)^2$
$=-2^2\times\left(-\frac{3}{2}\right)^3\div\left(-\frac{1}{2}\right)^2$
$=\frac{2\times2\times3\times3\times3\times2\times2}{2\times2\times2}=54$

(2) $(-25)\div1.25^2\times\left(-\frac{1}{2}\right)^3$
$=(-25)\div\left(\frac{5}{4}\right)^2\times\left(-\frac{1}{2}\right)^3=\frac{25\times4\times4}{5\times5\times2\times2\times2}$
$=2$

(3) $(-0.125)^2\div\left(-\frac{1}{2}\right)^3\div\left(\frac{3}{4}\right)^2$
$=\left(-\frac{1}{8}\right)^2\div\left(-\frac{1}{2}\right)^3\div\left(\frac{3}{4}\right)^2$
$=-\frac{2\times2\times2\times4\times4}{8\times8\times3\times3}=-\frac{2}{9}$

(4) $-4^3\times0.375^2\div\left(\frac{9}{4}\right)^2\times(-0.75)^2$
$=-4^3\times\left(\frac{3}{8}\right)^2\div\left(\frac{9}{4}\right)^2\times\left(-\frac{3}{4}\right)^2$
$=-\frac{4\times4\times4\times3\times3\times4\times4\times3\times3}{8\times8\times9\times9\times4\times4}=-1$

44 -0.3 の逆数は　$-\frac{10}{3}$

$-\frac{10}{3}$ と 0 との間にある整数は　$-3,\ -2,\ -1$

$(-3)^3=-27,\ (-2)^3=-8,\ (-1)^3=-1$

であるから，○ の値は　$-3,\ -2$

4 四則の混じった計算

■ p.13 ■

45 (1) $7+(-4)\times5=7+(-20)=-13$

(2) $-8-(-2)\times6=-8-(-12)=4$

(3) $4\times(-3)+(-4)\times(-7)=(-12)+28=16$

(4) $12\div(-3)-(-7)\times(-2)=(-4)-14=-18$

(5) $(-5)\times(-6)+(-64)\div(-8)=30+8=38$

(6) $48\div(-4)-96\div(-8)=(-12)-(-12)=0$

46 (1) $\frac{4}{5}\div\frac{8}{15}-\frac{1}{2}=\frac{4}{5}\times\frac{15}{8}-\frac{1}{2}$
$=\frac{3}{2}-\frac{1}{2}=1$

(2) $6-9\times\left(-\frac{5}{3}\right)=6-(-15)=21$

(3) $\frac{1}{3}+\frac{5}{9}\div\left(-\frac{2}{3}\right)=\frac{1}{3}+\frac{5}{9}\times\left(-\frac{3}{2}\right)$
$=\frac{1}{3}+\left(-\frac{5}{6}\right)=-\frac{1}{2}$

(4) $\frac{1}{4}\times\frac{2}{3}-\frac{1}{2}\div\left(-\frac{5}{4}\right)=\frac{1}{6}-\frac{1}{2}\times\left(-\frac{4}{5}\right)$
$=\frac{1}{6}-\left(-\frac{2}{5}\right)=\frac{17}{30}$

(5) $1.5\times(-3)+(-3.2)\times7=-4.5+(-22.4)$
$=-26.9$

(6) $(-7.5)\div2.5-9.6\div(-3.2)=-3-(-3)$
$=0$

47 (1) $-4^2\div8-(-7)=-16\div8+7=-2+7=5$

(2) $7^2+2\times(-5^2)=49+2\times(-25)=49+(-50)$
$=-1$

(3) $-5^2-(-2)^2\times(-4)=-25-4\times(-4)$
$=-25-(-16)=-9$

(4) $27\div(-3)^2+(-2)^3=27\div9+(-8)$
$=3+(-8)=-5$

(5) $2\times(-3^2)+18\div(-3)^2=2\times(-9)+18\div9$
$=-18+2=-16$

(6) $-(-3^2)-3^2-(-3)^2=-(-9)-9-9=-9$

■ p.14 ■

48 (1) $\frac{3}{2}-\frac{5}{8}\times(-2)^2=\frac{3}{2}-\frac{5}{8}\times4=\frac{3}{2}-\frac{5}{2}=-1$

(2) $(-2)^3-(-6)\div\frac{3}{5}=-8-(-6)\times\frac{5}{3}$
$=-8-(-10)=2$

(3) $\left(\frac{1}{2}\right)^3-\left(-\frac{1}{4}\right)^2=\frac{1}{8}-\frac{1}{16}=\frac{1}{16}$

(4) $1-(-3^2)\div\left(-\frac{3}{2}\right)^2=1-\left(-\frac{3\times3\times2\times2}{3\times3}\right)$
$=1-(-4)=5$

(5) $-3^2\times\frac{1}{6}-(-2)^3\div8=-9\times\frac{1}{6}-(-8)\div8$
$=-\frac{3}{2}-(-1)=-\frac{1}{2}$

(6) $(-4)^3\div\frac{4}{3}-3\times(-4^2)$
$=(-4)^3\times\frac{3}{4}-3\times(-16)=-48-(-48)=0$

49 (1) $(-5)\times(7-10)=(-5)\times(-3)=15$

(2) $-72\div(-17+8)=-72\div(-9)=8$

(3) $4-3\times(6-9)=4-3\times(-3)=4-(-9)=13$

(4) $5-\{(-3)\times2+(-4)\}=5-\{-6+(-4)\}$
$=5-(-10)=15$

(5) $\left(\frac{1}{2}-\frac{2}{3}\right)\times5=\left(-\frac{1}{6}\right)\times5=-\frac{5}{6}$

(6) $\left(\frac{1}{3}-\frac{3}{4}\right)\div\left(-\frac{5}{6}\right)=\left(-\frac{5}{12}\right)\div\left(-\frac{5}{6}\right)$
$=\left(-\frac{5}{12}\right)\times\left(-\frac{6}{5}\right)=\frac{1}{2}$

50 (1) $\left(\frac{2}{5}-\frac{1}{2}\right)\times30=\frac{2}{5}\times30-\frac{1}{2}\times30$
$=12-15=-3$

(2) $(-24)\times\left(\frac{2}{3}-\frac{1}{4}+\frac{5}{6}\right)$
$=(-24)\times\frac{2}{3}-(-24)\times\frac{1}{4}+(-24)\times\frac{5}{6}$
$=-16-(-6)+(-20)=-30$

(3) $43\times25-47\times25$
$=(43-47)\times25=(-4)\times25=-100$

(4) $46\times(-53)+54\times(-53)$
$=(46+54)\times(-53)=100\times(-53)=-5300$

51 素数でないのは ①，③，④，⑥

52 (1) $42=2\times3\times7$　(2) $45=3^2\times5$

(3) $96=2^5\times3$　(4) $360=2^3\times3^2\times5$

(5) $675=3^3\times5^2$　(6) $980=2^2\times5\times7^2$

53 (1) 256 を素因数分解すると
$256=2\times2\times2\times2\times2\times2\times2\times2$
$=(2\times2\times2\times2)^2=16^2$　答 16

(2) 576 を素因数分解すると
$576=2\times2\times2\times2\times2\times2\times3\times3$
$=(2\times2\times2\times3)^2=24^2$　答 24

(3) 1521 を素因数分解すると
$1521=3\times3\times13\times13$
$=(3\times13)^2=39^2$　答 39

(4) 4356 を素因数分解すると
$4356=2\times2\times3\times3\times11\times11$
$=(2\times3\times11)^2=66^2$　答 66

54 (1) 6 と 10 をそれぞれ素因数分解すると
$6=2\times3$
$10=2\times5$
最大公約数は　2
最小公倍数は　$2\times3\times5=30$

(2) 28 と 42 をそれぞれ素因数分解すると
$28=2^2\times7$
$42=2\times3\times7$
最大公約数は　$2\times7=14$
最小公倍数は　$2^2\times3\times7=84$

(3) 30 と 42 をそれぞれ素因数分解すると
$30=2\times3\times5$
$42=2\times3\times7$
最大公約数は　$2\times3=6$
最小公倍数は　$2\times3\times5\times7=210$

(4) 72 と 108 をそれぞれ素因数分解すると
$72=2^3\times3^2$
$108=2^2\times3^3$
最大公約数は　$2^2\times3^2=36$
最小公倍数は　$2^3\times3^3=216$

■ p.15 ■

55 (1) 身長が一番高い部員は A，身長が一番低い部員は E であるから，2 人の身長の差は
$(+6)-(-3)=6+3=9$ (cm)

(2) $\{(+6)+(-2)+(+4)+0+(-3)\}\div5$
$=(+5)\div5=1$ (cm)

(3) (2) の結果から，5 人の身長の平均は
$170+1=171$ (cm)

56 5回の得点の，20点との違いの平均は

$\{(+4)+(+6)+(-2)+(-3)+(-4)\}\div 5$
$=(+1)\div 5=0.2$ (点)

よって，5回の得点の平均は　$20+0.2=20.2$ (点)

57 (1)　$-2+1+4=3$ であるから，どの並びの和も3になる。

(イ)　$3-(-1+4)=3-3=0$
(ア)　$3-(-2+0)=3+2=5$
(ウ)　$3-(1-1)=3-0=3$
(エ)　$3-(-2+3)=3-1=2$
(オ)　$3-(2+4)=3-6=-3$

(2)　$-6-1+0+5=-2$ であるから，どの並びの和も -2 になる。

(ウ)　$-2-(1-1+2)=-2-2=-4$
(イ)　$-2-(-4+0-5)=-2+9=7$
(ア)　$-2-(-6+7-7)=-2+6=4$
(オ)　$-2-(-7+2+5)=-2-0=-2$
(エ)　$-2-(-3+0-2)=-2+5=3$
(カ)　$-2-(-6+1-3)=-2+8=6$
(キ)　$-2-(6-5+5)=-2-6=-8$

■ **p.16** ■

58 (1)　$\{(-2)^2\times(-3^2)+4^2\}\div(-2)$
$=\{4\times(-9)+16\}\div(-2)=-20\div(-2)=10$

(2)　$\left\{\frac{6}{5}+\left(\frac{3}{5}-\frac{5}{2}\right)\right\}\div\left(-\frac{3}{5}\right)$
$=\left(\frac{6}{5}-\frac{19}{10}\right)\div\left(-\frac{3}{5}\right)=-\frac{7}{10}\times\left(-\frac{5}{3}\right)=\frac{7}{6}$

(3)　$\left(-\frac{1}{2}\right)^3\div 2^2-3^3\times\left(-\frac{1}{4}\right)^2$
$=-\frac{1}{8}\times\frac{1}{4}-27\times\frac{1}{16}=-\frac{1}{32}-\frac{27}{16}=-\frac{55}{32}$

(4)　$(-4)^3\times(-0.5)-(-2)^2\div\left(-\frac{2}{3}\right)$
$=-64\times\left(-\frac{1}{2}\right)-4\times\left(-\frac{3}{2}\right)=32-(-6)=38$

(5)　$0.3-\left(1.6-\frac{2}{3}\right)\times\left(-\frac{3}{4}\right)$
$=\frac{3}{10}-\left(\frac{8}{5}-\frac{2}{3}\right)\times\left(-\frac{3}{4}\right)=\frac{3}{10}-\frac{14}{15}\times\left(-\frac{3}{4}\right)$
$=\frac{3}{10}-\left(-\frac{7}{10}\right)=1$

(6)　$\left(-\frac{1}{2}\right)^2\times\{(-2)^4+4\times(-5)\}\div\frac{1}{3^2}$
$=\frac{1}{4}\times\{16+(-20)\}\div\frac{1}{9}=\frac{1}{4}\times(-4)\times 9=-9$

59 (1)　270を素因数分解すると　$270=2\times 3^3\times 5$
よって，求める数は　$2\times 3\times 5=30$

(2)　1512を素因数分解すると　$1512=2^3\times 3^3\times 7$
よって，求める数は　$2\times 3\times 7=42$

60 9個の整数の和は
$(-4)+(-3)+(-2)+(-1)+0+1+2+3+4=0$
よって，どの並びの和も0になる。

(ア)　$0-(2-3)=1$　　(イ)　$0-(1+3)=-4$
(ウ)　$0-(3-3)=0$　　(エ)　$0-(2+0)=-2$
(オ)　$0-(-4+0)=4$　　(カ)　$0-(-3+4)=-1$

61

数の範囲	加法	減法	乗法	除法
(1) 正の偶数	○	×	○	×
(2) 負の奇数	×	×	×	×
(3) 3の倍数	○	○	○	×

可能でない場合の数の例

(1)　減法：2と4　除法：6と2
(2)　加法，減法，乗法，除法：-3 と -3
(3)　除法：6と3

章　末　問　題

■ **p.17** ■

1 各都市の最高気温と最低気温との温度差は

ロンドン　$5-(-1)=6$
バルセロナ　$11-7=4$
ベルリン　$0-(-2)=2$
モスクワ　$-4-(-8)=4$

よって，温度差が最も大きい都市は　ロンドン

2 (1)　$(+2)-(+3)-(-3)=2-3+3=2$

(2)　$7-(-2)+(-5)=7+2-5=4$

(3)　$-\frac{1}{3}-\left(-\frac{1}{2}\right)+\frac{1}{6}=-\frac{1}{3}+\frac{1}{2}+\frac{1}{6}$
$=-\frac{1}{3}+\frac{2}{3}=\frac{1}{3}$

(4)　$6\times(-18)\div(-2)^2=6\times(-18)\times\frac{1}{4}=-27$

(5)　$\frac{5}{9}\times\left(-\frac{3}{20}\right)\div\left(-\frac{1}{2}\right)^2=\frac{5}{9}\times\left(-\frac{3}{20}\right)\times 4$
$=-\frac{1}{3}$

(6)　$(-2)^2\div\left(-\frac{2}{15}\right)\times 1.2=4\times\left(-\frac{15}{2}\right)\times\frac{6}{5}$
$=-36$

3 (1)　$|-6|-|+2|=6-2=4$

(2)　$|3-5|+|-2+4|=|-2|+|2|=2+2=4$

(3)　$|-2.4+1.8|-\left|\frac{1}{3}-\frac{3}{2}\right|=|-0.6|-\left|-\frac{7}{6}\right|$
$=\frac{3}{5}-\frac{7}{6}=-\frac{17}{30}$

第1章

4 (1) $(-2)^3\times\frac{7}{8}+\left(-\frac{3}{4}\right)^2\div\frac{1}{6^2}$

$=-8\times\frac{7}{8}+\frac{9}{16}\times36=-7+\frac{81}{4}$

$=\frac{53}{4}$

(2) $\left(-\frac{3}{4}\right)^3\times\left(\frac{2}{3}-\frac{3}{4}\right)\div\left(\frac{3}{16}\right)^2$

$=\left(-\frac{3}{4}\right)^3\times\left(-\frac{1}{12}\right)\div\left(\frac{3}{16}\right)^2$

$=\frac{3^3\times16^2}{4^3\times12\times3^2}=1$

(3) $\{-2-(-3)\}\times2-10+(-3)^2-3^2\div(-1)$
$=1\times2-10+9-9\div(-1)$
$=2-10+9-(-9)$
$=10$

(4) $2\times\left\{(-0.75)^2-\frac{1}{16}\right\}-2^2\times\left(-\frac{1}{2}\right)^3\div0.125$

$=2\times\left\{\left(-\frac{3}{4}\right)^2-\frac{1}{16}\right\}-2^2\times\left(-\frac{1}{2}\right)^3\div\frac{1}{8}$

$=2\times\frac{1}{2}-\left(-\frac{2^2\times8}{2^3}\right)=1-(-4)$

$=5$

(5) $\left(-\frac{2}{3}\right)^2\div(-4)\times(-3)^2$

$-9\times\left\{\left(\frac{1}{3}\right)^4\times(-1)^2\div\frac{1}{3^2}\right\}$

$=-\frac{2^2\times3^2}{3^2\times4}-9\times\frac{1\times3^2}{3^4}=-1-1$

$=-2$

5 (1) 143 を素因数分解すると
$143=11\times13$
よって，約数は
1，11，13，143
の 4 個である。

(2) □ の約数は 1 と □，△ の約数は 1 と △ であるから，□×△ の約数は
1，□，△，□×△
の 4 個である。

(3) 385 を素因数分解すると
$385=5\times7\times11$
よって，約数は
1，5，7，11，35，55，77，385
の 8 個である。

(4) ○ の約数は 1 と ○ であるから，□×△×○ の約数は
1，□，△，○，□×△，□×○，△×○，□×△×○
の 8 個である。

第２章　式の計算

1 文字式

■ p.18 ■

1 (1) ($\boxed{1000}-\boxed{80}\times\boxed{x}$) 円

(2) ($\boxed{50}\times\boxed{a}+\boxed{100}\times\boxed{b}$) 円

(3) $\dfrac{\boxed{x}}{\boxed{9}}$ 時間

2 (1) $8x$　(2) $-12a$　(3) $3p$　(4) $-15m$

(5) xy　(6) $-ab$　(7) x^3　(8) $4ab^2$

(9) $-5ax^2$　(10) $-4a^2p$

(11) $-5ay^2$　(12) $-2x^3yz$

■ p.19 ■

3 (1) $5(a+b)$　(2) $-2(x-y)$　(3) $-0.35(p-q)$

(4) $(a-2b)^2$　(5) $(a+b)^2(c-3)$

4 (1) $\dfrac{a}{7}$　(2) $\dfrac{10}{x}$　(3) $-\dfrac{6}{b}$

(4) $\dfrac{xy}{5}$　(5) $-\dfrac{abc}{15}$　(6) $\dfrac{abc}{xy}$

5 (1) $\dfrac{a+b}{2}$　(2) $\dfrac{8a}{x-y}$　(3) $\dfrac{(2a+b)^2}{(x-3y)^3}$

6 (1) $\dfrac{ab}{3}$　(2) $-\dfrac{m(p+q)}{5}$

(3) $-\dfrac{ab^2(x+y)}{8}$　(4) $\dfrac{15x+20y}{(x+y)^2}$

7 (1) $5\times x\times y$　(2) $(-2)\times a\times b\times c$

(3) $(-1)\times a\times p\times p$　(4) $x\div 5$

(5) $(-a)\div 6$　(6) $x\times x\times(y+z)$

(7) $a\times b\times c\div 3$

(8) $(-5)\times x\div(3\times y)$　または　$(-5)\times x\div 3\div y$

(9) $(2\times a-1)\div\{3\times(b-2\times c)\}$

または　$(2\times a-1)\div 3\div(b-2\times c)$

8 (1) $(5000-x)$ 円　(2) $\dfrac{10}{n}$ m

(3) $(5x+8y)$ 円　(4) $1000-(100m+50n)$ 円

(5) 1 g あたりの値段は $\dfrac{x}{100}$ 円

よって，y g 買ったときの代金は

$$\frac{x}{100}\times y=\frac{xy}{100}$$　答 $\dfrac{xy}{100}$ 円

(6) $\dfrac{a+b+c}{3}$ cm

(7) 男子 16 人の得点の合計は $16m$

女子 13 人の得点の合計は $13n$

よって，男女全員の得点の合計は $16m+13n$

したがって，男女 29 人全員の得点の平均は

$$\frac{16m+13n}{29}$$ 点

■ p.20 ■

9 (1) ab km　(2) $\dfrac{x}{y}$ 時間　(3) $\left(\dfrac{a}{x}+\dfrac{a}{y}\right)$ 時間

10 (1) $100\times\dfrac{a}{10}=10a$　答 $10a$ 円

(2) $x\times 0.3=0.3x$　答 $0.3x$ 円

(3) $100\times\dfrac{a}{100}=a$　答 a L

(4) $a\times(1-0.1)=0.9a$　答 $0.9a$ 円

(5) $1000-x\times(1-0.2)=1000-0.8x$

答 $(1000-0.8x)$ 円

11 (1) 長方形の面積，単位は cm^2

(2) 長方形の周の長さ，単位は cm

12 (1) $\dfrac{a}{1000}$ kg　(2) $60b$ 分

(3) $1000c$ mL　(4) $\dfrac{d}{100}$ m

13 x 時間 y 分は $(60x+y)$ 分

よって，歩いた速さは　毎分 $\dfrac{a}{60x+y}$ km

2 多項式の計算

■ p.21 ■

14 (1) 項：$5a$，7　a の係数は 5

(2) 項：$-3x$，$\dfrac{1}{2}y$

x の係数は -3，y の係数は $\dfrac{1}{2}$

(3) 項：a，$-2bc$，$-d$　a の係数は 1，

bc の係数は -2，d の係数は -1

(4) 項：$-2x^2$，y^2，-1

x^2 の係数は -2，y^2 の係数は 1

(5) 項：$\dfrac{2}{5}ab^2$，$-\dfrac{1}{3}xy$，$\dfrac{3}{4}$

ab^2 の係数は $\dfrac{2}{5}$，xy の係数は $-\dfrac{1}{3}$

(6) 項：$-\dfrac{a^3}{3}$，$\dfrac{a^2b}{2}$，$-b^2$

a^3 の係数は $-\dfrac{1}{3}$，a^2b の係数は $\dfrac{1}{2}$，

b^2 の係数は -1

15 (1) 3　(2) 3　(3) 6
(4) 2　(5) 4　(6) 7

16 (1) 2　(2) 4　(3) 3
(4) 4　(5) 6　(6) 5

■ p.22 ■

17 (1) $8a$　(2) $2x$　(3) $x-6$
(4) $\frac{7}{10}a-4$　(5) $6a-3b$　(6) $-2x+7y+2$

18 (1) x^2+3x-4　(2) $-x^3-x^2-x+3$
(3) $5a^2-ab-7b^2$　(4) $-4x^2+4xy$
(5) $-ab-10bc+9ca$
(6) $-0.4x^2+0.3xy-0.3y^2+0.5x$

19 (1) $10x+7$　(2) $-x+1$
(3) $5a+3b$　(4) $4a+2b$
(5) $5x^2-xy$　(6) $-ab+4bc+3ca$

20 (1) $3x+3$　(2) $2a-11b$
(3) $-2x+10y$　(4) $-a-6b$
(5) $x^2-4xy-3y^2$　(6) $-3ab+2bc+4ca$

21 (1) $7a+b$　(2) $4x+y+1$
(3) $-4a-b$　(4) $-2x-11$

22 (1) 和：$13a+8b+12$　差：$a-18b+22$
(2) 和：$-x^2+5x+2$　差：$-5x^2-9x-4$
(3) 和：$-2a^2+2ab+b^2$　差：$4a^2-6ab+5b^2$
(4) 和：$4x^2-5x-4$　差：$2x^3+5x-2$

23 (1) $20a$　(2) $-36x$　(3) $-42m$
(4) $10x$　(5) $-16a$　(6) $8x$

■ p.23 ■

24 (1) $12a-20$　(2) $-12x+21y$
(3) $-6p+18q-12$　(4) $12x^2-20xy-8y^2$
(5) $4a^2+8ab-6bc$　(6) $2x-\frac{4}{3}y$

25 (1) $20a-12$　(2) $-36x-21y$
(3) $4a-16b+8$　(4) $6m+9n-36$
(5) $-2x^2+2xy+4y^2$　(6) $24a-30b-12$

26 (1) $4a$　(2) $-4x$　(3) $4m$
(4) $18p\div\frac{3}{7}=18p\times\frac{7}{3}=42p$
(5) $20a\div\left(-\frac{5}{3}\right)=20a\times\left(-\frac{3}{5}\right)=-12a$
(6) $-42x\div\left(-\frac{7}{6}\right)=-42x\times\left(-\frac{6}{7}\right)=36x$

27 (1) $4a+3$　(2) $2x-3$
(3) $-7m+3$　(4) $5a-3b+2$
(5) $-5a-9b+10$　(6) $-4x+5y+3z$
(7) $\left(\frac{6}{5}a+3\right)\div3=\left(\frac{6}{5}a+3\right)\times\frac{1}{3}=\frac{2}{5}a+1$
(8) $\left(-\frac{1}{6}x+\frac{2}{3}y\right)\div(-4)$
$=\left(-\frac{1}{6}x+\frac{2}{3}y\right)\times\left(-\frac{1}{4}\right)=\frac{1}{24}x-\frac{1}{6}y$
(9) $\left(\frac{10}{3}p-\frac{1}{6}q\right)\div\left(-\frac{5}{12}\right)$
$=\left(\frac{10}{3}p-\frac{1}{6}q\right)\times\left(-\frac{12}{5}\right)=-8p+\frac{2}{5}q$

28 (1) $2(3x+1)+4(2x-5)=6x+2+8x-20$
$=14x-18$
(2) $3(x-5)+5(2x-3)=3x-15+10x-15$
$=13x-30$
(3) $4(2a-3b)-6(a-2b)=8a-12b-6a+12b$
$=2a$
(4) $-6(x-1)+3(4x+5)=-6x+6+12x+15$
$=6x+21$
(5) $3(x^2-7x+2)+4(3x^2+8x-7)$
$=3x^2-21x+6+12x^2+32x-28$
$=15x^2+11x-22$
(6) $5(2a^2-ab+3b^2)-3(3a^2-4ab)$
$=10a^2-5ab+15b^2-9a^2+12ab$
$=a^2+7ab+15b^2$

29 (1) $\frac{a-1}{2}+\frac{a+2}{3}=\frac{3(a-1)+2(a+2)}{6}$
$=\frac{3a-3+2a+4}{6}$
$=\frac{5a+1}{6}$
(2) $\frac{5x-3y}{6}-\frac{2x+y}{3}=\frac{(5x-3y)-2(2x+y)}{6}$
$=\frac{5x-3y-4x-2y}{6}$
$=\frac{x-5y}{6}$
(3) $\frac{3a+b}{4}+\frac{a-2b}{3}=\frac{3(3a+b)+4(a-2b)}{12}$
$=\frac{9a+3b+4a-8b}{12}$
$=\frac{13a-5b}{12}$
(4) $\frac{9x+2y}{6}-\frac{3x-2y}{4}$
$=\frac{2(9x+2y)-3(3x-2y)}{12}$
$=\frac{18x+4y-9x+6y}{12}=\frac{9x+10y}{12}$
(5) $\frac{2m-n}{3}-\frac{m-2n}{6}=\frac{2(2m-n)-(m-2n)}{6}$
$=\frac{4m-2n-m+2n}{6}=\frac{3m}{6}=\frac{m}{2}$

(6) $\dfrac{3a-b+2}{5}-\dfrac{b-3a+4}{2}$

$=\dfrac{2(3a-b+2)-5(b-3a+4)}{10}$

$=\dfrac{6a-2b+4-5b+15a-20}{10}$

$=\dfrac{21a-7b-16}{10}$

■ p.24 ■

30 (1) $\dfrac{1}{2}x+\dfrac{1}{4}(x-1)=\dfrac{1}{2}x+\dfrac{1}{4}x-\dfrac{1}{4}$

$=\dfrac{3}{4}x-\dfrac{1}{4}$

(2) $6\left(\dfrac{1}{3}a-b\right)-\dfrac{1}{2}(2a-4b)=2a-6b-a+2b$

$=a-4b$

(3) $\dfrac{x-5y}{3}\times 6+\dfrac{3x+y}{2}\times(-4)$

$=2(x-5y)-2(3x+y)$

$=2x-10y-6x-2y$

$=-4x-12y$

(4) $\dfrac{5a-2b+3c}{4}\times 12-\dfrac{4a+b-3c}{8}\times 16$

$=3(5a-2b+3c)-2(4a+b-3c)$

$=15a-6b+9c-8a-2b+6c=7a-8b+15c$

31 (1) $\dfrac{2a-5}{3}-\dfrac{a+3}{2}+3$

$=\dfrac{2(2a-5)-3(a+3)+18}{6}$

$=\dfrac{4a-10-3a-9+18}{6}$

$=\dfrac{a-1}{6}$

(2) $x-\dfrac{5x-y}{2}-\dfrac{x+2y}{3}$

$=\dfrac{6x-3(5x-y)-2(x+2y)}{6}$

$=\dfrac{6x-15x+3y-2x-4y}{6}$

$=\dfrac{-11x-y}{6}$ $\left(=-\dfrac{11x+y}{6}\right.$ としてもよい$\left.\right)$

(3) $\dfrac{3x-y}{2}-4\left(\dfrac{y-5x}{8}-\dfrac{x-2y}{2}\right)$

$=\dfrac{3x-y}{2}-\dfrac{y-5x}{2}+2(x-2y)$

$=\dfrac{(3x-y)-(y-5x)+4(x-2y)}{2}$

$=\dfrac{3x-y-y+5x+4x-8y}{2}$

$=\dfrac{12x-10y}{2}=6x-5y$

(4) $\dfrac{5x+2y-7}{3}-2(x-3y)+\dfrac{x-4y-3}{2}$

$=\dfrac{2(5x+2y-7)-12(x-3y)+3(x-4y-3)}{6}$

$=\dfrac{10x+4y-14-12x+36y+3x-12y-9}{6}$

$=\dfrac{x+28y-23}{6}$

32 (1) $A+B=(3x-4y)+(-2x+5y)$

$=x+y$

(2) $A-B=(3x-4y)-(-2x+5y)$

$=3x-4y+2x-5y=5x-9y$

(3) $2A-5B=2(3x-4y)-5(-2x+5y)$

$=6x-8y+10x-25y=16x-33y$

(4) $\dfrac{1}{2}A-\dfrac{3}{5}B=\dfrac{5A-6B}{10}$

$=\dfrac{5(3x-4y)-6(-2x+5y)}{10}$

$=\dfrac{15x-20y+12x-30y}{10}$

$=\dfrac{27x-50y}{10}$

(5) $\dfrac{2}{3}A+2B=\dfrac{2A+6B}{3}$

$=\dfrac{2(3x-4y)+6(-2x+5y)}{3}$

$=\dfrac{6x-8y-12x+30y}{3}$

$=\dfrac{-6x+22y}{3}$

(6) $\dfrac{2}{3}(A-3B)=\dfrac{2A-6B}{3}$

$=\dfrac{2(3x-4y)-6(-2x+5y)}{3}$

$=\dfrac{6x-8y+12x-30y}{3}$

$=\dfrac{18x-38y}{3}$

33 (1) $\square=(5x+3)-(2x+8)=3x-5$

(2) $\square=(4x+y)-(6x-2y)=-2x+3y$

(3) $\square=(3a+7b)+(4a-5b)=7a+2b$

(4) $\square=(-3x+7y)-(x+7y)=-4x$

3 単項式の乗法と除法　4 式の値

■ p.25 ■

34 (1) $18ab$　(2) $-35xy$　(3) $48pq$

(4) $-96xyz$　(5) $-6abc$　(6) $\dfrac{1}{4}pqr$

第2章

(7) $-36a^3$　(8) $-14x^3y^2$　(9) $16p^4$

(10) $\frac{3}{8}a\times(-2b)^2=\frac{3}{8}a\times4b^2=\frac{3}{2}ab^2$

(11) $(-5xy)^2\times\left(-\frac{3}{5}z\right)=25x^2y^2\times\left(-\frac{3}{5}z\right)$
$=-15x^2y^2z$

(12) $\left(\frac{3}{2}p\right)^3\times\left(-\frac{8}{3}q\right)^2=\frac{27}{8}p^3\times\frac{64}{9}q^2$
$=24p^3q^2$

35 (1) $-3b$　(2) $6xy$

(3) $12a^3b^2\div\frac{3}{4}a^2b=12a^3b^2\times\frac{4}{3a^2b}=16ab$

(4) $(-21xy^3)\div\frac{7}{5}xy=-21xy^3\times\frac{5}{7xy}=-15y^2$

(5) $\left(-\frac{4}{5}a^4b^2\right)\div(-2a^3b)$
$=-\frac{4a^4b^2}{5}\times\left(-\frac{1}{2a^3b}\right)=\frac{2}{5}ab$

(6) $\left(-\frac{15}{8}x^4y^2\right)\div\frac{5}{16}x^2y=-\frac{15x^4y^2}{8}\times\frac{16}{5x^2y}$
$=-6x^2y$

36 (1) $9a^2\times ab\div(-3a)=-\frac{9a^2\times ab}{3a}=-3a^2b$

(2) $16x^2\div(-4xy)\times y^2=-\frac{16x^2\times y^2}{4xy}=-4xy$

(3) $12a^2b\times(-2ab)\div(-8a^2b^2)=\frac{12a^2b\times2ab}{8a^2b^2}$
$=3a$

(4) $(2xy)^2\div(-xy^2)\times(-3x)^2$
$=4x^2y^2\div(-xy^2)\times9x^2$
$=-\frac{4x^2y^2\times9x^2}{xy^2}=-36x^3$

37 (1) $3a+4=3\times(-5)+4=-11$

(2) $-6a+24=-6\times(-5)+24=54$

(3) $-a^2=-(-5)^2=-25$

(4) $\frac{a^3}{3}-2a=\frac{(-5)^3}{3}-2\times(-5)$
$=\frac{-125}{3}+10=-\frac{95}{3}$

(5) $(a+3)^3=(-5+3)^3=(-2)^3=-8$

■ **p.26** ■

38 (1) $x-2y=2-2\times(-3)=8$

(2) $-3xy=-3\times2\times(-3)=18$

(3) $-\frac{4y}{x}=-\frac{4\times(-3)}{2}=6$

(4) $-\frac{3}{8}x^2+2y^2=-\frac{3}{8}\times2^2+2\times(-3)^2=\frac{33}{2}$

(5) $(4x+3y)^2=\{4\times2+3\times(-3)\}^2=(-1)^2=1$

39 (1) $(5a-4b)-(6a-b)=-a-3b$
$=-6-3\times(-8)=18$

(2) $3(2a+5b)-4(a-3b)=6a+15b-4a+12b$
$=2a+27b$
$=2\times6+27\times(-8)$
$=-204$

(3) $(-2a^2b)^2\times4ab\div(-8a^4b^2)$
$=4a^4b^2\times4ab\times\left(-\frac{1}{8a^4b^2}\right)$
$=-2ab=-2\times6\times(-8)=96$

40 (1) $-ab^2\times(ab^2)^2\div(-ab)^3$
$=-ab^2\times a^2b^4\div(-a^3b^3)$
$=\frac{ab^2\times a^2b^4}{a^3b^3}=b^3$

(2) $(-2x^2y^3)^2\div(2x^2y)^2\times(-y)^3$
$=4x^4y^6\div4x^4y^2\times(-y^3)$
$=-\frac{4x^4y^6\times y^3}{4x^4y^2}=-y^7$

(3) $(-2ab^2x^3)^2\times(-3a^2b)^2=4a^2b^4x^6\times9a^4b^2$
$=36a^6b^6x^6$

(4) $\left(-\frac{1}{3}a^2b^3\right)^3\div(-a^2b)^2$
$=-\frac{1}{27}a^6b^9\div a^4b^2$
$=-\frac{a^6b^9}{27\times a^4b^2}=-\frac{a^2b^7}{27}$

(5) $2xy^2\times(-3x^2y^3)^2\div\left(-\frac{9}{2}x^3y^4\right)$
$=2xy^2\times9x^4y^6\div\left(-\frac{9}{2}x^3y^4\right)$
$=-\frac{2xy^2\times9x^4y^6\times2}{9x^3y^4}=-4x^2y^4$

(6) $(-4xy^3z)^2\times x^2yz\div16x^2yz^3$
$=16x^2y^6z^2\times x^2yz\div16x^2yz^3$
$=\frac{16x^2y^6z^2\times x^2yz}{16x^2yz^3}=x^2y^6$

(7) $4xy^2\times\left(-\frac{1}{2}x^2y\right)^3\div\frac{1}{2}x^2y^3$
$=4xy^2\times\left(-\frac{1}{8}x^6y^3\right)\div\frac{1}{2}x^2y^3$
$=-\frac{4xy^2\times x^6y^3\times2}{8\times x^2y^3}=-x^5y^2$

(8) $\frac{1}{3}x^2y\times(-2x^2y^3)^2\div\frac{1}{6}x^2y^2$
$=\frac{1}{3}x^2y\times4x^4y^6\div\frac{1}{6}x^2y^2$
$=\frac{x^2y\times4x^4y^6\times6}{3\times x^2y^2}=8x^4y^5$

41 (1) $\dfrac{4x-y}{3}-\dfrac{2x-3y}{4}=\dfrac{4(4x-y)-3(2x-3y)}{12}$

$$=\frac{10x+5y}{12}$$

$\dfrac{10x+5y}{12}$ に $x=-\dfrac{1}{5}$, $y=4$ を代入して

$$\frac{1}{12}\left\{10\times\left(-\frac{1}{5}\right)+5\times4\right\}=\frac{3}{2}$$

(2) $-8a^3b^2\div(-2a)^2\times\dfrac{3}{b}$

$=-8a^3b^2\div4a^2\times\dfrac{3}{b}$

$=-\dfrac{8a^3b^2\times3}{4a^2\times b}=-6ab$

$-6ab$ に $a=\dfrac{1}{2}$, $b=-\dfrac{2}{3}$ を代入して

$$-6\times\frac{1}{2}\times\left(-\frac{2}{3}\right)=2$$

(3) $\left(-\dfrac{1}{2}xy^2\right)^2\div\left(\dfrac{1}{3}xy^2\right)^3\times\left(-\dfrac{4}{3}x^3\right)$

$=\dfrac{1}{4}x^2y^4\div\dfrac{1}{27}x^3y^6\times\left(-\dfrac{4}{3}x^3\right)$

$=-\dfrac{x^2y^4\times27\times4x^3}{4\times x^3y^6\times3}=-\dfrac{9x^2}{y^2}$

$-\dfrac{9x^2}{y^2}$ に $x=1$, $y=-\dfrac{1}{2}$ を代入して

$$-9\times1^2\div\left(-\frac{1}{2}\right)^2=-36$$

5 文字式の利用

■ p.27 ■

42 (1) 連続する5つの整数は，整数 n を用いて

$$n-2,\ n-1,\ n,\ n+1,\ n+2$$

と表される。これら5つの数の和は

$$(n-2)+(n-1)+n+(n+1)+(n+2)=5n$$

n は整数であるから，$5n$ は5の倍数である。
よって，連続する5つの整数の和は5の倍数である。

(2) 連続する2つの奇数は，整数 n を用いて

$$2n-1,\ 2n+1$$

と表される。これら2つの数の和は

$$(2n-1)+(2n+1)=4n$$

n は整数であるから，$4n$ は4の倍数である。
よって，連続する2つの奇数の和は4の倍数である。

43 (1) $1000a+100b+10c+d$

(2) $100x+10x+x=111x$

44 (1) もとの数の十の位の数を a，一の位の数を b とすると，この数は $10a+b$ と表される。
この数の十の位の数と一の位の数を入れかえた数は $10b+a$ と表される。
この2数の和は

$$(10a+b)+(10b+a)=11a+11b=11(a+b)$$

$a+b$ は整数であるから，$11(a+b)$ は11でわり切れる。
よって，この2数の和は11でわり切れる。

(2) 千の位の数と十の位の数を a，百の位の数と一の位の数を b とすると，この数は
$1000a+100b+10a+b$ と表される。

$$1000a+100b+10a+b=1010a+101b$$
$$=101(10a+b)$$

$10a+b$ は整数であるから，$101(10a+b)$ は101でわり切れる。
よって，この数は101でわり切れる。

45 1辺が a である小さい正方形の周の長さは

$$4\times a=4a$$

1辺が $(a+b)$ である大きい正方形の周の長さは

$$4\times(a+b)=4a+4b$$

よって，2つの正方形の周の長さの差は

$$4a+4b-4a=4b$$

■ p.28 ■

46 (1) 直方体Aの体積は abc cm^3
直方体Bの体積は

$$2a\times2b\times2c=8abc\ (\text{cm}^3)$$

よって，直方体Bの体積は，直方体Aの体積の8倍である。

(2) 直方体Aの表面積は $2(ab+bc+ca)$ cm^2
直方体Bの表面積は

$$2(2a\times2b+2b\times2c+2c\times2a)$$
$$=2(4ab+4bc+4ca)$$
$$=8(ab+bc+ca)\ (\text{cm}^2)$$

よって，直方体Bの表面積は，直方体Aの表面積の4倍である。

47 (1) もとの自然数の十の位の数を a，一の位の数を b とすると，問題文の和は

$$8(10b+a)+(10a+b)=18a+81b$$
$$=9(2a+9b)$$

$2a+9b$ は整数であるから，$9(2a+9b)$ は9の倍数である。
よって，この自然数の和は，9の倍数である。

第2章

(2) 小さい方の数を5でわったときの商をnとすれば，この数は$5n+2$と表される。
よって，2つの連続する正の整数は$5n+2$，$5n+3$と表され，この2つの整数の和は

$$(5n+2)+(5n+3)=10n+5$$
$$=5(2n+1)$$

$2n+1$は整数であるから，$5(2n+1)$は5の倍数である。
したがって，この2つの整数の和は5の倍数である。

48 (1) 右の図Iのように考えると，白い石は，黒い石に比べて，1辺について2個ずつ増える。
よって

$$16+2\times4=24\ (個)$$

図I

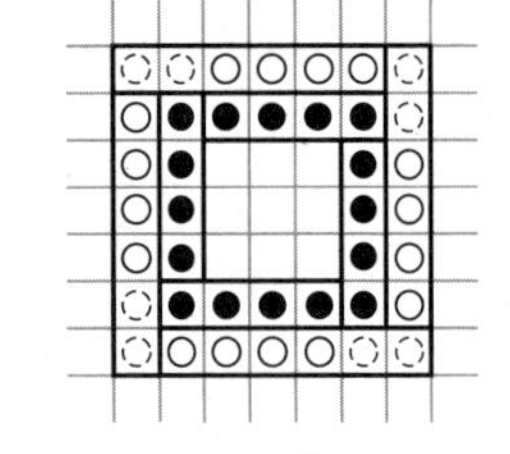

(2) 1辺にx個並べたとき，右の図IIのように考えると，黒い石の数は

$$(x-1)\times4$$
$$=4x-4\ (個)$$

図II

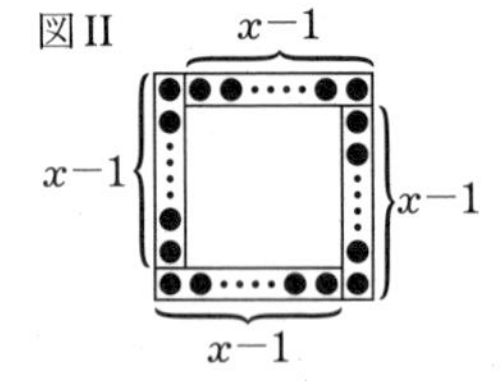

白い石の数は，(1)と同様に考えて

$$(4x-4)+2\times4=4x+4\ (個)$$

49 (1) bはaより1列右にあるから，bの値はaの値より4大きい。
cはaより1行下にあるから，cの値はaの値より3大きい。
よって　$a+b+c-1=a+(a+4)+(a+3)-1$
$=3a+6$
$=3(a+2)$
$a+2$は整数であるから，$3(a+2)$は3の倍数である。
したがって，$a+b+c-1$の値は3の倍数になる。

(2) $a=3x+4x=7x$であるから，$b=7x+4$，$c=7x+3$と表される。
よって　$a+b+c=7x+(7x+4)+(7x+3)$
$=21x+7$
$=7(3x+1)$
$3x+1$は整数であるから，$7(3x+1)$は7の倍数である。
したがって，$a+b+c$の値は7の倍数になる。

章　末　問　題

■ p.29 ■

1 (1) $2(a\times b+b\times3b+3b\times a)=8ab+6b^2\ (\mathrm{cm}^2)$

(2) $500-90\times\left(1-\dfrac{a}{10}\right)\times5=45a+50\ (円)$

(3) 残り7人の点数の合計は

$$(12x-5y)\ 点$$

よって，残り7人の平均点は

$$\frac{12x-5y}{7}\ 点$$

2 (1) $\dfrac{a^2+ab-2b^2}{4}-\dfrac{2a^2-4ab-3b^2}{3}+\dfrac{5a^2+3ab-4b^2}{6}$

分母を12にする通分を行うと，この式の分子は

$3(a^2+ab-2b^2)-4(2a^2-4ab-3b^2)+2(5a^2+3ab-4b^2)$
$=3a^2+3ab-6b^2-8a^2+16ab+12b^2+10a^2+6ab-8b^2$
$=5a^2+25ab-2b^2$

よって，もとの式は

$$\frac{5a^2+25ab-2b^2}{12}$$

(2) $-\dfrac{1}{3}x^2y\div\left(-\dfrac{1}{2}xy^2\right)^2\div2y\times(-12xy^4)$
$=-\dfrac{1}{3}x^2y\div\dfrac{1}{4}x^2y^4\div2y\times(-12xy^4)$
$=-\dfrac{1}{3}x^2y\times\dfrac{4}{x^2y^4}\times\dfrac{1}{2y}\times(-12xy^4)$
$=\dfrac{x^2y\times4\times12xy^4}{3\times x^2y^4\times2y}=8x$

3 (1) $6A-5B-3(A-2B)$
$=6A-5B-3A+6B$
$=3A+B$
$=3(x+2y-4)+(3x-y+1)$
$=3x+6y-12+3x-y+1$
$=6x+5y-11$

(2) $A-2B+C$
$=(x-6y-z)-2(-x+2y+2z)+C$
$=x-6y-z+2x-4y-4z+C$
$=3x-10y-5z+C$
$3x-10y-5z+C=x+2y$であるから
$C=(x+2y)-(3x-10y-5z)$
$=-2x+12y+5z$

4 $\frac{1}{2}x^2y^3 \div \left(-\frac{2}{3}x^3y^2\right)^3 \times (-2x^2y)^4$

$=\frac{1}{2}x^2y^3 \div \left(-\frac{2^3}{3^3}x^9y^6\right) \times 2^4x^8y^4$

$=-\frac{x^2y^3 \times 3^3 \times 2^4x^8y^4}{2 \times 2^3x^9y^6} = -27xy$

$-27xy$ に $x=-1$, $y=-\frac{1}{3}$ を代入して

$$-27 \times (-1) \times \left(-\frac{1}{3}\right) = -9$$

5 右の図のように，1段目の立方体について，頂点を定める。辺AB，AD，AEとそれぞれ同じ向きに並んだマッチ棒の本数を考える。

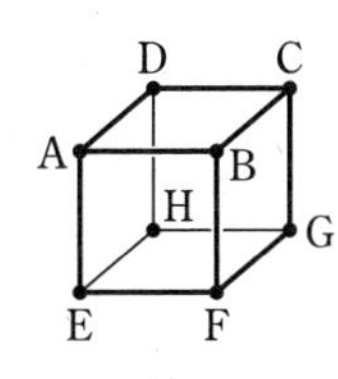

(1) 増えたマッチ棒の本数に着目して考える。

[1] ABの向きのマッチ棒について

1段目は　4本

2段目は立方体が3個増える。

このとき増えるマッチ棒は

3個の立方体のEF，HGにあたる部分が

3×2 本

両端の立方体のAB，DCにあたる部分が

4本

よって，$(3 \times 2+4)$ 本増える。

同様に考えて

3段目は立方体が5個増える。

このとき増えるマッチ棒は $(5 \times 2+4)$ 本

4段目は立方体が7個増える。

このとき増えるマッチ棒は $(7 \times 2+4)$ 本

よって，ABの向きのマッチ棒は全部で

$4+(3 \times 2+4)+(5 \times 2+4)+(7 \times 2+4)$

$=46$ (本)

[2] ADの向きのマッチ棒について

1段目は　4本

2段目は立方体が3個増える。

このとき増えるマッチ棒は

3個の立方体のEH，FGにあたる部分が

$(3+1)$ 本

左端の立方体のAD，右端の立方体のBCが

2本

よって，$(3+1+2)$ 本増える。

同様に考えて

3段目は立方体が5個増える。

このとき増えるマッチ棒は $(5+1+2)$ 本

4段目は立方体が7個増える。

このとき増えるマッチ棒は $(7+1+2)$ 本

よって，ADの向きのマッチ棒は全部で

$4+(3+1+2)+(5+1+2)+(7+1+2)$

$=28$ (本)

[3] AEの向きのマッチ棒について

1段目は　4本

2段目は立方体が3個増える。

このとき増えるマッチ棒は $(3 \times 2+2)$ 本

3段目は立方体が5個増える。

このとき増えるマッチ棒は $(5 \times 2+2)$ 本

4段目は立方体が7個増える。

このとき増えるマッチ棒は $(7 \times 2+2)$ 本

よって，AEの向きのマッチ棒は全部で

$4+(3 \times 2+2)+(5 \times 2+2)+(7 \times 2+2)$

$=40$ (本)

したがって，求める本数は

$46+28+40=114$ (本)

(2) $(n+1)$ 段目にある立方体の個数は

$2(n+1)-1=2n+1$ (個)

1段目から n 段目まで組み立てるときよりも増えたマッチ棒は

ABの向き：$(2n+1) \times 2+4=4n+6$ (本)

ADの向き：$(2n+1)+1+2=2n+4$ (本)

AEの向き：$(2n+1) \times 2+2=4n+4$ (本)

よって，求める本数は

$(4n+6)+(2n+4)+(4n+4)=10n+14$ (本)

第2章

第3章　方　程　式

1 方程式とその解　2 1次方程式の解き方

■ p.30 ■

1 (1) $3x+5=10$　(2) $am=bn$

(3) $4x+3y=20$　(4) $2x-7=4(x+3)$

(5) $\frac{x}{3}=\frac{y}{5}$　(6) $\frac{x-m}{p}+x=8$

(7) $\frac{an+bm}{m+n}=x$　(8) $\frac{x+3}{5}+\frac{4x+7}{2}=10$

■ p.31 ■

2 (1) $x+y=2500$　(2) $200-7x=60$

(3) $2x=3y$　(4) $4x+3y=5z$

(5) $a\times\left(1-\frac{x}{10}\right)\times 10=y$

すなわち　$10a-ax=y$

(6) $x\times\left(1+\frac{p}{100}\right)\times 100=5000$

すなわち　$100x+px=5000$

(7) $\frac{12x+17y}{29}=z$

3 (1)

x	$x-3$	等号成立
-1	-4	×
0	-3	×
1	-2	○

解は 1

(2)

x	$5x+7$	等号成立
-1	2	○
0	7	×
1	12	×

解は -1

(3)

x	$x+6$	$3(x+2)$	等号成立
-1	5	3	×
0	6	6	○
1	7	9	×

解は 0

(4)

x	$5(3-x)$	$16-4x$	等号成立
-1	20	20	○
0	15	16	×
1	10	12	×

解は -1

4 ①　$x=-2$ のとき　$5(x-2)=-20$

よって，$5(x-2)=0$ は成立しない。

②　$x=-2$ のとき　$x+4=2$

よって，$x+4=2$ が成立する。

③　$x=-2$ のとき　$2(5+x)=6$，$3x=-6$

よって，$2(5+x)=3x$ は成立しない。

④　$x=-2$ のとき　$-(3x+5)=1$，$4x+9=1$

よって，$-(3x+5)=4x+9$ が成立する。

以上から，-2 が解であるものは　②，④

5 (1) ① 5　② 5　③ 5　④ 14

(2) ① 4　② 4　③ 4　④ 8

(3) ① 5　② 5　③ 5　④ -20

(4) ① 7　② 7　③ 7　④ 5

6 (1)　$x-9=4$

両辺に 9 をたすと　$x-9+9=4+9$

$x=13$

(2)　$x-6=-7$

両辺に 6 をたすと　$x-6+6=-7+6$

$x=-1$

(3)　$x+3=11$

両辺から 3 をひくと　$x+3-3=11-3$

$x=8$

(4)　$x+5=-3$

両辺から 5 をひくと　$x+5-5=-3-5$

$x=-8$

(5)　$-2+x=6$

両辺に 2 をたすと　$-2+x+2=6+2$

$x=8$

(6)　$4+x=0$

両辺から 4 をひくと　$4+x-4=0-4$

$x=-4$

(7)　$x+\frac{1}{3}=\frac{1}{2}$

両辺から $\frac{1}{3}$ をひくと　$x+\frac{1}{3}-\frac{1}{3}=\frac{1}{2}-\frac{1}{3}$

$x=\frac{1}{6}$

(8)　$x-1.3=4.2$

両辺に 1.3 をたすと　$x-1.3+1.3=4.2+1.3$

$x=5.5$

(9)　$\frac{7}{6}+x=-\frac{4}{5}$

両辺から $\frac{7}{6}$ をひくと　$\frac{7}{6}+x-\frac{7}{6}=-\frac{4}{5}-\frac{7}{6}$

$x=-\frac{59}{30}$

■ p.32 ■

7 (1)　$3x=15$

両辺を 3 でわると　$x=5$

(2)　$6x=-24$

両辺を 6 でわると　$x=-4$

(3)　$-7x=42$

両辺を -7 でわると　$x=-6$

(4) $\frac{x}{5}=4$

両辺に5をかけると　$\frac{x}{5}\times 5=4\times 5$

$x=20$

(5) $\frac{x}{7}=-2$

両辺に7をかけると　$\frac{x}{7}\times 7=-2\times 7$

$x=-14$

(6) $-\frac{x}{3}=9$

両辺に -3 をかけると

$-\frac{x}{3}\times(-3)=9\times(-3)$

$x=-27$

(7) $\frac{x}{4}=\frac{1}{3}$

両辺に4をかけると　$\frac{x}{4}\times 4=\frac{1}{3}\times 4$

$x=\frac{4}{3}$

(8) $-\frac{8}{3}x=4$

両辺に $-\frac{3}{8}$ をかけると

$-\frac{8}{3}x\times\left(-\frac{3}{8}\right)=4\times\left(-\frac{3}{8}\right)$

$x=-\frac{3}{2}$

(9) $-\frac{18}{5}x=-\frac{9}{20}$

両辺に $-\frac{5}{18}$ をかけると

$-\frac{18}{5}x\times\left(-\frac{5}{18}\right)=-\frac{9}{20}\times\left(-\frac{5}{18}\right)$

$x=\frac{1}{8}$

8 (1) $3x+4=10$

$3x=10-4$

$3x=6$

$x=2$

(2) $5x-13=2$

$5x=2+13$

$5x=15$

$x=3$

(3) $8x+15=-9$

$8x=-9-15$

$8x=-24$

$x=-3$

(4) $-4x+6=30$

$-4x=30-6$

$-4x=24$

$x=-6$

(5) $5-3x=14$

$-3x=14-5$

$-3x=9$

$x=-3$

(6) $-11-6x=25$

$-6x=25+11$

$-6x=36$

$x=-6$

(7) $2x=18-4x$

$2x+4x=18$

$6x=18$

$x=3$

(8) $9x=-15+6x$

$9x-6x=-15$

$3x=-15$

$x=-5$

(9) $-5x=27+4x$

$-5x-4x=27$

$-9x=27$

$x=-3$

(10) $x=-28-3x$

$x+3x=-28$

$4x=-28$

$x=-7$

(11) $5x-24=-3x$

$5x+3x=24$

$8x=24$

$x=3$

(12) $-8x+25=-3x$

$-8x+3x=-25$

$-5x=-25$

$x=5$

9 (1) $4x-7=2x-1$

$4x-2x=-1+7$

$2x=6$

$x=3$

(2) $-3x+12=-8x+42$

$-3x+8x=42-12$

$5x=30$

$x=6$

(3) $9x-13=4x+12$

$9x-4x=12+13$

$5x=25$

$x=5$

第3章

(4) $x+17=-3x-19$
$x+3x=-19-17$
$4x=-36$
$x=-9$

(5) $6x-21=4x-11$
$6x-4x=-11+21$
$2x=10$
$x=5$

(6) $-5x+22=-13x+78$
$-5x+13x=78-22$
$8x=56$
$x=7$

10 (1) $x-4=4(x+2)$
$x-4=4x+8$
$-3x=12$
$x=-4$

(2) $3(x-5)=1-x$
$3x-15=1-x$
$4x=16$
$x=4$

(3) $7-5(2-x)=12$
$7-10+5x=12$
$5x=15$
$x=3$

(4) $5x-2(x-3)=15$
$5x-2x+6=15$
$3x=9$
$x=3$

(5) $x-4(2x-1)=25$
$x-8x+4=25$
$-7x=21$
$x=-3$

(6) $5(x-3)=3x-10$
$5x-15=3x-10$
$2x=5$
$x=\frac{5}{2}$

(7) $2(4x+1)=5(x-5)$
$8x+2=5x-25$
$3x=-27$
$x=-9$

(8) $3(x-1)=2(3x-2)-5$
$3x-3=6x-4-5$
$-3x=-6$
$x=2$

11 (1) $\frac{1}{3}x+1=\frac{1}{2}x$
両辺に 6 をかけると　$2x+6=3x$
$-x=-6$
$x=6$

(2) $\frac{x-6}{4}=\frac{4x+2}{3}$
両辺に 12 をかけると　$3(x-6)=4(4x+2)$
$3x-18=16x+8$
$-13x=26$
$x=-2$

(3) $\frac{2}{3}x-1=\frac{1}{6}x+2$
両辺に 6 をかけると　$4x-6=x+12$
$3x=18$
$x=6$

(4) $\frac{2}{3}x-5=\frac{3}{4}x-6$
両辺に 12 をかけると　$8x-60=9x-72$
$-x=-12$
$x=12$

(5) $\frac{x}{5}-\frac{x-3}{2}=0$
両辺に 10 をかけると　$2x-5(x-3)=0$
$2x-5x+15=0$
$-3x=-15$
$x=5$

(6) $\frac{1}{2}x-1=\frac{x-2}{5}$
両辺に 10 をかけると　$5x-10=2(x-2)$
$5x-10=2x-4$
$3x=6$
$x=2$

(7) $\frac{3}{10}x-\frac{3}{2}=\frac{4}{5}x+1$
両辺に 10 をかけると　$3x-15=8x+10$
$-5x=25$
$x=-5$

(8) $\frac{x}{12}-\frac{3x-1}{8}=1$
両辺に 24 をかけると
$2x-3(3x-1)=24$
$2x-9x+3=24$
$-7x=21$
$x=-3$

12 (1) $0.6x-2.1=-0.1x$
両辺に 10 をかけると　$6x-21=-x$
$7x=21$
$x=3$

(2) $0.4x-0.5=2-0.1x$

両辺に 10 をかけると　$4x-5=20-x$

$5x=25$

$x=5$

(3) $2.5x-4=1.3x+0.8$

両辺に 10 をかけると　$25x-40=13x+8$

$12x=48$

$x=4$

(4) $0.58x-3.1=1.28x+1.8$

両辺に 100 をかけると

$58x-310=128x+180$

$-70x=490$

$x=-7$

(5) $0.4(x+2)=x-1.6$

両辺に 10 をかけると

$4(x+2)=10x-16$

$4x+8=10x-16$

$-6x=-24$

$x=4$

(6) $0.1(x-1)=0.2x-0.6$

両辺に 10 をかけると　$x-1=2x-6$

$-x=-5$

$x=5$

■ p.33 ■

13 (1) $0.18(30-x)=0.02(30+3x)$

$18(30-x)=2(30+3x)$

$540-18x=60+6x$

$-24x=-480$

$x=20$

(2) $1.5(3-0.5x)+2=0.25x-1$

$15(30-5x)+200=25x-100$

$450-75x+200=25x-100$

$-100x=-750$

$x=7.5\left(=\dfrac{15}{2}\right)$

(3) $2+9x-\{x-2(4x-3)\}=6x$

$2+9x-(x-8x+6)=6x$

$2+9x-(-7x+6)=6x$

$10x=4$

$x=\dfrac{2}{5}$

(4) $\{30+3x-(30-x)\}-\{30+3(30-x)-x\}=16$

$(30+3x-30+x)-(30+90-3x-x)=16$

$4x-(120-4x)=16$

$8x=136$

$x=17$

(5) $3(x+24)-4\{2(2-x)+(x-12)\}$

$=-3\{5(x+20)-1\}+5$

$3(x+24)-4(4-2x+x-12)$

$=-3(5x+100-1)+5$

$3(x+24)-4(-x-8)=-3(5x+99)+5$

$3x+72+4x+32=-15x-297+5$

$22x=-396$

$x=-18$

(6) $\{3(x+20)-8x-7\}+12$

$=-2\{5(x-4)+6(2-x)+12\}+3$

$(3x+60-8x-7)+12$

$=-2(5x-20+12-6x+12)+3$

$-5x+53+12=-2(-x+4)+3$

$-5x+65=2x-8+3$

$-7x=-70$

$x=10$

14 (1) $\dfrac{2x-1}{3}-\dfrac{x+2}{2}=1-x$

$2(2x-1)-3(x+2)=6(1-x)$

$4x-2-3x-6=6-6x$

$7x=14$

$x=2$

(2) $2x-\dfrac{4-3x}{9}=\dfrac{x-2}{3}$

$18x-(4-3x)=3(x-2)$

$18x-4+3x=3x-6$

$18x=-2$

$x=-\dfrac{1}{9}$

(3) $\dfrac{x-3}{2}+\dfrac{x-5}{3}+\dfrac{x-2}{5}=1$

$15(x-3)+10(x-5)+6(x-2)=30$

$15x-45+10x-50+6x-12=30$

$31x=137$

$x=\dfrac{137}{31}$

(4) $3-\dfrac{x-1}{2}=\dfrac{3x+5}{12}+\dfrac{6-x}{4}$

$36-6(x-1)=(3x+5)+3(6-x)$

$36-6x+6=3x+5+18-3x$

$-6x=-19$

$x=\dfrac{19}{6}$

(5) $\dfrac{2(2x-3)}{3}+\dfrac{x-8}{5}+\dfrac{8}{15}=0$

$10(2x-3)+3(x-8)+8=0$

$20x-30+3x-24+8=0$

$23x=46$

$x=2$

(6) $3x-2\left(x-\dfrac{1-2x}{3}\right)=\dfrac{2x-1}{2}$

$$3x-2\times\frac{3x-(1-2x)}{3}=\frac{2x-1}{2}$$

$$3x-\frac{2(5x-1)}{3}=\frac{2x-1}{2}$$

$$18x-4(5x-1)=3(2x-1)$$

$$18x-20x+4=6x-3$$

$$-8x=-7$$

$$x=\frac{7}{8}$$

(7) $2-\dfrac{3x-2}{5}=0.6(1+x)$

$$20-2(3x-2)=6(1+x)$$

$$20-6x+4=6+6x$$

$$-12x=-18$$

$$x=\frac{3}{2}$$

(8) $3\left(\dfrac{3x+1}{4}-x\right)-0.5x=0.25(5x-1)-\dfrac{5}{8}x$

$$3\times\frac{3x+1-4x}{4}-0.5x=0.25(5x-1)-\frac{5}{8}x$$

$$\frac{3(1-x)}{4}-0.5x=0.25(5x-1)-\frac{5}{8}x$$

$$6(1-x)-4x=2(5x-1)-5x$$

$$6-6x-4x=10x-2-5x$$

$$-15x=-8$$

$$x=\frac{8}{15}$$

3 1次方程式の利用

■ p.34 ■

15 (1) $1200-x=2(840-x)$

(2) $1200-x=2(840-x)$

$$1200-x=1680-2x$$

$$x=480$$

これは問題に適している。　　答 480円

16 (1) $3(x-4)=x$

$$3x-12=x$$

$$2x=12$$

$$x=6$$

これは問題に適している。

(2) もとの数を x とすると

$$5x=x-8$$

$$4x=-8$$

$$x=-2$$

これは問題に適している。　　答 -2

(3) 最小の数を x とすると，3つの数は

x，$x+1$，$x+2$ となる。

$$x+(x+1)+(x+2)=114$$

$$3x=111$$

$$x=37$$

これは問題に適している。　　答 37

17 (1) おにぎり1個の値段を x 円とすると

$$3x+100=370$$

$$3x=270$$

$$x=90$$

これは問題に適している。　　答 90円

(2) お菓子の個数を x 個とすると

$$150x+200=2000$$

$$150x=1800$$

$$x=12$$

これは問題に適している。　　答 12個

■ p.35 ■

18 (1) プリンの個数を x 個とすると，ケーキの個数は $(x+3)$ 個となる。

$$200x+300(x+3)=2900$$

$$2x+3(x+3)=29$$

$$2x+3x+9=29$$

$$5x=20$$

$$x=4$$

これは問題に適している。

答 プリン4個，ケーキ7個

(2) りんごの個数を x 個とすると，みかんの個数は $(25-x)$ 個となる。

$$120x+30(25-x)=2100$$

$$12x+3(25-x)=210$$

$$12x+75-3x=210$$

$$9x=135$$

$$x=15$$

これは問題に適している。

答 りんご15個，みかん10個

19 (1) 子どもの人数を x 人とすると

$$6x+3=7x-4$$

$$-x=-7$$

$$x=7$$

りんごの個数は　$6\times7+3=45$

これらは問題に適している。

答 子どもの人数は7人，りんごの個数は45個

(2) 子どもの人数を x 人とすると

$$7x+5=9x-5$$

$$-2x=-10$$

$$x=5$$

鉛筆の本数は　$7\times5+5=40$
これらは問題に適している。
答　子どもの人数は5人，鉛筆の本数は40本
(3)　長いすが全部で x 脚あるとすると

$$4x+20=5(x-17)+4$$
$$4x+20=5x-85+4$$
$$-x=-101$$
$$x=101$$

生徒の人数は　$4\times101+20=424$
これは問題に適している。　答　424人

20　(1)　①　姉が出発した x 分後に妹が追いつくとすると

$$80x=120(x-6)$$
$$2x=3(x-6)$$
$$2x=3x-18$$
$$-x=-18$$
$$x=18$$

このとき2人が進んだ道のりは

$$80\times18=1440\ (\mathrm{m})$$

よって，姉が学校に着くまでに，妹は追いつく。
答　午前8時18分

②　正しくない。
【理由】妹が姉に追いつくのに必要な距離は1440 mであり，学校までの距離1 kmより長くなるから。

(2)　妹が出発してから x 分後に，2人は駅に着いたとすると

$$80x=240(x-15)$$
$$x=3(x-15)$$
$$x=3x-45$$
$$-2x=-45$$
$$x=\frac{45}{2}$$

家から駅までの距離は

$$80\times\frac{45}{2}=1800\ (\mathrm{m})$$

これは問題に適している。　答　1800 m

(3)　Aさんが出発してから x 分後に2人が出会うとすると

$$250x+200(x-2)=5000$$
$$5x+4(x-2)=100$$
$$5x+4x-8=100$$
$$9x=108$$
$$x=12$$

これは問題に適している。
答　午前9時12分

21　(1)　7 % の食塩水500 gに含まれる食塩の量は

$$500\times\frac{7}{100}=35\ (\mathrm{g})$$

水を x g加えるとすると

$$(500+x)\times\frac{5}{100}=35$$
$$5(500+x)=3500$$
$$500+x=700$$
$$x=200$$

これは問題に適している。　答　200 g

(2)　5 % の食塩水1000 gに含まれる食塩の量は

$$1000\times\frac{5}{100}=50\ (\mathrm{g})$$

水を x g蒸発させるとすると

$$(1000-x)\times\frac{10}{100}=50$$
$$10(1000-x)=5000$$
$$1000-x=500$$
$$-x=-500$$
$$x=500$$

これは問題に適している。　答　500 g

(3)　10 % の食塩水170 gに含まれる食塩の量は

$$170\times\frac{10}{100}=17\ (\mathrm{g})$$

食塩を x g加えるとすると

$$(170+x)\times\frac{15}{100}=17+x$$
$$15(170+x)=100(17+x)$$
$$3(170+x)=20(17+x)$$
$$510+3x=340+20x$$
$$-17x=-170$$
$$x=10$$

これは問題に適している。　答　10 g

■ p.36 ■

22　(1)　$x=-2$ を方程式 $6-x=7x+a$ に代入すると

$$6-(-2)=7\times(-2)+a$$
$$8=-14+a$$
$$-a=-22$$
$$a=22$$

(2)　$x=-1$ を方程式
$5(a+2x)-3(2a-x)=a+1$ に代入すると

$$5\{a+2\times(-1)\}-3\{2a-(-1)\}=a+1$$
$$5(a-2)-3(2a+1)=a+1$$
$$5a-10-6a-3=a+1$$
$$-2a=14$$
$$a=-7$$

(3) $x=2$ を方程式 $\frac{2x-a}{3}=\frac{x+a}{5}+1$ に代入

すると $\frac{2\times2-a}{3}=\frac{2+a}{5}+1$

$$\frac{4-a}{3}=\frac{2+a}{5}+1$$
$$5(4-a)=3(2+a)+15$$
$$20-5a=6+3a+15$$
$$-8a=1$$
$$a=-\frac{1}{8}$$

23 方程式 $2x+5=-4x-7$ を解く。

$$6x=-12$$
$$x=-2$$

これは，方程式 $ax-13=2x+a$ の解でもあるから

$$a\times(-2)-13=2\times(-2)+a$$
$$-2a-13=-4+a$$
$$-3a=9$$
$$a=-3$$

24 (1) $x:9=2:3$

$$x\times3=9\times2$$
$$x=6$$

(2) $5:2=3x:8$

$$5\times8=2\times3x$$
$$x=\frac{20}{3}$$

(3) $(3x-1):4=2:1$

$$(3x-1)\times1=4\times2$$
$$3x-1=8$$
$$3x=9$$
$$x=3$$

(4) $3:(2x-3)=12:5x$

$$3\times5x=(2x-3)\times12$$
$$5x=(2x-3)\times4$$
$$5x=8x-12$$
$$-3x=-12$$
$$x=4$$

25 (1) 男子生徒の人数を x 人とすると

$$(x+252):252=25:12$$
$$(x+252)\times12=252\times25$$
$$x+252=525$$
$$x=273$$

これは問題に適している。 答 273 人

(2) 最初に入っていた赤玉の個数を $4n$ 個とすると，白玉の個数は $3n$ 個である。

問題文から $(4n+24):3n=2:1$

$$(4n+24)\times1=3n\times2$$
$$4n+24=6n$$
$$-2n=-24$$
$$n=12$$

よって，最初に入っていた

赤玉の個数は $4\times12=48$

白玉の個数は $3\times12=36$

これらは問題に適している。

答 赤玉 48 個，白玉 36 個

26 (1) $2x-y=6$

$$2x=6+y$$
$$x=3+\frac{y}{2}$$

(2) $3x+4y=12$

$$4y=12-3x$$
$$y=3-\frac{3}{4}x$$

(3) $6x=3y+1$

$$6x-1=3y$$
$$y=2x-\frac{1}{3}$$

(4) $4a+7b-3c=8$

$$4a=8-7b+3c$$
$$a=2-\frac{7}{4}b+\frac{3}{4}c$$

(5) $x=\frac{3a+4b}{7}$

$$7x=3a+4b$$
$$7x-4b=3a$$
$$a=\frac{7}{3}x-\frac{4}{3}b$$

(6) $z=\frac{2}{3}(x-2y)-4$

$$3z=2(x-2y)-12$$
$$3z=2x-4y-12$$
$$4y=2x-3z-12$$
$$y=\frac{1}{2}x-\frac{3}{4}z-3$$

27 (1) $S=ab$ であるから

$$a=\frac{S}{b}$$

(2) $\ell=2(a+b)$ であるから

$$\frac{\ell}{2}=a+b$$
$$b=\frac{\ell}{2}-a$$

■ p.37 ■

28 (1) 現在から x 年後に，お父さんの年齢が A さんの年齢の 4 倍になるとすると

$$41+x=4(14+x)$$
$$41+x=56+4x$$
$$-3x=15$$
$$x=-5$$

-5 年後は 5 年前と考えることができる。
5 年前の A さんの年齢は 9 歳，お父さんの年齢は 36 歳であるから，これは問題に適している。

答 5 年前

(2) 現在から x か月後に，A さんの貯金額が B さんの貯金額の 3 倍になるとすると

$$32000+1000x=3(12000+500x)$$
$$32000+1000x=36000+1500x$$
$$320+10x=360+15x$$
$$-5x=40$$
$$x=-8$$

-8 か月後は 8 か月前と考えることができる。
8 か月前の
A さんの貯金額は
$$32000-1000\times 8=24000\ (\text{円})$$
B さんの貯金額は
$$12000-500\times 8=8000\ (\text{円})$$
であるから，これは問題に適している。

答 8 か月前

29 (1) もとの数の一の位の数を x とすると，もとの数は $80+x$，十の位の数と一の位の数を入れかえてできる数は $10x+8$ と表される。

よって　$10x+8=(80+x)-18$
$$10x+8=x+62$$
$$9x=54$$
$$x=6$$

もとの自然数は　86
これは問題に適している。　答 86

(2) もとの数の十の位の数を x とすると，もとの数は $10x+(9-x)$，十の位の数と一の位の数を入れかえてできる数は $10(9-x)+x$ と表される。

よって　$10(9-x)+x=\{10x+(9-x)\}+27$
$$90-10x+x=(9x+9)+27$$
$$90-9x=9x+36$$
$$-18x=-54$$
$$x=3$$

もとの自然数は　36
これは問題に適している。　答 36

30 (1) 男子生徒の人数を x 人とすると

$$x=(x+22)\times\frac{1}{2}-4$$
$$2x=(x+22)-8$$
$$x=14$$

これは問題に適している。　答 14 人

(2) 最初にあったみかんの個数を x 個とする。
妹にあげたあとの残りのみかんの個数は
$$x-\frac{1}{4}x=\frac{3}{4}x\ (\text{個})$$
弟にあげたあとの残りのみかんの個数は
$$\frac{3}{4}x-\frac{3}{4}x\times\frac{1}{3}=\frac{1}{2}x\ (\text{個})$$
よって　$\frac{1}{2}x=42$
$$x=84$$
これは問題に適している。　答 84 個

■ p.38 ■

31 (1) 原価を x 円とすると

$$x\times(1+0.2)-50=490$$
$$1.2x-50=490$$
$$12x-500=4900$$
$$12x=5400$$
$$x=450$$

これは問題に適している。　答 450 円

(2) 原価を x 円とすると

$$(x+400)\times(1-0.1)=x+50$$
$$0.9x+360=x+50$$
$$-0.1x=-310$$
$$x=3100$$

これは問題に適している。　答 3100 円

(3) 定価を x 円とすると

$$x\times(1-0.2)\times(1-0.1)=x-84$$
$$0.72x=x-84$$
$$72x=100x-8400$$
$$-28x=-8400$$
$$x=300$$

これは問題に適している。　答 300 円

32 (1) x 分後に，A さんと B さんが出会うとすると　$80x+170x=1500$
$$250x=1500$$
$$x=6$$
これは問題に適している。　答 午前 8 時 6 分

(2) トンネルの長さを $2x$ m とする。
A 列車がトンネルに入り始めてから中央まで進むのにかかる時間は　$\frac{x}{30}$ 秒

第3章

B列車がトンネルに入り始めてから中央まで進むのにかかる時間は　$\frac{x}{40}$ 秒

よって　$\frac{x}{30}=10+\frac{x}{40}$

$4x=1200+3x$

$x=1200$

トンネルの長さは　$2\times1200=2400$

これは問題に適している。　　答　2400 m

33 (1) 製品B1個の重さを x kg とすると

$$\frac{2.8\times4+3x}{7}=2.2$$

$11.2+3x=15.4$

$3x=4.2$

$x=1.4$

これは問題に適している。　　答　1.4 kg

(2) ペンの値段を x 円とすると

$$\frac{1890\times22+2100\times20}{42}-100=\frac{1890\times22+(2100-x)\times20}{42}$$

$1890\times22+2100\times20-4200$
$=1890\times22+2100\times20-x\times20$

$20x=4200$

$x=210$

これは問題に適している。　　答　210円

別解　42人の所持金の平均が100円下がったから，購入したペンの合計金額は

$100\times42=4200$ (円)

ペンを購入したのは女性20人であるから，ペン1本の値段は

$4200\div20=210$ (円)

34 大人の男性の参加者数を $2x$ 人とすると，子どもの男子の参加者数は $5x$ 人である。

(1) 大人の女性の人数は14人であるから，大人の総人数は

$(2x+14)$人

したがって，子どもの女子の人数は

$(2x+14)+4=2x+18$ (人)

ゆえに，子どもの総人数は

$5x+(2x+18)=7x+18$ (人)

よって　$(2x+14):(7x+18)=1:3$

$(2x+14)\times3=(7x+18)\times1$

$6x+42=7x+18$

$x=24$

大人の男性の参加者数は　$2\times24=48$

これは問題に適している。　　答　48人

(2) (1)の結果から，参加者の総人数は

$(2x+14)+(7x+18)=9x+32$
$=9\times24+32$
$=248$ (人)

■ p.39 ■

35 (1) $2x+5y=0$ を x について解くと

$$x=-\frac{5}{2}y$$

$x=-\frac{5}{2}y$ を $\frac{2y}{4x+3y}$ に代入すると

$$\frac{2y}{4\times\left(-\frac{5}{2}y\right)+3y}=\frac{2y}{-7y}=-\frac{2}{7}$$

(2) $3a+4b=5a-2b$ を a について解くと

$a=3b$

$a=3b$ を $\frac{a+3b}{2a-5b}$ に代入すると

$$\frac{3b+3b}{2\times3b-5b}=\frac{6b}{b}=6$$

36 Aの1時間あたりの給水量を a，Bの1時間あたりの給水量を b とおく。

(1) タンクTを満水にしたときの水の量について

$36(a+2b)=15(3a+4b)$

これを a について解くと

$12(a+2b)=5(3a+4b)$

$12a+24b=15a+20b$

$-3a=-4b$

$a=\frac{4}{3}b$

よって　$\frac{4}{3}$ 倍

(2) $a=\frac{4}{3}b$ を b について解くと　$b=\frac{3}{4}a$

$b=\frac{3}{4}a$ を $36(a+2b)$ に代入すると

$$36\left(a+2\times\frac{3}{4}a\right)=90a$$

$90a\div a=90$ より，求める時間は　90時間

4 連立方程式

■ p.40 ■

37 (1) $\begin{cases} y=3x & \cdots\cdots ① \\ x-3y=16 & \cdots\cdots ② \end{cases}$

①を②に代入すると　$x-3\times3x=16$

$x-9x=16$

$-8x=16$

$x=-2$

これを ① に代入して　$y=3\times(-2)=-6$

答　$x=-2,\ y=-6$

(2) $\begin{cases} y=x+9 & \cdots\cdots ① \\ 3x+2y=-7 & \cdots\cdots ② \end{cases}$

① を ② に代入すると　$3x+2(x+9)=-7$

$3x+2x+18=-7$

$5x=-25$

$x=-5$

これを ① に代入して　$y=-5+9=4$

答　$x=-5,\ y=4$

(3) $\begin{cases} 3x-2y=5 & \cdots\cdots ① \\ y=3x-16 & \cdots\cdots ② \end{cases}$

② を ① に代入すると　$3x-2(3x-16)=5$

$3x-6x+32=5$

$-3x=-27$

$x=9$

これを ② に代入して　$y=3\times9-16=11$

答　$x=9,\ y=11$

(4) $\begin{cases} 2x-5y=-1 & \cdots\cdots ① \\ x=4y-5 & \cdots\cdots ② \end{cases}$

② を ① に代入すると　$2(4y-5)-5y=-1$

$8y-10-5y=-1$

$3y=9$

$y=3$

これを ② に代入して　$x=4\times3-5=7$

答　$x=7,\ y=3$

(5) $\begin{cases} 9x+y=24 & \cdots\cdots ① \\ x=3y-16 & \cdots\cdots ② \end{cases}$

② を ① に代入すると　$9(3y-16)+y=24$

$27y-144+y=24$

$28y=168$

$y=6$

これを ② に代入して　$x=3\times6-16=2$

答　$x=2,\ y=6$

(6) $\begin{cases} x=2y+5 & \cdots\cdots ① \\ y=x-3 & \cdots\cdots ② \end{cases}$

① を ② に代入すると　$y=(2y+5)-3$

$-y=2$

$y=-2$

これを ① に代入して　$x=2\times(-2)+5=1$

答　$x=1,\ y=-2$

(7) $\begin{cases} 3x+4y=27 & \cdots\cdots ① \\ 2x-y=-4 & \cdots\cdots ② \end{cases}$

② を変形して　$y=2x+4$　$\cdots\cdots$ ③

③ を ① に代入すると　$3x+4(2x+4)=27$

$3x+8x+16=27$

$11x=11$

$x=1$

これを ③ に代入して　$y=2\times1+4=6$

答　$x=1,\ y=6$

(8) $\begin{cases} 2x-7y=3 & \cdots\cdots ① \\ x-3y=2 & \cdots\cdots ② \end{cases}$

② を変形して　$x=3y+2$　$\cdots\cdots$ ③

③ を ① に代入すると　$2(3y+2)-7y=3$

$6y+4-7y=3$

$-y=-1$

$y=1$

これを ③ に代入して　$x=3\times1+2=5$

答　$x=5,\ y=1$

(9) $\begin{cases} 4x-y=-8 & \cdots\cdots ① \\ 2x+3y=3 & \cdots\cdots ② \end{cases}$

① を変形して　$y=4x+8$　$\cdots\cdots$ ③

③ を ② に代入すると　$2x+3(4x+8)=3$

$2x+12x+24=3$

$14x=-21$

$x=-\dfrac{3}{2}$

これを ③ に代入して

$$y=4\times\left(-\frac{3}{2}\right)+8=2$$

答　$x=-\dfrac{3}{2},\ y=2$

38 (1) $\begin{cases} x+5y=3 & \cdots\cdots ① \\ x+3y=1 & \cdots\cdots ② \end{cases}$

①−② より　$2y=2$

$y=1$

これを ① に代入して　$x+5\times1=3$

$x=-2$

答　$x=-2,\ y=1$

(2) $\begin{cases} 2x-3y=9 & \cdots\cdots ① \\ 2x-5y=11 & \cdots\cdots ② \end{cases}$

①−② より　$2y=-2$

$y=-1$

これを ① に代入して　$2x-3\times(-1)=9$

$2x=6$

$x=3$

答　$x=3,\ y=-1$

(3) $\begin{cases} 5x+2y=4 & \cdots\cdots ① \\ 5x-3y=19 & \cdots\cdots ② \end{cases}$

①−② より　$5y=-15$

$y=-3$

これを ① に代入して　$5x+2\times(-3)=4$

$5x=10$

$x=2$

答　$x=2,\ y=-3$

(4) $\begin{cases} 7x+2y=23 & \cdots\cdots ① \\ 3x+2y=19 & \cdots\cdots ② \end{cases}$

①−② より　$4x=4$

$x=1$

これを ① に代入して　$7\times1+2y=23$

$2y=16$

$y=8$

答　$x=1$，$y=8$

(5) $\begin{cases} 3x-y=-3 & \cdots\cdots ① \\ 2x+y=8 & \cdots\cdots ② \end{cases}$

①+② より　$5x=5$

$x=1$

これを ① に代入して　$3\times1-y=-3$

$-y=-6$

$y=6$

答　$x=1$，$y=6$

(6) $\begin{cases} 7x+2y=38 & \cdots\cdots ① \\ 5x-2y=10 & \cdots\cdots ② \end{cases}$

①+② より　$12x=48$

$x=4$

これを ① に代入して　$7\times4+2y=38$

$2y=10$

$y=5$

答　$x=4$，$y=5$

(7) $\begin{cases} 3x-5y=21 & \cdots\cdots ① \\ 8x+5y=1 & \cdots\cdots ② \end{cases}$

①+② より　$11x=22$

$x=2$

これを ① に代入して　$3\times2-5y=21$

$-5y=15$

$y=-3$

答　$x=2$，$y=-3$

(8) $\begin{cases} 4x+5y=38 & \cdots\cdots ① \\ -4x+3y=42 & \cdots\cdots ② \end{cases}$

①+② より　$8y=80$

$y=10$

これを ① に代入して　$4x+5\times10=38$

$4x=-12$

$x=-3$

答　$x=-3$，$y=10$

(9) $\begin{cases} -5x+6y=-13 & \cdots\cdots ① \\ 5x-9y=19 & \cdots\cdots ② \end{cases}$

①+② より　$-3y=6$

$y=-2$

これを ① に代入して　$-5x+6\times(-2)=-13$

$-5x=-1$

$x=\frac{1}{5}$

答　$x=\frac{1}{5}$，$y=-2$

■ p.41 ■

39 (1) $\begin{cases} 3x+y=7 & \cdots\cdots ① \\ 7x+2y=17 & \cdots\cdots ② \end{cases}$

①× 2 より　$6x+2y=14$　$\cdots\cdots$ ③

②−③ より　$x=3$

これを ① に代入して　$3\times3+y=7$

$y=-2$

答　$x=3$，$y=-2$

(2) $\begin{cases} 5x+4y=-42 & \cdots\cdots ① \\ 3x+y=-21 & \cdots\cdots ② \end{cases}$

②× 4 より　$12x+4y=-84$　$\cdots\cdots$ ③

③−① より　$7x=-42$

$x=-6$

これを ② に代入して　$3\times(-6)+y=-21$

$y=-3$

答　$x=-6$，$y=-3$

(3) $\begin{cases} 2x-y=5 & \cdots\cdots ① \\ 3x+2y=4 & \cdots\cdots ② \end{cases}$

①× 2 より　$4x-2y=10$　$\cdots\cdots$ ③

②+③ より　$7x=14$

$x=2$

これを ① に代入して　$2\times2-y=5$

$y=-1$

答　$x=2$，$y=-1$

(4) $\begin{cases} x+4y=16 & \cdots\cdots ① \\ 3x+5y=13 & \cdots\cdots ② \end{cases}$

①× 3 より　$3x+12y=48$　$\cdots\cdots$ ③

③−② より　$7y=35$

$y=5$

これを ① に代入して　$x+4\times5=16$

$x=-4$

答　$x=-4$，$y=5$

(5) $\begin{cases} 2x-y=4 & \cdots\cdots ① \\ 7x-3y=15 & \cdots\cdots ② \end{cases}$

①× 3 より　$6x-3y=12$　$\cdots\cdots$ ③

②−③ より　$x=3$

これを ① に代入して　$2\times3-y=4$

$y=2$

答　$x=3$，$y=2$

(6) $\begin{cases} 2x-3y=-7 & \cdots\cdots ① \\ -x+4y=6 & \cdots\cdots ② \end{cases}$

②× 2 より　$-2x+8y=12$　$\cdots\cdots$ ③

①+③ より　$5y=5$

$y=1$

これを②に代入して　$-x+4\times 1=6$

$x=-2$

答　$x=-2,\ y=1$

40 (1) $\begin{cases} 2x+y=8 & \cdots\cdots ① \\ y=2x & \cdots\cdots ② \end{cases}$

②を①に代入すると　$2x+2x=8$

$4x=8$

$x=2$

これを②に代入して　$y=2\times 2=4$

答　$x=2,\ y=4$

(2) $\begin{cases} 7x-2y=29 & \cdots\cdots ① \\ y=2x-10 & \cdots\cdots ② \end{cases}$

②を①に代入すると　$7x-2(2x-10)=29$

$7x-4x+20=29$

$3x=9$

$x=3$

これを②に代入して　$y=2\times 3-10=-4$

答　$x=3,\ y=-4$

(3) $\begin{cases} 2x+3y=1 & \cdots\cdots ① \\ 6x+5y=4 & \cdots\cdots ② \end{cases}$

①×3より　$6x+9y=3$　……③

③−②より　$4y=-1$

$y=-\frac{1}{4}$

これを①に代入して　$2x+3\times\left(-\frac{1}{4}\right)=1$

$2x=\frac{7}{4}$

$x=\frac{7}{8}$

答　$x=\frac{7}{8},\ y=-\frac{1}{4}$

(4) $\begin{cases} 9x-2y=30 & \cdots\cdots ① \\ 3x+5y=-24 & \cdots\cdots ② \end{cases}$

②×3より　$9x+15y=-72$　……③

③−①より　$17y=-102$

$y=-6$

これを①に代入して　$9x-2\times(-6)=30$

$9x=18$

$x=2$

答　$x=2,\ y=-6$

(5) $\begin{cases} 7x+8y=27 & \cdots\cdots ① \\ 5x-4y=-39 & \cdots\cdots ② \end{cases}$

②×2より　$10x-8y=-78$　……③

①+③より　$17x=-51$

$x=-3$

これを①に代入して　$7\times(-3)+8y=27$

$8y=48$

$y=6$

答　$x=-3,\ y=6$

(6) $\begin{cases} 2x+3y=13 & \cdots\cdots ① \\ 3x+2y=12 & \cdots\cdots ② \end{cases}$

①×2より　$4x+6y=26$　……③

②×3より　$9x+6y=36$　……④

④−③より　$5x=10$

$x=2$

これを①に代入して　$2\times 2+3y=13$

$3y=9$

$y=3$

答　$x=2,\ y=3$

(7) $\begin{cases} 7x+2y=17 & \cdots\cdots ① \\ 4x+5y=2 & \cdots\cdots ② \end{cases}$

①×5より　$35x+10y=85$　……③

②×2より　$8x+10y=4$　……④

③−④より　$27x=81$

$x=3$

これを①に代入して　$7\times 3+2y=17$

$2y=-4$

$y=-2$

答　$x=3,\ y=-2$

(8) $\begin{cases} 3x-2y=63 & \cdots\cdots ① \\ 4x-3y=87 & \cdots\cdots ② \end{cases}$

①×3より　$9x-6y=189$　……③

②×2より　$8x-6y=174$　……④

③−④より　$x=15$

これを①に代入して　$3\times 15-2y=63$

$-2y=18$

$y=-9$

答　$x=15,\ y=-9$

(9) $\begin{cases} 15x+2y=60 & \cdots\cdots ① \\ 3x-8y=-72 & \cdots\cdots ② \end{cases}$

①×4より　$60x+8y=240$　……③

②+③より　$63x=168$

$x=\frac{8}{3}$

これを①に代入して　$15\times\frac{8}{3}+2y=60$

$2y=20$

$y=10$

答　$x=\frac{8}{3},\ y=10$

41 (1) $\begin{cases} 2x-3y=3 & \cdots\cdots ① \\ 2(x+4)=7-y & \cdots\cdots ② \end{cases}$

②を変形すると　$2x+y=-1$　……③

③−①より　$4y=-4$

$y=-1$

これを③に代入して　$2x+(-1)=-1$

$2x=0$

$x=0$

答　$x=0,\ y=-1$

(2) $\begin{cases} 2(x+4)=3(y+1) & \cdots\cdots ① \\ 5x=2y-7 & \cdots\cdots ② \end{cases}$

① を変形すると　$2x-3y=-5$　…… ③

② を変形すると　$5x-2y=-7$　…… ④

③× 2 より　$4x-6y=-10$　…… ⑤

④× 3 より　$15x-6y=-21$　…… ⑥

⑥−⑤ より　$11x=-11$

$x=-1$

これを ③ に代入して　$2\times(-1)-3y=-5$

$-3y=-3$

$y=1$

答　$x=-1$，$y=1$

(3) $\begin{cases} 3(x-y)+2y=11 & \cdots\cdots ① \\ 5x-3(2x-y)=-9 & \cdots\cdots ② \end{cases}$

① を変形すると　$3x-y=11$　…… ③

② を変形すると　$-x+3y=-9$　…… ④

③× 3 より　$9x-3y=33$　…… ⑤

④+⑤ より　$8x=24$

$x=3$

これを ③ に代入して　$3\times3-y=11$

$-y=2$

$y=-2$

答　$x=3$，$y=-2$

42 (1) $\begin{cases} \dfrac{x}{2}+\dfrac{y}{3}=1 & \cdots\cdots ① \\ 2x+y=7 & \cdots\cdots ② \end{cases}$

①× 6 より　$3x+2y=6$　…… ③

②× 2 より　$4x+2y=14$　…… ④

④−③ より　$x=8$

これを ② に代入して　$2\times8+y=7$

$y=-9$

答　$x=8$，$y=-9$

(2) $\begin{cases} \dfrac{1}{3}x-2y=2 & \cdots\cdots ① \\ x-3y=-6 & \cdots\cdots ② \end{cases}$

①× 3 より　$x-6y=6$　…… ③

②−③ より　$3y=-12$

$y=-4$

これを ② に代入して　$x-3\times(-4)=-6$

$x=-18$

答　$x=-18$，$y=-4$

(3) $\begin{cases} x+5y=1 & \cdots\cdots ① \\ \dfrac{x-2}{6}=\dfrac{2x+5y}{3} & \cdots\cdots ② \end{cases}$

②× 6 より　$x-2=2(2x+5y)$

これを変形して　$-3x-10y=2$　…… ③

①× 3 より　$3x+15y=3$　…… ④

③+④ より　$5y=5$

$y=1$

これを ① に代入して　$x+5\times1=1$

$x=-4$

答　$x=-4$，$y=1$

(4) $\begin{cases} \dfrac{4x+1}{5}-\dfrac{y-3}{10}=x-2 & \cdots\cdots ① \\ 3x-2y=-1 & \cdots\cdots ② \end{cases}$

①× 10 より　$2(4x+1)-(y-3)=10(x-2)$

これを変形して　$-2x-y=-25$　…… ③

③× 2 より　$-4x-2y=-50$　…… ④

②−④ より　$7x=49$

$x=7$

これを ② に代入して　$3\times7-2y=-1$

$-2y=-22$

$y=11$

答　$x=7$，$y=11$

(5) $\begin{cases} 3x-2y=1 & \cdots\cdots ① \\ 2.5x+0.5y=9.5 & \cdots\cdots ② \end{cases}$

②× 10 より　$25x+5y=95$

両辺を 5 でわって　$5x+y=19$　…… ③

③× 2 より　$10x+2y=38$　…… ④

①+④ より　$13x=39$

$x=3$

これを ③ に代入して　$5\times3+y=19$

$y=4$

答　$x=3$，$y=4$

(6) $\begin{cases} 0.7x+y=1 & \cdots\cdots ① \\ 0.5x-0.4y=-4 & \cdots\cdots ② \end{cases}$

①× 10 より　$7x+10y=10$　…… ③

②× 10 より　$5x-4y=-40$　…… ④

③× 2 より　$14x+20y=20$　…… ⑤

④× 5 より　$25x-20y=-200$　…… ⑥

⑤+⑥ より　$39x=-180$

$x=-\dfrac{60}{13}$

これを ③ に代入して　$7\times\left(-\dfrac{60}{13}\right)+10y=10$

$10y=\dfrac{550}{13}$

$y=\dfrac{55}{13}$

答　$x=-\dfrac{60}{13}$，$y=\dfrac{55}{13}$

43 (1) 与えられた方程式は，次のように表すことができる。

$$\begin{cases} 2x-y=5 & \cdots\cdots ① \\ 4x+3y=5 & \cdots\cdots ② \end{cases}$$

①×3 より　$6x-3y=15$　……③

②+③ より　$10x=20$

$x=2$

これを ① に代入して　$2\times2-y=5$

$y=-1$

答　$x=2,\ y=-1$

(2) 与えられた方程式は，次のように表すことができる。

$$\begin{cases} 4x+5y=14 & \cdots\cdots ① \\ 3x+2y=14 & \cdots\cdots ② \end{cases}$$

①×2 より　$8x+10y=28$　……③

②×5 より　$15x+10y=70$　……④

④−③ より　$7x=42$

$x=6$

これを ① に代入して　$4\times6+5y=14$

$5y=-10$

$y=-2$

答　$x=6,\ y=-2$

44 (1)
$$\begin{cases} x+y-3z=-1 & \cdots\cdots ① \\ x-y+2z=6 & \cdots\cdots ② \\ 2x+y-z=4 & \cdots\cdots ③ \end{cases}$$

①+② より　$2x-z=5$　……④

②+③ より　$3x+z=10$　……⑤

④，⑤ を x，z の連立方程式として解くと

$x=3,\ z=1$

これらを ① に代入して解くと　$y=-1$

答　$x=3,\ y=-1,\ z=1$

(2)
$$\begin{cases} 3x+2y+4z=7 & \cdots\cdots ① \\ 4x-2y+3z=19 & \cdots\cdots ② \\ x+4y-z=-6 & \cdots\cdots ③ \end{cases}$$

①+② より　$7x+7z=26$　……④

②×2 より　$8x-4y+6z=38$　……⑤

③+⑤ より　$9x+5z=32$　……⑥

④，⑥ を x，z の連立方程式として解くと

$x=\dfrac{47}{14},\ z=\dfrac{5}{14}$

これらを ③ に代入して解くと　$y=-\dfrac{9}{4}$

答　$x=\dfrac{47}{14},\ y=-\dfrac{9}{4},\ z=\dfrac{5}{14}$

(3)
$$\begin{cases} 5x-2y-3z=-14 & \cdots\cdots ① \\ 8x+y-2z=7 & \cdots\cdots ② \\ 19x+3y+4z=-29 & \cdots\cdots ③ \end{cases}$$

②×2 より　$16x+2y-4z=14$　……④

①+④ より　$21x-7z=0$

$3x-z=0$　……⑤

②×3 より　$24x+3y-6z=21$　……⑥

⑥−③ より　$5x-10z=50$

$x-2z=10$　……⑦

⑤，⑦ を x，z の連立方程式として解くと

$x=-2,\ z=-6$

これらを ② に代入して解くと　$y=11$

答　$x=-2,\ y=11,\ z=-6$

■ p.42 ■

45 (1) 与えられた連立方程式は，次のように表すことができる。

$$\begin{cases} 8-3x=-5x+3y & \cdots\cdots ① \\ -5x+3y=2x+5y+3 & \cdots\cdots ② \end{cases}$$

① を変形すると　$2x-3y=-8$　……③

② を変形すると　$-7x-2y=3$　……④

③×2 より　$4x-6y=-16$　……⑤

④×3 より　$-21x-6y=9$　……⑥

⑤−⑥ より　$25x=-25$

$x=-1$

これを ③ に代入して　$-2-3y=-8$

$y=2$

答　$x=-1,\ y=2$

(2) 与えられた連立方程式は，次のように表すことができる。

$$\begin{cases} 2x-y-1=\dfrac{1}{2}(4x-3y) & \cdots\cdots ① \\ \dfrac{1}{2}(4x-3y)=\dfrac{1}{3}(x+3y-10) & \cdots\cdots ② \end{cases}$$

①×2 より　$2(2x-y-1)=4x-3y$

$4x-2y-2=4x-3y$

$y=2$　……③

②×6 より　$3(4x-3y)=2(x+3y-10)$

$12x-9y=2x+6y-20$

$10x-15y=-20$

$2x-3y=-4$　……④

③ を ④ に代入すると

$2x-6=-4$

$x=1$

答　$x=1,\ y=2$

46 (1)
$$\begin{cases} 11x-13y=61 & \cdots\cdots ① \\ 17x-19y=91 & \cdots\cdots ② \end{cases}$$

②−① より　$6x-6y=30$

$x-y=5$

$x=y+5$　……③

第3章

③ を ① に代入すると　$11(y+5)-13y=61$

$11y+55-13y=61$

$y=-3$

これを ③ に代入して　$x=-3+5=2$

答　$x=2,\ y=-3$

(2) $\begin{cases}\dfrac{1}{2}x+\dfrac{1}{3}y=\dfrac{1}{5} & \cdots\cdots ① \\ \dfrac{1}{4}x-\dfrac{1}{5}y=1.2 & \cdots\cdots ②\end{cases}$

①× 30 より　$15x+10y=6$　…… ③

②× 20 より　$5x-4y=24$　…… ④

④× 3 より　$15x-12y=72$　…… ⑤

③−⑤ より　$22y=-66$

$y=-3$

これを ④ に代入して　$5x+12=24$

$x=\dfrac{12}{5}$

答　$x=\dfrac{12}{5},\ y=-3$

(3) $\begin{cases}\dfrac{x+2y}{6}-\dfrac{x-y}{3}=2 & \cdots\cdots ① \\ \dfrac{x}{20}+\dfrac{3}{5}y=\dfrac{1}{5} & \cdots\cdots ②\end{cases}$

①× 6 より　$(x+2y)-2(x-y)=12$

$-x+4y=12$　…… ③

②× 20 より　$x+12y=4$　…… ④

③+④ より　$16y=16$

$y=1$

これを ④ に代入して　$x+12=4$

$x=-8$

答　$x=-8,\ y=1$

(4) $\begin{cases}\dfrac{x-1}{2}+\dfrac{y+2}{3}=1 & \cdots\cdots ① \\ 2x-3(2-y)=4 & \cdots\cdots ②\end{cases}$

①× 6 より　$3(x-1)+2(y+2)=6$

$3x+2y=5$　…… ③

② を変形すると　$2x+3y=10$　…… ④

③× 3 より　$9x+6y=15$　…… ⑤

④× 2 より　$4x+6y=20$　…… ⑥

⑤−⑥ より　$5x=-5$

$x=-1$

これを ③ に代入して　$-3+2y=5$

$y=4$

答　$x=-1,\ y=4$

(5) $\begin{cases}\dfrac{2}{3}x-\dfrac{y-5}{15}=\dfrac{4x+1}{5} & \cdots\cdots ① \\ \dfrac{x-3}{2}+y=\dfrac{y-2}{3} & \cdots\cdots ②\end{cases}$

①× 15 より　$10x-(y-5)=3(4x+1)$

$-2x-y=-2$　…… ③

②× 6 より　$3(x-3)+6y=2(y-2)$

$3x+4y=5$　…… ④

③× 4 より　$-8x-4y=-8$　…… ⑤

④+⑤ より　$-5x=-3$

$x=\dfrac{3}{5}$

これを ③ に代入して　$-\dfrac{6}{5}-y=-2$

$y=\dfrac{4}{5}$

答　$x=\dfrac{3}{5},\ y=\dfrac{4}{5}$

(6) $\begin{cases}\dfrac{3x+y}{3}-\dfrac{x-y}{2}=2 & \cdots\cdots ① \\ 0.2x+0.7y=1.9 & \cdots\cdots ②\end{cases}$

①× 6 より　$2(3x+y)-3(x-y)=12$

$3x+5y=12$　…… ③

②× 10 より　$2x+7y=19$　…… ④

③× 2 より　$6x+10y=24$　…… ⑤

④× 3 より　$6x+21y=57$　…… ⑥

⑥−⑤ より　$11y=33$

$y=3$

これを ③ に代入して　$3x+15=12$

$x=-1$

答　$x=-1,\ y=3$

47 (1) $\begin{cases}(x-2):(y+3)=3:2 & \cdots\cdots ① \\ 3x+5y=10 & \cdots\cdots ②\end{cases}$

① より　$2(x-2)=3(y+3)$

$2x-3y=13$　…… ③

②× 2 より　$6x+10y=20$　…… ④

③× 3 より　$6x-9y=39$　…… ⑤

④−⑤ より　$19y=-19$

$y=-1$

これを ② に代入して　$3x-5=10$

$x=5$

答　$x=5,\ y=-1$

(2) $\begin{cases}x:(x+y)=2:5 & \cdots\cdots ① \\ 3x-y=6 & \cdots\cdots ②\end{cases}$

① より　$5x=2(x+y)$

$3x=2y$　…… ③

③ を ② に代入すると　$2y-y=6$

$y=6$

これを ③ に代入して　$3x=12$

$x=4$

答　$x=4,\ y=6$

(3) $\begin{cases}3:2=(x+y):(x-y) & \cdots\cdots ① \\ 4x+y=21 & \cdots\cdots ②\end{cases}$

①より　$3(x-y)=2(x+y)$
$x=5y$ …… ③
③を②に代入すると　$20y+y=21$
$y=1$
これを③に代入して　$x=5$
答　$x=5$, $y=1$

■ p.43 ■

48 (1) $\dfrac{1}{x}=X$, $\dfrac{1}{y}=Y$ とおくと，与えられた連立方程式は，次のようになる。
$$\begin{cases} X+Y=5 & \cdots\cdots ① \\ 2X-Y=1 & \cdots\cdots ② \end{cases}$$
①+②より　$3X=6$
$X=2$
これを①に代入して　$2+Y=5$
$Y=3$
$\dfrac{1}{x}=X$, $\dfrac{1}{y}=Y$ より $x=\dfrac{1}{X}$, $y=\dfrac{1}{Y}$ であるから
$$x=\frac{1}{2},\ y=\frac{1}{3}$$

(2) $\dfrac{1}{x}=X$, $\dfrac{1}{y}=Y$ とおくと，与えられた連立方程式は，次のようになる。
$$\begin{cases} X+3Y=3 & \cdots\cdots ① \\ 3X-6Y=4 & \cdots\cdots ② \end{cases}$$
①×2より　$2X+6Y=6$ …… ③
②+③より　$5X=10$
$X=2$
これを①に代入して　$2+3Y=3$
$Y=\dfrac{1}{3}$
$\dfrac{1}{x}=X$, $\dfrac{1}{y}=Y$ より $x=\dfrac{1}{X}$, $y=\dfrac{1}{Y}$ であるから
$$x=\frac{1}{2},\ y=3$$

(3) $x+\dfrac{1}{6}=X$, $y-\dfrac{1}{7}=Y$ とおくと，与えられた連立方程式は，次のようになる。
$$\begin{cases} 2X+3Y=8 & \cdots\cdots ① \\ 3X-2Y=-1 & \cdots\cdots ② \end{cases}$$
①×2より　$4X+6Y=16$ …… ③
②×3より　$9X-6Y=-3$ …… ④
③+④より　$13X=13$
$X=1$
これを①に代入して　$2+3Y=8$
$Y=2$
$x+\dfrac{1}{6}=X$, $y-\dfrac{1}{7}=Y$ より
$$x=X-\frac{1}{6},\ y=Y+\frac{1}{7}$$
であるから　$x=\dfrac{5}{6}$, $y=\dfrac{15}{7}$

49 (1)
$$\begin{cases} x+y=1 & \cdots\cdots ① \\ y+z=2 & \cdots\cdots ② \\ z+x=-5 & \cdots\cdots ③ \end{cases}$$
①+②+③より　$2x+2y+2z=1+2-5$
すなわち　$2(x+y+z)=-2$
両辺を2でわると　$x+y+z=-1$ …… ④
④−②より　$x=-3$
④−③より　$y=4$
④−①より　$z=-2$
答　$x=-3$, $y=4$, $z=-2$

(2)
$$\begin{cases} x+y-z=7 & \cdots\cdots ① \\ x-y+z=1 & \cdots\cdots ② \\ -x+y+z=-5 & \cdots\cdots ③ \end{cases}$$
①+②より　$2x=8$　　よって　$x=4$
①+③より　$2y=2$　　よって　$y=1$
②+③より　$2z=-4$　　よって　$z=-2$
答　$x=4$, $y=1$, $z=-2$

(3)
$$\begin{cases} x+y+2z=13 & \cdots\cdots ① \\ x+2y+z=12 & \cdots\cdots ② \\ 2x+y+z=11 & \cdots\cdots ③ \end{cases}$$
①+②+③より　$4x+4y+4z=13+12+11$
すなわち　$4(x+y+z)=36$
両辺を4でわると　$x+y+z=9$ …… ④
③−④より　$x=2$
②−④より　$y=3$
①−④より　$z=4$
答　$x=2$, $y=3$, $z=4$

第3章

5 連立方程式の利用

■ p.44 ■

50 (1) 合計枚数について　$x+y=45$

合計金額について　$10x+5y=325$

よって，連立方程式は　$\begin{cases} x+y=45 \\ 10x+5y=325 \end{cases}$

(2) $\begin{cases} x+y=45 & \cdots\cdots ① \\ 10x+5y=325 & \cdots\cdots ② \end{cases}$

② より　$2x+y=65$　…… ③

③−① より　$x=20$

これを ① に代入して解くと　$y=25$

これらは問題に適している。

答　10 円玉 20 枚，5 円玉 25 枚

51 (1) 大人の人数を x 人，子どもの人数を y 人とすると

$$\begin{cases} x+y=9 & \cdots\cdots ① \\ 1100x+800y=8400 & \cdots\cdots ② \end{cases}$$

② より　$11x+8y=84$　…… ③

③−①×8 より　$3x=12$

$x=4$

これを ① に代入して解くと　$y=5$

これらは問題に適している。

答　大人 4 人，子ども 5 人

(2) ハンバーグを x 人分，シチューを y 人分作ったとすると

$$\begin{cases} 20x+30y=210 & \cdots\cdots ① \\ 80x+50y=490 & \cdots\cdots ② \end{cases}$$

① より　$2x+3y=21$　…… ③

② より　$8x+5y=49$　…… ④

③×4−④ より　$7y=35$

$y=5$

これを ③ に代入して解くと　$x=3$

これらは問題に適している。

答　ハンバーグ 3 人分，シチュー 5 人分

■ p.45 ■

52 (1) もとの自然数の十の位の数を x，一の位の数を y とする。

このとき，もとの数は $10x+y$，十の位の数と一の位の数を入れかえた数は $10y+x$ と表される。

$$\begin{cases} y=2x & \cdots\cdots ① \\ 10y+x=(10x+y)+27 & \cdots\cdots ② \end{cases}$$

② より　$-x+y=3$　…… ③

① を ③ に代入すると　$-x+2x=3$

$x=3$

これを ① に代入して　$y=6$

よって，もとの自然数は　36

これは問題に適している。　答　36

(2) もとの自然数の百の位の数を x，十の位の数を y とする。このとき，

もとの数は　$100x+10y+y=100x+11y$

百の位の数と一の位の数を入れかえた数は

$100y+10y+x=110y+x$

と表される。

$$\begin{cases} x+y+y=17 & \cdots\cdots ① \\ 110y+x=(100x+11y)-198 & \cdots\cdots ② \end{cases}$$

① より　$x+2y=17$　…… ③

② より　$-x+y=-2$　…… ④

③+④ より　$3y=15$

$y=5$

これを ③ に代入して解くと　$x=7$

よって，もとの自然数は　755

これは問題に適している。　答　755

53 (1) A，C 間の道のりを x km，C，B 間の道のりを y km とすると

$$\begin{cases} x+y=16 & \cdots\cdots ① \\ \dfrac{x}{3}+\dfrac{y}{4}=4+\dfrac{30}{60} & \cdots\cdots ② \end{cases}$$

② より　$4x+3y=54$　…… ③

③−①×3 より　$x=6$

これを ① に代入して解くと　$y=10$

これらは問題に適している。

答　A，C 間 6 km，C，B 間 10 km

(2) A 地点から峠までの道のりを x km，峠から B 地点までの道のりを y km とすると

$$\begin{cases} x+y=12 & \cdots\cdots ① \\ \dfrac{x}{3}+1+\dfrac{y}{5}=4 & \cdots\cdots ② \end{cases}$$

② より　$5x+3y=45$　…… ③

③−①×3 より　$2x=9$

$x=\dfrac{9}{2}$

これを ① に代入して解くと　$y=\dfrac{15}{2}$

これらは問題に適している。

答　A 地点から峠までは　$\dfrac{9}{2}$ km

峠から B 地点までは　$\dfrac{15}{2}$ km

(3) 列車の長さを x m，列車の速さを秒速 y m とすると

$$\begin{cases} 1440-x=45y & \cdots\cdots ① \\ 240+x=15y & \cdots\cdots ② \end{cases}$$

①+② より　$1680=60y$

$y=28$

これを ② に代入して解くと　$x=180$

これらは問題に適している。

答　列車の長さは 180 m
列車の速さは 秒速 28 m

(4) 鉄橋の長さを x m，列車が鉄橋を渡るときの速さを秒速 y m とすると

$$\begin{cases} x+90=27y & \cdots\cdots ① \\ 2x+90=33\times 1.5y & \cdots\cdots ② \end{cases}$$

② より　$4x+180=99y$　……③

①×4−③ より　$180=9y$

$y=20$

これを ① に代入して解くと　$x=450$

これらは問題に適している。

答　鉄橋の長さは 450 m

54 (1) 8 % の食塩水を x g，15 % の食塩水を y g 混ぜるとすると

$$\begin{cases} x+y=700 & \cdots\cdots ① \\ x\times\frac{8}{100}+y\times\frac{15}{100}=700\times\frac{10}{100} & \cdots\cdots ② \end{cases}$$

② より　$8x+15y=7000$　……③

③−①×8 より　$7y=1400$

$y=200$

これを ① に代入して解くと　$x=500$

これらは問題に適している。

答　8 % の食塩水 500 g
15 % の食塩水 200 g

(2) 9 % の食塩水を x g，4 % の食塩水を y g 混ぜるとすると

$$\begin{cases} x+y=400 & \cdots\cdots ① \\ x\times\frac{9}{100}+y\times\frac{4}{100}=400\times\frac{7}{100} & \cdots\cdots ② \end{cases}$$

② より　$9x+4y=2800$　……③

③−①×4 より　$5x=1200$

$x=240$

これを ① に代入して解くと　$y=160$

これらは問題に適している。

答　9 % の食塩水 240 g
4 % の食塩水 160 g

(3) 初めに容器 A には x g，容器 B には y g の食塩水が入っているとすると

$$\begin{cases} \frac{x}{4}+y=600 & \cdots\cdots ① \\ \frac{x}{4}\times\frac{8}{100}+y\times\frac{3}{100}=600\times\frac{5}{100} & \cdots\cdots ② \end{cases}$$

① より　$x+4y=2400$　……③

② より　$2x+3y=3000$　……④

③×2−④ より　$5y=1800$

$y=360$

これを ③ に代入して解くと　$x=960$

これらは問題に適している。

答　容器 A 960 g，容器 B 360 g

■ p.46 ■

55 (1) お菓子 A の値段を x 円，お菓子 B の値段を y 円とすると

$$\begin{cases} 7x+5y=1860 & \cdots\cdots ① \\ 5x+7y=1860-120 & \cdots\cdots ② \end{cases}$$

② より　$5x+7y=1740$　……③

③×7−①×5 より　$24y=2880$

$y=120$

これを ① に代入して解くと　$x=180$

これらは問題に適している。

答　お菓子 A 180 円
お菓子 B 120 円

(2) 最初，ケーキを x 個，シュークリームを y 個買おうとしていたとすると

$$\begin{cases} x+y=20 & \cdots\cdots ① \\ 120y+100x=(120x+100y)+200 & \cdots\cdots ② \end{cases}$$

② より　$-x+y=10$　……③

①+③ より　$2y=30$

$y=15$

これを ① に代入して解くと　$x=5$

これらは問題に適している。

答　ケーキ 5 個
シュークリーム 15 個

56 (1) 5 人のグループが x 個，6 人のグループが y 個できるとすると

$$\begin{cases} x+y=21 & \cdots\cdots ① \\ 5x+6y=118 & \cdots\cdots ② \end{cases}$$

②−①×5 より　$y=13$

これを ① に代入して解くと　$x=8$

これらは問題に適している。

答　5 人のグループ 8 個
6 人のグループ 13 個

(2) 兄は x 円，弟は y 円初めに持っていたとすると

$$\begin{cases} \dfrac{3}{4}x+\dfrac{1}{2}y=5000\times(1-0.1) & \cdots\cdots ① \\ \dfrac{1}{4}x=\dfrac{1}{2}y\times3-500 & \cdots\cdots ② \end{cases}$$

① より　$3x+2y=18000$　…… ③

② より　$x=6y-2000$　…… ④

④ を ③ に代入すると

$$3(6y-2000)+2y=18000$$
$$y=1200$$

これを ④ に代入すると　$x=5200$

これらは問題に適している。

答　兄は 5200 円，弟は 1200 円

(3) 弁当の定価を x 円，飲み物の定価を y 円とすると

$$\begin{cases} x+y=750 & \cdots\cdots ① \\ x\times(1-0.1)+y\times(1-0.2)=660 & \cdots\cdots ② \end{cases}$$

② より　$9x+8y=6600$　…… ③

③−①×8 より　$x=600$

これを ① に代入して解くと　$y=150$

これらは問題に適している。

答　弁当 600 円，飲み物 150 円

57　A 1 個の重さを x g，B 1 個の重さを y g，C 1 個の重さを z g とすると

$$\begin{cases} x+y+z=470 & \cdots\cdots ① \\ 3x+y+2z=1100 & \cdots\cdots ② \\ x+2y+3z=850 & \cdots\cdots ③ \end{cases}$$

②−① より　$2x+z=630$　…… ④

①×2−③ より　$x-z=90$　…… ⑤

④，⑤ を x，z の連立方程式として解くと

$$x=240,\ z=150$$

これらを ① に代入して解くと　$y=80$

これらは問題に適している。

答　A 1 個 240 g，B 1 個 80 g，C 1 個 150 g

58　(1) 連立方程式に $x=-5$，$y=4$ を代入すると

$$\begin{cases} -5a+20=-10 & \cdots\cdots ① \\ 10+4b=38 & \cdots\cdots ② \end{cases}$$

① を解くと　$a=6$

② を解くと　$b=7$

よって　$a=6$，$b=7$

(2) 連立方程式に $x=-1$，$y=-2$ を代入すると

$$\begin{cases} -a+2b=4 & \cdots\cdots ① \\ -b+4a=5 & \cdots\cdots ② \end{cases}$$

①+②×2 より　$7a=14$

$$a=2$$

これを ① に代入して解くと　$b=3$

よって　$a=2$，$b=3$

(3) 連立方程式に $x=1$，$y=b$ を代入すると

$$\begin{cases} 1+b=7 & \cdots\cdots ① \\ a-b=-5 & \cdots\cdots ② \end{cases}$$

① を解くと　$b=6$

これを ② に代入して解くと　$a=1$

よって　$a=1$，$b=6$

■ p.47 ■

59　(1) A の仕入れ値の 30 % は

$$500\times0.3=150\ (円)$$

B の仕入れ値の 30 % は

$$800\times0.3=240\ (円)$$

B について，定価で売れた枚数は

$$y\times(1-0.6)=0.4y\ (枚)$$

よって，A，B を売って得た利益は

$$150x+240\times0.4y+(240-100)\times0.6y$$
$$=150x+180y\ (円)$$

これが 97800 円であるから

$$150x+180y=97800$$

(2) $\begin{cases} x+y=600 & \cdots\cdots ① \\ 150x+180y=97800 & \cdots\cdots ② \end{cases}$

② より　$5x+6y=3260$　…… ③

③−①×5 より　$y=260$

これを ① に代入して解くと　$x=340$

これらは問題に適している。

答　A 340 枚，B 260 枚

60　(1) 昨年度の男子の部員数を x 人，昨年度の女子の部員数を y 人とすると

$$\begin{cases} x+y=35 & \cdots\cdots ① \\ 0.2x-0.2y=-1 & \cdots\cdots ② \end{cases}$$

② より　$x-y=-5$　…… ③

①+③ より　$2x=30$

$$x=15$$

これを ① に代入して解くと　$y=20$

これらは問題に適している。

答　昨年の男子 15 人，昨年の女子 20 人

(2) 昨年度の男子の生徒数を x 人，昨年度の女子の生徒数を y 人とすると

$$\begin{cases} x+y=920+15 & \cdots\cdots ① \\ -0.08x+0.05y=-15 & \cdots\cdots ② \end{cases}$$

① より　$x+y=935$　…… ③

② より　$-8x+5y=-1500$　…… ④

③× 8+④ より　$13y=5980$

$y=460$

これを ③ に代入して解くと　$x=475$

これらは問題に適している。

よって,

今年度の男子の生徒数は　$475\times(1-0.08)=437$

今年度の女子の生徒数は　$460\times(1+0.05)=483$

答　男子 437 人，女子 483 人

(3)　10 月の男子の利用者数を x 人，10 月の女子の利用者数を y 人とすると

$$\begin{cases} x+y=950 & \cdots\cdots ① \\ 1.2y-0.9x=195 & \cdots\cdots ② \end{cases}$$

② より　$-3x+4y=650$　…… ③

①×3+③ より　$7y=3500$

$y=500$

これを ① に代入して解くと　$x=450$

これらは問題に適している。

よって,

11 月の男子の利用者数は　$450\times0.9=405$

11 月の女子の利用者数は　$500\times1.2=600$

答　男子 405 人，女子 600 人

61　(1)　男子の人数を x 人，女子の人数を y 人とすると

$$\begin{cases} x+y=80 & \cdots\cdots ① \\ \dfrac{52x+62y}{80}=58 & \cdots\cdots ② \end{cases}$$

② より　$26x+31y=2320$　…… ③

③−①× 26 より　$5y=240$

$y=48$

これを ① に代入して解くと　$x=32$

これらは問題に適している。

答　男子 32 人，女子 48 人

(2)　問題 A の正解者数を x 人，問題 B の正解者数を y 人，問題 C の正解者数を z 人とすると

$$\begin{cases} \dfrac{20x+20y+10z}{40}=35.5 \\ \dfrac{10x+30y+10z}{40}=38.5 \\ \dfrac{10x+20y+20z}{40}=32.5 \end{cases}$$

整理すると

$$\begin{cases} 2x+2y+z=142 & \cdots\cdots ① \\ x+3y+z=154 & \cdots\cdots ② \\ x+2y+2z=130 & \cdots\cdots ③ \end{cases}$$

①−② より　$x-y=-12$　…… ④

①× 2−③ より　$3x+2y=154$　…… ⑤

④, ⑤ を x, y の連立方程式として解くと

$x=26$, $y=38$

これらを ① に代入して解くと　$z=14$

これらは問題に適している。

答　問題 A : 26 人,
問題 B : 38 人,
問題 C : 14 人

■ p.48 ■

62　(1)　R, Q 間の距離は

$x-(y+3)$

$=x-y-3$ (km)

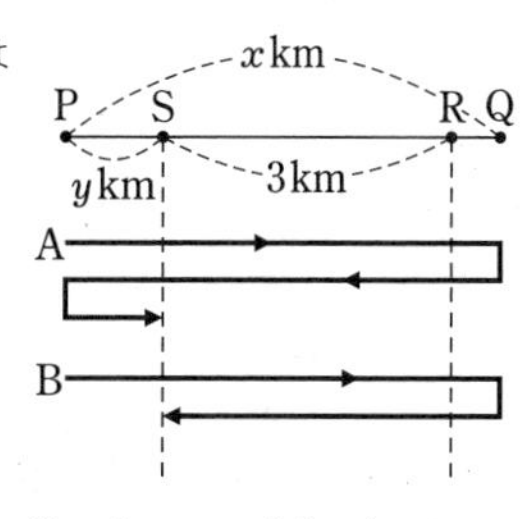

よって，A さんと B さんが 1 回目に出会うまでに A さんが歩く距離は

$x+(x-y-3)=2x-y-3$ (km)

一方，A さんと B さんが 1 回目に出会うまでに B さんが歩く距離は　$(y+3)$ km

したがって　$\dfrac{2x-y-3}{5}=\dfrac{y+3}{4}$

A さんと B さんが 2 回目に出会うまでに A さんが歩く距離は　$(2x+y)$ km

A さんと B さんが 2 回目に出会うまでに B さんが歩く距離は　$(2x-y)$ km

よって　$\dfrac{2x+y}{5}=\dfrac{2x-y}{4}$

したがって，求める連立方程式は

$$\begin{cases} \dfrac{2x-y-3}{5}=\dfrac{y+3}{4} & \cdots\cdots ① \\ \dfrac{2x+y}{5}=\dfrac{2x-y}{4} & \cdots\cdots ② \end{cases}$$

(2)　①× 20 より　$4(2x-y-3)=5(y+3)$

$8x-9y=27$　…… ③

②× 20 より　$4(2x+y)=5(2x-y)$

$-2x+9y=0$　…… ④

③+④ より　$6x=27$

$x=\dfrac{9}{2}$

これを④に代入して解くと　$y=1$

これらは問題に適している。

答　P, Q 間 $\dfrac{9}{2}$ km, P, S 間 1 km

63　(1)　2 つの連立方程式

$$\begin{cases} x+y=-1 & \cdots\cdots ① \\ ax+y=5 & \cdots\cdots ② \end{cases}$$

$$\begin{cases} 2x+by=7 & \cdots\cdots ③ \\ 3x-2y=12 & \cdots\cdots ④ \end{cases}$$

が同じ解をもつとき，その解は ① と ④ を連立方程式として解いた解である。

第3章

①×2+④ より　$5x=10$

$$x=2$$

これを ① に代入して解くと　$y=-3$

よって，②，③ の解も $x=2$，$y=-3$ であるから　$2a-3=5$ …… ⑤

$4-3b=7$ …… ⑥

⑤ より　$a=4$　　⑥ より　$b=-1$

答　$a=4$，$b=-1$

(2) 2つの連立方程式

$$\begin{cases} ax-3by=7 & \cdots\cdots ① \\ -2x+7y=-15 & \cdots\cdots ② \end{cases}$$

$$\begin{cases} 2x-y=9 & \cdots\cdots ③ \\ 3ax-2by=-14 & \cdots\cdots ④ \end{cases}$$

が同じ解をもつとき，その解は ② と ③ を連立方程式として解いた解である。

②+③ より　$6y=-6$

$$y=-1$$

これを ③ に代入して解くと　$x=4$

よって，①，④ の解も $x=4$，$y=-1$ であるから　$4a+3b=7$ …… ⑤

$12a+2b=-14$ …… ⑥

⑤×3−⑥ より　$7b=35$

$$b=5$$

これを ⑤ に代入して解くと　$a=-2$

答　$a=-2$，$b=5$

章 末 問 題

■ p.49 ■

1 次の式が成り立つ。

$$\begin{cases} x=6y+5 & \cdots\cdots ① \\ y=8z+3 & \cdots\cdots ② \end{cases}$$

② を ① に代入して

$$x=6(8z+3)+5=48z+23$$
$$=12(4z+1)+11$$

問題文より，z は自然数であるから，$4z+1$ も自然数である。

よって，x を 12 でわったときの余りは　11

2 (1) $\begin{cases} 7x-3y=23 & \cdots\cdots ① \\ (x-1):(y-1)=4:3 & \cdots\cdots ② \end{cases}$

② より　$3(x-1)=4(y-1)$

$3x-4y=-1$ …… ③

①×4−③×3 より　$19x=95$

$$x=5$$

これを ① に代入して解くと　$y=4$

答　$x=5$，$y=4$

(2) $\begin{cases} \dfrac{x-y-2}{4}+\dfrac{x+2y+3}{5}=1 & \cdots\cdots ① \\ \dfrac{-4x+y-2}{3}+\dfrac{4x-3y+4}{2}=1 & \cdots\cdots ② \end{cases}$

①×20 より　$5(x-y-2)+4(x+2y+3)=20$

$3x+y=6$ …… ③

②×6 より　$2(-4x+y-2)+3(4x-3y+4)=6$

$4x-7y=-2$ …… ④

③×7+④ より　$25x=40$

$$x=\frac{8}{5}$$

これを ③ に代入して解くと　$y=\dfrac{6}{5}$

答　$x=\dfrac{8}{5}$，$y=\dfrac{6}{5}$

3 $x=\dfrac{9}{8}$，$y=\dfrac{7}{12}$ を $\begin{cases} 6x-ay=5 \\ bx+3y=4 \end{cases}$ に代入すると

$$\begin{cases} \dfrac{27}{4}-\dfrac{7}{12}a=5 & \cdots\cdots ① \\ \dfrac{9}{8}b+\dfrac{7}{4}=4 & \cdots\cdots ② \end{cases}$$

① より　$a=3$，　② より　$b=2$

$a=3$，$b=2$ を $\begin{cases} 6x+ay=5 \\ 3x+by=4 \end{cases}$ に代入すると

$$\begin{cases} 6x+3y=5 & \cdots\cdots ③ \\ 3x+2y=4 & \cdots\cdots ④ \end{cases}$$

④×2−③ より　$y=3$

これを ③ に代入して解くと　$x=-\frac{2}{3}$

したがって，正しい解は

$$x=-\frac{2}{3},\ y=3$$

4　長方形の横の長さが a cm のとき，面積が変わらないとすると

$$xy=(1-0.2)x\times a$$

$$xy=\frac{4}{5}xa$$

x は 0 ではないから，両辺を x でわって

$$y=\frac{4}{5}a$$

よって　　$a=\frac{5}{4}y$

$\frac{5}{4}y=(1+0.25)y$ より，横の長さを 25 % 長くすればよい。

5　長針は 60 分間で 360° 動くから，1 分間に

$$360°\div 60=6°$$

動く。

短針は 60 分間で 30° 動くから，1 分間に

$$30°\div 60=\left(\frac{1}{2}\right)^{\circ}$$

動く。

3 時 x 分に重なるとすると

$$6x=\frac{1}{2}x+90$$

$$12x=x+180$$

$$11x=180$$

$$x=\frac{180}{11}$$

答　(ア)　6　(イ)　$\frac{1}{2}$　(ウ)　90　(エ)　$\frac{180}{11}$

6　(1)　姉が家を出発してから弟に追いつくまでの時間を x 分とすると

$$80(x+10)=180x$$

$$80x+800=180x$$

$$-100x=-800$$

$$x=8$$

2 人が進んだ道のりは

$$80\times(8+10)=1440\ (\mathrm{m})$$

駅までの道のりは 1400 m であるから，問題に適していない。

(2)　① と ④ は値を小さくしても，解は問題に適さない。

② について

$$10\times\frac{1}{2}=5$$

よって　$80(x+5)=180x$

これを解くと　$x=4$

2 人が進んだ道のりは　$80(4+5)=720$ (m)

これは問題に適している。

③ について

$$80\times\frac{1}{2}=40$$

よって　$40(x+10)=180x$

これを解くと　$x=\frac{20}{7}$

2 人が進んだ道のりは

$$40\left(\frac{20}{7}+10\right)=\frac{3600}{7}\ (\mathrm{m})$$

これは問題に適している。

よって　　②，③

第4章　不　等　式

1 不等式の性質　2 不等式の解き方

■ p.50 ■

1 (1) $3x-4>5$　(2) $7(x-5)<x$

(3) $\dfrac{x}{2}+3\leqq -6$　(4) $5x+2y\geqq 10z$

2 (1) $5x+200\leqq 1000$　(2) $\dfrac{x}{4}>3$

(3) $x+0.15x<1000$ (または $1.15x<1000$)

(4) $200-30x<40$

■ p.51 ■

3 (1) $\dfrac{5x+3y}{8}<150$

(2) $100x+150(12-x)\leqq 1500$

4 (1) 両辺に同じ数をたしても，不等号の向きは変わらないから　$-4+2$ $\boxed{<}$ $5+2$

(2) 両辺から同じ数をひいても，不等号の向きは変わらないから　$-4-3$ $\boxed{<}$ $5-3$

(3) 両辺に正の数をかけても，不等号の向きは変わらないから　-4×7 $\boxed{<}$ 5×7

(4) 両辺に負の数をかけると，不等号の向きが変わるから　$-4\times(-6)$ $\boxed{>}$ $5\times(-6)$

(5) 両辺を正の数でわっても，不等号の向きは変わらないから　$\dfrac{-4}{8}$ $\boxed{<}$ $\dfrac{5}{8}$

(6) 両辺に同じ数をたしても，不等号の向きは変わらないから　$-4+6<5+6$
この式の両辺を負の数でわると，不等号の向きが変わる。
よって　$-\dfrac{-4+6}{4}$ $\boxed{>}$ $-\dfrac{5+6}{4}$

5 (1) 両辺に同じ数をたしても，不等号の向きは変わらないから　$a+3$ $\boxed{\geqq}$ $b+3$

(2) 両辺から同じ数をひいても，不等号の向きは変わらないから　$a-5$ $\boxed{\geqq}$ $b-5$

(3) 両辺に正の数をかけても，不等号の向きは変わらないから　$2a\geqq 2b$
この式の両辺から同じ数をひいても，不等号の向きは変わらない。
よって　$2a-1$ $\boxed{\geqq}$ $2b-1$

(4) 両辺に負の数をかけると，不等号の向きが変わるから　$-2a\leqq -2b$
この式の両辺に同じ数をたしても，不等号の向きは変わらない。
よって　$4-2a$ $\boxed{\leqq}$ $4-2b$

(5) 両辺に正の数をかけても，不等号の向きは変わらないから　$2a\geqq 2b$
この式の両辺から同じ数をひいても，不等号の向きは変わらないから　$2a-3\geqq 2b-3$
この式の両辺を正の数でわっても，不等号の向きは変わらない。
よって　$\dfrac{2a-3}{5}$ $\boxed{\geqq}$ $\dfrac{2b-3}{5}$

(6) 両辺に負の数をかけると，不等号の向きが変わるから　$-a\leqq -b$
この式の両辺に同じ数をたしても，不等号の向きは変わらないから　$3-a\leqq 3-b$
この式の両辺を負の数でわると，不等号の向きが変わる。
よって　$-\dfrac{3-a}{8}$ $\boxed{\geqq}$ $-\dfrac{3-b}{8}$

6 ① $x=4$ のとき　$6x-5=19>8$
よって，$x=4$ は解である。

② $x=-1$ のとき　$6x-5=-11<8$
よって，$x=-1$ は解ではない。

③ $x=3$ のとき　$6x-5=13>8$
よって，$x=3$ は解である。

④ $x=0$ のとき　$6x-5=-5<8$
よって，$x=0$ は解ではない。

7 (1)

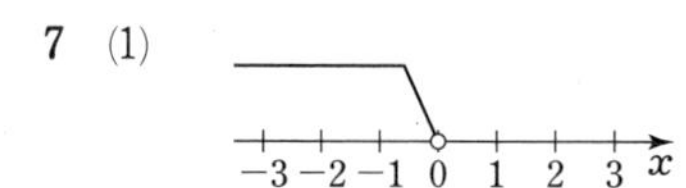

(2)

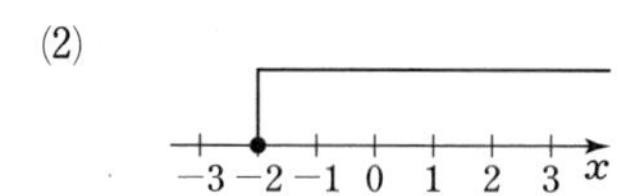

(3)

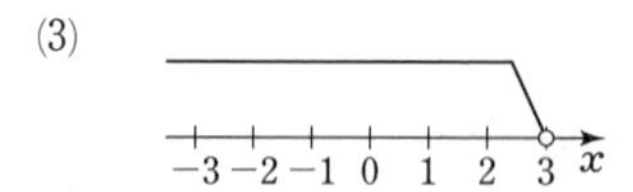

8 (1) $3x<12$
両辺を3でわると　$x<4$

(2) $5x>15$
両辺を5でわると　$x>3$

(3) $4x\leqq -24$
両辺を4でわると　$x\leqq -6$

(4) $-7x>56$
両辺を -7 でわると　$x<-8$

(5) $-3x \geqq -21$

両辺を -3 でわると　$x \leqq 7$

(6) $-5x < 35$

両辺を -5 でわると　$x > -7$

(7) $\dfrac{x}{3} \leqq 5$

両辺に 3 をかけると　$x \leqq 15$

(8) $-\dfrac{3}{4}x \geqq 2$

両辺に $-\dfrac{4}{3}$ をかけると

$$x \leqq 2 \times \left(-\frac{4}{3}\right)$$

すなわち　$x \leqq -\dfrac{8}{3}$

(9) $-\dfrac{3}{5}x > -\dfrac{6}{7}$

両辺に $-\dfrac{5}{3}$ をかけると

$$x < -\frac{6}{7} \times \left(-\frac{5}{3}\right)$$

すなわち　$x < \dfrac{10}{7}$

■ p.52 ■

9 (1) $4x+3>15$

$4x>15-3$

$4x>12$

$x>3$

(2) $-3x+2 \leqq 20$

$-3x \leqq 20-2$

$-3x \leqq 18$

$x \geqq -6$

(3) $5x+7<-18$

$5x<-18-7$

$5x<-25$

$x<-5$

(4) $-8+3x \leqq -2$

$3x \leqq -2+8$

$3x \leqq 6$

$x \leqq 2$

(5) $-6x-3 \geqq -21$

$-6x \geqq -21+3$

$-6x \geqq -18$

$x \leqq 3$

(6) $9-3x>9$

$-3x>9-9$

$-3x>0$

$x<0$

10 (1) $3x>4x+7$

$3x-4x>7$

$-x>7$

$x<-7$

(2) $4x \leqq 7x-6$

$4x-7x \leqq -6$

$-3x \leqq -6$

$x \geqq 2$

(3) $-3x \geqq 8-x$

$-3x+x \geqq 8$

$-2x \geqq 8$

$x \leqq -4$

(4) $6x-8<2x$

$6x-2x<8$

$4x<8$

$x<2$

(5) $-3x+7>4x$

$-3x-4x>-7$

$-7x>-7$

$x<1$

(6) $10-9x \leqq 5x$

$-9x-5x \leqq -10$

$-14x \leqq -10$

$x \geqq \dfrac{5}{7}$

11 (1) $5x-9>2x+3$

$5x-2x>3+9$

$3x>12$

$x>4$

(2) $2x+4 \leqq 6x-8$

$2x-6x \leqq -8-4$

$-4x \leqq -12$

$x \geqq 3$

(3) $9x+6<7x-2$

$9x-7x<-2-6$

$2x<-8$

$x<-4$

(4) $2x-5 \geqq 4x+3$

$2x-4x \geqq 3+5$

$-2x \geqq 8$

$x \leqq -4$

(5) $1-2x \geqq x+7$

$-2x-x \geqq 7-1$

$-3x \geqq 6$

$x \leqq -2$

(6) $-3x+5>4x+19$

$-3x-4x>19-5$

$-7x>14$

$x<-2$

(7) $5x-2<3x-8$

$5x-3x<-8+2$

$2x<-6$

$x<-3$

(8) $4x+3\geqq 7x-6$

$4x-7x\geqq -6-3$

$-3x\geqq -9$

$x\leqq 3$

(9) $-2x-4<-x-7$

$-2x+x<-7+4$

$-x<-3$

$x>3$

(10) $-4+2x\geqq 5x-13$

$2x-5x\geqq -13+4$

$-3x\geqq -9$

$x\leqq 3$

(11) $5-7x>9-2x$

$-7x+2x>9-5$

$-5x>4$

$x<-\frac{4}{5}$

(12) $2-4x\leqq 11x-3$

$-4x-11x\leqq -3-2$

$-15x\leqq -5$

$x\geqq \frac{1}{3}$

12 (1) $3(2x-1)<4x-7$

$6x-3<4x-7$

$2x<-4$

$x<-2$

(2) $2(x+3)>7x-4$

$2x+6>7x-4$

$-5x>-10$

$x<2$

(3) $3x-5\geqq 2(20-x)$

$3x-5\geqq 40-2x$

$5x\geqq 45$

$x\geqq 9$

(4) $x-4(3x-2)\leqq 19$

$x-12x+8\leqq 19$

$-11x\leqq 11$

$x\geqq -1$

(5) $2x-1<5-4(1-x)$

$2x-1<5-4+4x$

$-2x<2$

$x>-1$

(6) $3(2x-4)>5(x-1)$

$6x-12>5x-5$

$x>7$

(7) $-2(3-5x)<3(x-2)$

$-6+10x<3x-6$

$7x<0$

$x<0$

(8) $3(x-5)-2(5x+3)\geqq 0$

$3x-15-10x-6\geqq 0$

$-7x\geqq 21$

$x\leqq -3$

13 (1) $\frac{4}{3}x+1\geqq \frac{1}{2}x-\frac{2}{3}$

両辺に 6 をかけると

$8x+6\geqq 3x-4$

$5x\geqq -10$

$x\geqq -2$

(2) $\frac{3}{4}x-\frac{1}{2}<\frac{1}{3}x+2$

両辺に 12 をかけると

$9x-6<4x+24$

$5x<30$

$x<6$

(3) $\frac{1}{4}(3-x)>\frac{1}{3}x+\frac{1}{2}$

両辺に 12 をかけると

$3(3-x)>4x+6$

$9-3x>4x+6$

$-7x>-3$

$x<\frac{3}{7}$

(4) $\frac{2}{3}(x+1)\leqq \frac{3}{4}x+\frac{1}{2}$

両辺に 12 をかけると

$8(x+1)\leqq 9x+6$

$8x+8\leqq 9x+6$

$-x\leqq -2$

$x\geqq 2$

(5) $\frac{x}{3}>\frac{x-5}{2}$

両辺に 6 をかけると

$2x>3(x-5)$

$2x>3x-15$

$-x>-15$

$x<15$

(6) $\frac{3x+2}{5} \geqq \frac{2x+1}{2}$

両辺に 10 をかけると

$2(3x+2) \geqq 5(2x+1)$

$6x+4 \geqq 10x+5$

$-4x \geqq 1$

$x \leqq -\frac{1}{4}$

(7) $\frac{2(x-1)}{3} - \frac{3}{2}x > 6$

両辺に 6 をかけると

$4(x-1)-9x > 36$

$4x-4-9x > 36$

$-5x > 40$

$x < -8$

(8) $\frac{4x+3}{6} - \frac{5x-7}{4} \geqq 1$

両辺に 12 をかけると

$2(4x+3)-3(5x-7) \geqq 12$

$8x+6-15x+21 \geqq 12$

$-7x \geqq -15$

$x \leqq \frac{15}{7}$

14 (1) $0.2x-1.5 < 0.5x+0.6$

両辺に 10 をかけると

$2x-15 < 5x+6$

$-3x < 21$

$x > -7$

(2) $-0.3x-1.5 \leqq 0.2x-2$

両辺に 10 をかけると

$-3x-15 \leqq 2x-20$

$-5x \leqq -5$

$x \geqq 1$

(3) $0.6x+3 \geqq x-0.5$

両辺に 10 をかけると

$6x+30 \geqq 10x-5$

$-4x \geqq -35$

$x \leqq \frac{35}{4}$

(4) $0.3x+1.6 > 0.8x-0.4$

両辺に 10 をかけると

$3x+16 > 8x-4$

$-5x > -20$

$x < 4$

(5) $0.2x-1 \geqq -0.6x-1.4$

両辺に 10 をかけると

$2x-10 \geqq -6x-14$

$8x \geqq -4$

$x \geqq -\frac{1}{2}$

(または $x \geqq -0.5$)

(6) $0.25x+0.5 < 0.15-0.1x$

両辺に 100 をかけると

$25x+50 < 15-10x$

$35x < -35$

$x < -1$

(7) $0.15x+0.7 \geqq 0.25+0.2x$

両辺に 100 をかけると

$15x+70 \geqq 25+20x$

$-5x \geqq -45$

$x \leqq 9$

(8) $0.5(x-4) \geqq 3(1.5x+10)$

両辺に 10 をかけると

$5(x-4) \geqq 3(15x+100)$

$5x-20 \geqq 45x+300$

$-40x \geqq 320$

$x \leqq -8$

■ **p.53** ■

15 (1) $3(2x-1) \geqq 2(4x+3)-5$

$6x-3 \geqq 8x+6-5$

$-2x \geqq 4$

$x \leqq -2$

(2) $2x-3-3(5+x) \leqq -4x+2(x-1)$

$2x-3-15-3x \leqq -4x+2x-2$

$x \leqq 16$

(3) $4x-\{3-2(x-5)\} < 7x$

$4x-(-2x+13) < 7x$

$4x+2x-13 < 7x$

$-x < 13$

$x > -13$

(4) $2\{2x-(4x+1)\} > -12x+6$ …… ①

$2(-2x-1) > -12x+6$

$-4x-2 > -12x+6$

$8x > 8$

$x > 1$

参考 最初に ① の両辺を 2 でわってもよい。

(5) $\frac{4x+5}{5} - \frac{2x-1}{3} > 2(x-1)$

両辺に 15 をかけると

$3(4x+5)-5(2x-1) > 30(x-1)$

$12x+15-10x+5 > 30x-30$

$-28x > -50$

$x < \frac{25}{14}$

第4章

(6) $$\frac{4}{3}x-\frac{5x-7}{2}\leqq\frac{3-x}{12}$$

両辺に 12 をかけると

$$16x-6(5x-7)\leqq 3-x$$
$$16x-30x+42\leqq 3-x$$
$$-13x\leqq -39$$
$$x\geqq 3$$

(7) $$-\frac{4x+1}{3}>4\left(x-\frac{1}{2}\right)-1$$
$$-\frac{4x+1}{3}>4x-2-1$$
$$-\frac{4x+1}{3}>4x-3$$

両辺に 3 をかけると

$$-(4x+1)>3(4x-3)$$
$$-4x-1>12x-9$$
$$-16x>-8$$
$$x<\frac{1}{2}$$

(8) $$\frac{3}{4}(3-2x)-\frac{2}{3}(5x-2)\geqq\frac{-7x+4}{2}$$

両辺に 12 をかけると

$$9(3-2x)-8(5x-2)\geqq 6(-7x+4)$$
$$27-18x-40x+16\geqq -42x+24$$
$$-16x\geqq -19$$
$$x\leqq\frac{19}{16}$$

(9) $$\frac{2x+1}{2}-2(x+1)>-2-\frac{5+x}{4}$$

両辺に 4 をかけると

$$2(2x+1)-8(x+1)>-8-(5+x)$$
$$4x+2-8x-8>-8-5-x$$
$$-3x>-7$$
$$x<\frac{7}{3}$$

(10) $$\frac{2x-3}{3}-2.5(x-2)<-\frac{10}{3}$$
$$\frac{2x-3}{3}-\frac{5}{2}(x-2)<-\frac{10}{3}$$

両辺に 6 をかけると

$$2(2x-3)-15(x-2)<-20$$
$$4x-6-15x+30<-20$$
$$-11x<-44$$
$$x>4$$

16 (1) 不等式 $3x-2>8-\frac{1}{3}x$ を解く。

両辺に 3 をかけると $9x-6>24-x$

$$10x>30$$

よって $x>3$

(2) 不等式に $x=-2$ を代入して

$$-2a-2>8-\frac{1}{3}\times(-2)$$
$$-2a>\frac{32}{3}$$

よって $a<-\frac{16}{3}$

17 不等式 $x+2-\frac{4x-a}{3}>0$ を解く。

両辺に 3 をかけると

$$3x+6-(4x-a)>0$$
$$3x+6-4x+a>0$$
$$-x>-a-6$$

よって $x<a+6$

この式の右辺が 7 となればよいから

$$a+6=7$$

したがって $a=1$

18 不等式 $9(x+2)<6+5x$ を解く。

$$9x+18<6+5x$$
$$4x<-12$$
$$x<-3 \quad \cdots\cdots ①$$

不等式 $x-a<\frac{1}{3}x+3$ を解く。

両辺に 3 をかけると

$$3x-3a<x+9$$
$$2x<3a+9$$
$$x<\frac{3a+9}{2} \quad \cdots\cdots ②$$

① と ② が同じ式になればよいから

$$-3=\frac{3a+9}{2}$$

これを解いて $a=-5$

3 不等式の利用

■ p.54 ■

19 (1) 不等式 $x-2<-2(x-4)$ を解く。

$$x-2<-2x+8$$
$$3x<10$$

よって $x<\frac{10}{3}$

これを満たす数のうち，最も大きい整数は　3

(2) 不等式 $-2x+51>4(7-2x)$ を解く。

$$-2x+51>28-8x$$
$$6x>-23$$

よって $x>-\frac{23}{6}$

これを満たす数のうち，最も小さい整数は

$$-3$$

(3) 不等式 $\frac{n-5}{3}<\frac{3n-8}{2}$ を解く。

両辺に6をかけると

$$2(n-5)<3(3n-8)$$
$$2n-10<9n-24$$
$$-7n<-14$$

よって　$n>2$

これを満たす自然数のうち，最も小さいものは

$$3$$

20 (1) $5x-20>2x$

$$3x>20$$
$$x>\frac{20}{3}$$

これを満たす自然数のうち，最も小さいものは

$$7$$

(2) $4x-15<11-2x$

$$6x<26$$
$$x<\frac{13}{3}$$

これを満たす自然数 x は　1，2，3，4

答　4個

21 (1) 姉が妹に x 枚あげるとすると

$$60-x\leqq 3(12+x)$$
$$60-x\leqq 36+3x$$
$$-4x\leqq -24$$
$$x\geqq 6$$

よって，6枚以上あげればよい。
これは問題に適している。

(2) 兄弟はそれぞれ x 円使ったとすると

$$4000-x\geqq 5(3000-x)$$
$$4000-x\geqq 15000-5x$$
$$4x\geqq 11000$$
$$x\geqq 2750$$

よって，2750円以上使ったときである。
これは問題に適している。

■ **p.55** ■

22 (1) x 冊 $(x>100)$ 印刷すると考えると

$$4000+27(x-100)\leqq 30x$$
$$4000+27x-2700\leqq 30x$$
$$-3x\leqq -1300$$
$$x\geqq \frac{1300}{3}$$

$\frac{1300}{3}=433.3\cdots$ で，x は自然数であるから，
434冊以上印刷すればよい。
これは問題に適している。

(2) x 部 $(x>1000)$ 作るとすると

$$17\times 1000+12(x-1000)\leqq 15x$$
$$17000+12x-12000\leqq 15x$$
$$-3x\leqq -5000$$
$$x\geqq \frac{5000}{3}$$

$\frac{5000}{3}=1666.6\cdots$ で，x は自然数であるから，
1667部以上作ればよい。
これは問題に適している。

23 (1) りんごを x 個買うとすると

$$130x+60(20-x)\leqq 2000$$
$$130x+1200-60x\leqq 2000$$
$$70x\leqq 800$$
$$x\leqq \frac{80}{7}$$

$\frac{80}{7}=11.4\cdots$ で，x は自然数であるから，りんごは最大11個買える。
これは問題に適している。

(2) 24 cmの針金を x 本切り取るとすると

$$24x+16(15-x)\leqq 300$$
$$24x+240-16x\leqq 300$$
$$8x\leqq 60$$
$$x\leqq \frac{15}{2}$$

$\frac{15}{2}=7.5$ で，x は自然数であるから，24 cmの針金は最大7本切り取れる。
これは問題に適している。

(3) 横の長さが42 cmの絵を x 枚かざるとすると

$$42x+30(21-x)+5\times 20\leqq 900$$
$$42x+630-30x+100\leqq 900$$
$$12x\leqq 170$$
$$x\leqq \frac{85}{6}$$

$\frac{85}{6}=14.1\cdots$ で，x は自然数であるから，横の長さが42 cmの絵は最大14枚までかざることができる。
これは問題に適している。

24 (1) $1.2x-100 \geqq 1.1x$

$$0.1x \geqq 100$$
$$x \geqq 1000$$

(2) x 円値引きすると考えると

$$500\times1.3-x \geqq 500\times1.2$$
$$650-x \geqq 600$$
$$-x \geqq -50$$
$$x \leqq 50$$

よって，50 円まで値引きできる。
これは問題に適している。

25 (1) A 町から x km の地点で自転車が故障したとすると

$$\frac{x}{12}+\frac{20-x}{4} \leqq 3$$
$$x+3(20-x) \leqq 36$$
$$x+60-3x \leqq 36$$
$$-2x \leqq -24$$
$$x \geqq 12$$

よって，自転車が故障したのは，A 町から 12 km 以上の地点である。
これは問題に適している。

(2) 時速 10 km で x km 走るとする。
27 分は $\frac{27}{60}=\frac{9}{20}$ (時間) であるから

$$\frac{3-x}{4}+\frac{x}{10} \leqq \frac{9}{20}$$
$$5(3-x)+2x \leqq 9$$
$$15-5x+2x \leqq 9$$
$$-3x \leqq -6$$
$$x \geqq 2$$

よって，2 km 以上走ればよい。
これは問題に適している。

■ p.56 ■

26 (1) 5 % の食塩水 300 g に含まれる食塩の量は

$$300\times\frac{5}{100}=15\ (\mathrm{g})$$

加える水の量を x g とすると

$$\frac{15}{300+x}\times100 \leqq 4$$

$300+x>0$ より，不等式の両辺に $300+x$ をかけても不等号の向きは変わらないから

$$15\times100 \leqq 4(300+x)$$
$$375 \leqq 300+x$$
$$-x \leqq -75$$
$$x \geqq 75$$

よって，加える水は 75 g 以上にすればよい。
これは問題に適している。

(2) 7 % の食塩水 350 g に含まれる食塩の量は

$$350\times\frac{7}{100}=\frac{49}{2}\ (\mathrm{g})$$

水を x g 蒸発させるとすると

$$\frac{\frac{49}{2}}{350-x}\times100 \geqq 10$$

$350-x>0$ より，不等式の両辺に $350-x$ をかけても，不等号の向きは変わらないから

$$\frac{49}{2}\times100 \geqq 10(350-x)$$
$$245 \geqq 350-x$$
$$x \geqq 105$$

よって，水は 105 g 以上蒸発させればよい。
これは問題に適している。

(3) 5 % の食塩水を x g 混ぜるとすると

$$\frac{(400-x)\times\frac{13}{100}+x\times\frac{5}{100}}{400}\times100 \geqq 10$$
$$13(400-x)+5x \geqq 4000$$
$$5200-13x+5x \geqq 4000$$
$$-8x \geqq -1200$$
$$x \leqq 150$$

よって，5 % の食塩水は 150 g 以下であった。
これは問題に適している。

27 (1) $850\times\left(1+\frac{x}{100}\right)\times0.8>850$

$$\left(1+\frac{x}{100}\right)\times\frac{4}{5}>1$$
$$1+\frac{x}{100}>\frac{5}{4}$$
$$\frac{x}{100}>\frac{1}{4}$$

よって　　$x>25$

(2) お菓子を x 個 $(x>20)$ 買うとすると

$$160\times0.9\times x>160\times20+160\times0.75\times(x-20)$$
$$0.9x>20+0.75(x-20)$$
$$90x>2000+75(x-20)$$
$$90x>2000+75x-1500$$
$$15x>500$$
$$x>\frac{100}{3}$$

$\frac{100}{3}=33.3\cdots$ で，x は自然数であるから，34 個以上買うと B 店の購入金額の方が安くなる。
これは問題に適している。

■ p.57 ■

28 (1) コーヒーカップを x 個 $(x>100)$ 作るとすると

$$20000+400x+300\times100+200\times(x-100)\leqq700x$$

$$200+4x+300+2(x-100)\leqq7x$$

$$200+4x+300+2x-200\leqq7x$$

$$-x\leqq-300$$

$$x\geqq300$$

よって，300 個以上作ればよい。

これは問題に適している。

(2) ノートを 15 冊買う場合の代金は

$100\times5+100\times0.9\times5+100\times0.8\times5=1350$ (円)

よって，3000 円でノートは 16 冊以上買える。

ノートを x 冊 $(x>15)$ 買うとすると

$$1350+100\times0.7\times(x-15)\leqq3000$$

$$135+7(x-15)\leqq300$$

$$135+7x-105\leqq300$$

$$7x\leqq270$$

$$x\leqq\frac{270}{7}$$

$\frac{270}{7}=38.5\cdots$ で，x は自然数であるから，

38 冊まで買うことができる。

これは問題に適している。

29 (1) P 支店の売り上げは

$$a\times1.3\times0.8\times200=208a\ (\text{円})$$

よって　$208a-200a=12000$

$$8a=12000$$

$$a=1500$$

(2) Q 支店の初日の売り上げは

$$a\times1.25\times(300-m)\ (\text{円})$$

Q 支店の 2 日目の売り上げは

$$(a\times1.25-300)\times m\ (\text{円})$$

よって，Q 支店の利益は

$$a\times1.25\times(300-m)+(a\times1.25-300)\times m-300a$$

$$=375a-1.25am+1.25am-300m-300a$$

$$=-300m+75a$$

$$=-300m+75\times1500$$

$$=-300m+112500$$

(3) $12000+(-300m+112500)\geqq110000$

$$-300m\geqq-14500$$

$$m\leqq\frac{145}{3}$$

$\frac{145}{3}=48.3\cdots$ で，m は自然数であるから，Q 支店の販売初日の売れ残りは 48 個以下となる必要がある。

すなわち，販売初日に $300-48=252$ (個) 以上売れればよい。

これは問題に適している。

30 (1) 不等式 $2x+a<x+2$ を解く。

$$x<2-a$$

この不等式の解が 3 を含まないから

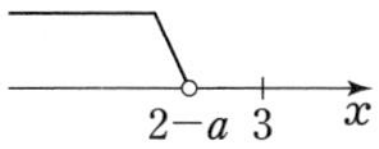

$$2-a\leqq3$$

よって　$a\geqq-1$

(2) 不等式 $\frac{7}{2}x+1\leqq\frac{x+1}{2}+a$ を解く。

$$7x+2\leqq x+1+2a$$

$$6x\leqq2a-1$$

$$x\leqq\frac{2a-1}{6}$$

この不等式の解が正の整数を 1 つも含まないから

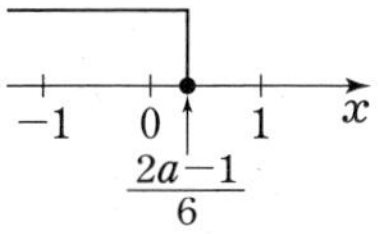

$$\frac{2a-1}{6}<1$$

$$2a-1<6$$

$$2a<7$$

よって　$a<\frac{7}{2}$

(3) 不等式 $3x+a<\frac{x-3a}{5}$ を解く。

$$15x+5a<x-3a$$

$$14x<-8a$$

$$x<-\frac{4}{7}a$$

この不等式の解がすべて 2 より小さくなるから

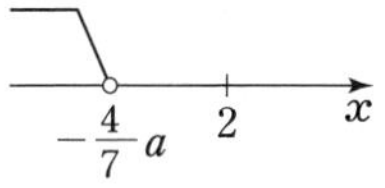

$$-\frac{4}{7}a\leqq2$$

よって　$a\geqq-\frac{7}{2}$

■ p.58 ■

31 商品 1 個の仕入れ値を a 円とし，定価は仕入れ値の x % 増しであるとすると，定価は

$$a\left(1+\frac{x}{100}\right)\text{円}$$

また，仕入れた商品の個数を n 個とすると，仕入れ総額は　an 円

したがって

$$a\left(1+\frac{x}{100}\right)\times0.9\times0.8n-an\geqq\frac{8}{100}an$$

$$an\times0.72\times\left(1+\frac{x}{100}\right)-an\geqq\frac{8}{100}an$$

第4章

$an>0$ より，不等式の両辺を an でわっても不等号の向きは変わらないから

$$0.72\left(1+\frac{x}{100}\right)-1 \geqq \frac{8}{100}$$

$$72\left(1+\frac{x}{100}\right)-100 \geqq 8$$

$$\frac{72}{100}x \geqq 36$$

$$x \geqq 50$$

よって，50 % 増し以上にすればよい。

これは問題に適している。

32 商品 1 個の値段を a 円，団体の人数を x 人とすると

$$a \times 0.9 \times x > a \times 0.8 \times 50$$

$a>0$ より，不等式の両辺を a でわっても不等号の向きは変わらないから

$$0.9x > 40$$

$$x > \frac{400}{9}$$

$\frac{400}{9}=44.4\cdots$ で，x は 30 以上 50 未満の整数であるから，考えられる人数は

45，46，47，48，49

これは問題に適している。

33 男子の人数は $5a$ 人，女子の人数は $4a$ 人と表される。

また，男子の平均点を x 点とすると，女子の平均点は $(x+4.5)$ 点である。

したがって

$$\frac{5a \times x + 4a \times (x+4.5)}{9a} \geqq 70 \quad \cdots\cdots ①$$

$9a>0$ であるから，不等式の両辺に $9a$ をかけても不等号の向きは変わらない。

$$5ax + 4a(x+4.5) \geqq 630a$$

$a>0$ であるから，不等式の両辺を a でわっても不等号の向きは変わらない。

$$5x + 4(x+4.5) \geqq 630$$

$$5x + 4x + 18 \geqq 630$$

$$9x \geqq 612$$

$$x \geqq 68$$

よって，男子の平均点は 68 点以上であった。

これは問題に適している。

参考 後で学ぶ (多項式)÷(単項式) の計算を行えば，① の左辺は

$$\frac{5ax + 4a(x+4.5)}{9a} = \frac{5x + 4(x+4.5)}{9}$$

となる。

4 連立不等式

■ p.59 ■

34 (1) 共通する x の値の範囲は　$-2<x \leqq 3$

また，数直線に斜線で示すと，次のようになる。

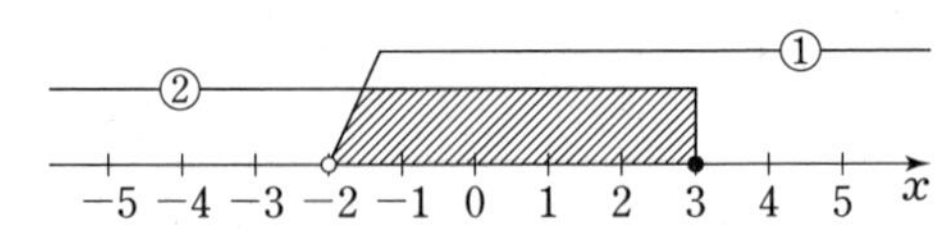

(2) 共通する x の値の範囲は　$-3 \leqq x<0$

また，数直線に斜線で示すと，次のようになる。

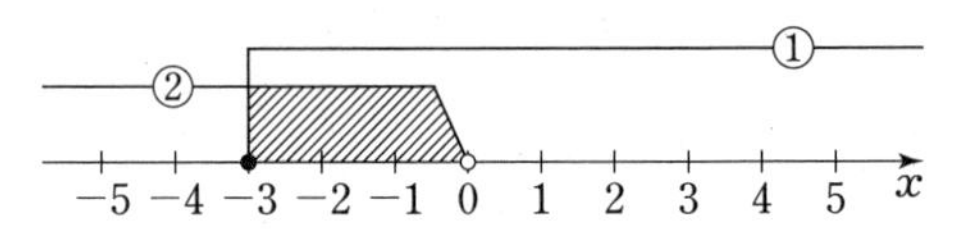

(3) 共通する x の値の範囲は　$-1 \leqq x \leqq 2$

また，数直線に斜線で示すと，次のようになる。

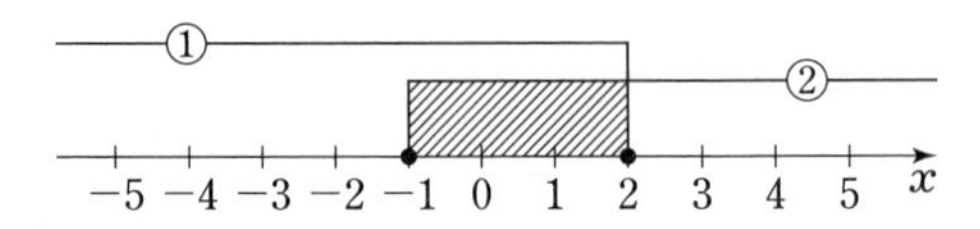

(4) 共通する x の値の範囲は　$x<-1$

また，数直線に斜線で示すと，次のようになる。

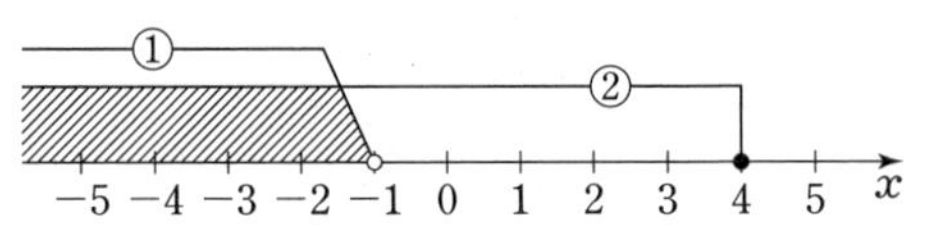

35 (1) $\begin{cases} x+2>-3 & \cdots\cdots ① \\ x+7 \leqq 9 & \cdots\cdots ② \end{cases}$

① より　$x>-5$ ...... ③

② より　$x \leqq 2$ ...... ④

③ と ④ の共通範囲を求めて　$-5<x \leqq 2$

(2) $\begin{cases} x-4 \geqq -6 & \cdots\cdots ① \\ x+3<6 & \cdots\cdots ② \end{cases}$

① より　$x \geqq -2$ ...... ③

② より　$x<3$ ...... ④

③ と ④ の共通範囲を求めて　$-2 \leqq x<3$

(3) $\begin{cases} x-2<5 & \cdots\cdots ① \\ x-3 \geqq -4 & \cdots\cdots ② \end{cases}$

① より　$x<7$ ...... ③

② より　$x \geqq -1$ ...... ④

③ と ④ の共通範囲を求めて　$-1 \leqq x<7$

(4) $\begin{cases} x+6<4 & \cdots\cdots ① \\ x+3>-3 & \cdots\cdots ② \end{cases}$

① より　$x<-2$ ...... ③

② より　$x>-6$ ...... ④

③ と ④ の共通範囲を求めて　$-6<x<-2$

(5) $\begin{cases} x-5<-2 & \cdots\cdots ① \\ x+3\leqq 10 & \cdots\cdots ② \end{cases}$

①より　$x<3$ ……③

②より　$x\leqq 7$ ……④

③と④の共通範囲を求めて　$x<3$

(6) $\begin{cases} 3+x\geqq 8 & \cdots\cdots ① \\ x-7<-5 & \cdots\cdots ② \end{cases}$

①より　$x\geqq 5$ ……③

②より　$x<2$ ……④

③と④は共通範囲をもたないから，解はない。

■ p.60 ■

36 (1) $\begin{cases} 3x+4\leqq -2 & \cdots\cdots ① \\ 5x>3x-8 & \cdots\cdots ② \end{cases}$

①より　$3x\leqq -6$

$x\leqq -2$ ……③

②より　$2x>-8$

$x>-4$ ……④

③と④の共通範囲を求めて　$-4<x\leqq -2$

(2) $\begin{cases} -4x-6\leqq -7x & \cdots\cdots ① \\ -2<3x+13 & \cdots\cdots ② \end{cases}$

①より　$3x\leqq 6$

$x\leqq 2$ ……③

②より　$-3x<15$

$x>-5$ ……④

③と④の共通範囲を求めて　$-5<x\leqq 2$

(3) $\begin{cases} 4x-5\geqq 6x-9 & \cdots\cdots ① \\ 7x+12>-5x & \cdots\cdots ② \end{cases}$

①より　$-2x\geqq -4$

$x\leqq 2$ ……③

②より　$12x>-12$

$x>-1$ ……④

③と④の共通範囲を求めて　$-1<x\leqq 2$

(4) $\begin{cases} 4x+3\leqq -21 & \cdots\cdots ① \\ 3x+1<2x+11 & \cdots\cdots ② \end{cases}$

①より　$4x\leqq -24$

$x\leqq -6$ ……③

②より　$x<10$ ……④

③と④の共通範囲を求めて　$x\leqq -6$

(5) $\begin{cases} 4x+1>3x-1 & \cdots\cdots ① \\ x-9\geqq -4x+6 & \cdots\cdots ② \end{cases}$

①より　$x>-2$ ……③

②より　$5x\geqq 15$

$x\geqq 3$ ……④

③と④の共通範囲を求めて　$x\geqq 3$

(6) $\begin{cases} 7x-8\geqq 4x+7 & \cdots\cdots ① \\ 2x+5>5x-9 & \cdots\cdots ② \end{cases}$

①より　$3x\geqq 15$

$x\geqq 5$ ……③

②より　$-3x>-14$

$x<\dfrac{14}{3}$ ……④

③と④は共通範囲をもたないから，解はない。

37 (1) $\begin{cases} 6x+5>4x+3 & \cdots\cdots ① \\ -x+4\geqq 2(x-1) & \cdots\cdots ② \end{cases}$

①より　$2x>-2$

$x>-1$ ……③

②より　$-x+4\geqq 2x-2$

$-3x\geqq -6$

$x\leqq 2$ ……④

③と④の共通範囲を求めて　$-1<x\leqq 2$

(2) $\begin{cases} 3x+7\leqq 4(2x+3) & \cdots\cdots ① \\ 6x-9<2x+11 & \cdots\cdots ② \end{cases}$

①より　$3x+7\leqq 8x+12$

$-5x\leqq 5$

$x\geqq -1$ ……③

②より　$4x<20$

$x<5$ ……④

③と④の共通範囲を求めて　$-1\leqq x<5$

(3) $\begin{cases} x+3\leqq 2x+7 & \cdots\cdots ① \\ 4x+9>2(x+1) & \cdots\cdots ② \end{cases}$

①より　$-x\leqq 4$

$x\geqq -4$ ……③

②より　$4x+9>2x+2$

$2x>-7$

$x>-\dfrac{7}{2}$ ……④

③と④の共通範囲を求めて　$x>-\dfrac{7}{2}$

(4) $\begin{cases} 3x+4\geqq 7x-4 & \cdots\cdots ① \\ 3(1-2x)\leqq 8-x & \cdots\cdots ② \end{cases}$

①より　$-4x\geqq -8$

$x\leqq 2$ ……③

②より　$3-6x\leqq 8-x$

$-5x\leqq 5$

$x\geqq -1$ ……④

③と④の共通範囲を求めて　$-1\leqq x\leqq 2$

(5) $\begin{cases} 5(x-2)\leqq 3x-11 & \cdots\cdots ① \\ 8(4+x)<3(3x+11) & \cdots\cdots ② \end{cases}$

①より　$5x-10\leqq 3x-11$

$2x\leqq -1$

$x\leqq -\dfrac{1}{2}$ ……③

②より　$32+8x<9x+33$

$-x<1$

$x>-1$ ……④

第4章

③ と ④ の共通範囲を求めて　$-1 < x \leqq -\dfrac{1}{2}$

(6) $\begin{cases} 2(2x-11)-3(x+1)<6x & \cdots\cdots ① \\ 3x+2(x-3)<14 & \cdots\cdots ② \end{cases}$

① より　$4x-22-3x-3<6x$

$-5x<25$

$x>-5$ $\cdots\cdots$ ③

② より　$3x+2x-6<14$

$5x<20$

$x<4$ $\cdots\cdots$ ④

③ と ④ の共通範囲を求めて　$-5<x<4$

38 (1) $\begin{cases} 2x-1 \geqq 3x-5 & \cdots\cdots ① \\ 3-2x<\dfrac{x+1}{2} & \cdots\cdots ② \end{cases}$

① より　$-x \geqq -4$

$x \leqq 4$ $\cdots\cdots$ ③

② より　$6-4x<x+1$

$-5x<-5$

$x>1$ $\cdots\cdots$ ④

③ と ④ の共通範囲を求めて　$1<x \leqq 4$

(2) $\begin{cases} \dfrac{2+x}{4}-\dfrac{1}{6}(2x-1) \geqq \dfrac{1}{2} & \cdots\cdots ① \\ 13x-3(x-2)<7x-6 & \cdots\cdots ② \end{cases}$

① より　$3(2+x)-2(2x-1) \geqq 6$

$6+3x-4x+2 \geqq 6$

$-x \geqq -2$

$x \leqq 2$ $\cdots\cdots$ ③

② より　$13x-3x+6<7x-6$

$3x<-12$

$x<-4$ $\cdots\cdots$ ④

③ と ④ の共通範囲を求めて　$x<-4$

(3) $\begin{cases} -2x+5<\dfrac{1}{3}(x-1) & \cdots\cdots ① \\ \dfrac{x-3}{2} \geqq \dfrac{2-x}{3} & \cdots\cdots ② \end{cases}$

① より　$-6x+15<x-1$

$-7x<-16$

$x>\dfrac{16}{7}$ $\cdots\cdots$ ③

② より　$3(x-3) \geqq 2(2-x)$

$3x-9 \geqq 4-2x$

$5x \geqq 13$

$x \geqq \dfrac{13}{5}$ $\cdots\cdots$ ④

③ と ④ の共通範囲を求めて　$x \geqq \dfrac{13}{5}$

(4) $\begin{cases} \dfrac{1}{2}(x+4)<\dfrac{5-x}{4} & \cdots\cdots ① \\ \dfrac{2(x-5)}{3}-\dfrac{1}{6}(3x-1) \geqq x-\dfrac{x+3}{2} & \cdots\cdots ② \end{cases}$

① より　$2(x+4)<5-x$

$2x+8<5-x$

$3x<-3$

$x<-1$ $\cdots\cdots$ ③

② より　$4(x-5)-(3x-1) \geqq 6x-3(x+3)$

$4x-20-3x+1 \geqq 6x-3x-9$

$-2x \geqq 10$

$x \leqq -5$ $\cdots\cdots$ ④

③ と ④ の共通範囲を求めて　$x \leqq -5$

(5) $\begin{cases} 0.3x+1.6 \geqq 0.8x-0.4 & \cdots\cdots ① \\ 0.5x-1<0.75x+1.25 & \cdots\cdots ② \end{cases}$

① の両辺に 10 をかけると

$3x+16 \geqq 8x-4$

$-5x \geqq -20$

$x \leqq 4$ $\cdots\cdots$ ③

② の両辺に 4 をかけると

$2x-4<3x+5$

$-x<9$

$x>-9$ $\cdots\cdots$ ④

③ と ④ の共通範囲を求めて　$-9<x \leqq 4$

(6) $\begin{cases} 2-0.5x>1-0.2(2x+1) & \cdots\cdots ① \\ 0.5(x+3)-0.2(6-x)<1 & \cdots\cdots ② \end{cases}$

① の両辺に 10 をかけると

$20-5x>10-2(2x+1)$

$20-5x>10-4x-2$

$-x>-12$

$x<12$ $\cdots\cdots$ ③

② の両辺に 10 をかけると

$5(x+3)-2(6-x)<10$

$5x+15-12+2x<10$

$7x<7$

$x<1$ $\cdots\cdots$ ④

③ と ④ の共通範囲を求めて　$x<1$

39 (1) $3x \leqq x+12<2x+8$ は次のように表すことができる。

$\begin{cases} 3x \leqq x+12 & \cdots\cdots ① \\ x+12<2x+8 & \cdots\cdots ② \end{cases}$

① より　$2x \leqq 12$

$x \leqq 6$ $\cdots\cdots$ ③

② より　$-x<-4$

$x>4$ $\cdots\cdots$ ④

③ と ④ の共通範囲を求めて　$4<x \leqq 6$

(2) $2x-3<3x-2<x+4$ は次のように表すことができる。

$$\begin{cases} 2x-3<3x-2 & \cdots\cdots ① \\ 3x-2<x+4 & \cdots\cdots ② \end{cases}$$

① より $-x<1$

$x>-1$ ...... ③

② より $2x<6$

$x<3$ ...... ④

③ と ④ の共通範囲を求めて $-1<x<3$

(3) $x+3<2x+5 \leqq 4x+7$ は次のように表すことができる。

$$\begin{cases} x+3<2x+5 & \cdots\cdots ① \\ 2x+5 \leqq 4x+7 & \cdots\cdots ② \end{cases}$$

① より $-x<2$

$x>-2$ ...... ③

② より $-2x \leqq 2$

$x \geqq -1$ ...... ④

③ と ④ の共通範囲を求めて $x \geqq -1$

(4) $x-10 \leqq 3x-9<6-2x$ は次のように表すことができる。

$$\begin{cases} x-10 \leqq 3x-9 & \cdots\cdots ① \\ 3x-9<6-2x & \cdots\cdots ② \end{cases}$$

① より $-2x \leqq 1$

$x \geqq -\dfrac{1}{2}$ ...... ③

② より $5x<15$

$x<3$ ...... ④

③ と ④ の共通範囲を求めて $-\dfrac{1}{2} \leqq x<3$

40 (1) $-5 \leqq 2x-3 \leqq 9$

各辺に 3 をたすと

$-2 \leqq 2x \leqq 12$

各辺を 2 でわると

$-1 \leqq x \leqq 6$

(2) $-1 \leqq \dfrac{4x+1}{3}<4$

各辺に 3 をかけると

$-3 \leqq 4x+1<12$

各辺から 1 をひくと

$-4 \leqq 4x<11$

各辺を 4 でわると

$-1 \leqq x<\dfrac{11}{4}$

■ p.61 ■

41 (1) $\begin{cases} 5(x-2)>2x-25 & \cdots\cdots ① \\ 3x+20<8-x & \cdots\cdots ② \end{cases}$

① より $5x-10>2x-25$

$3x>-15$

$x>-5$ ...... ③

② より $4x<-12$

$x<-3$ ...... ④

③ と ④ の共通範囲を求めて $-5<x<-3$

x は整数であるから $x=-4$

(2) $\begin{cases} 4x-5>x+3 & \cdots\cdots ① \\ 5(x-3)<x+6 & \cdots\cdots ② \end{cases}$

① より $3x>8$

$x>\dfrac{8}{3}$ ...... ③

② より $5x-15<x+6$

$4x<21$

$x<\dfrac{21}{4}$ ...... ④

③ と ④ の共通範囲を求めて $\dfrac{8}{3}<x<\dfrac{21}{4}$

x は整数であるから $x=3,\ 4,\ 5$

42 (1) 歩く距離を x m とすると

$$32 \leqq \frac{x}{80}+\frac{4000-x}{200} \leqq 35$$

$$32 \leqq \frac{5x+8000-2x}{400} \leqq 35$$

$$32 \leqq \frac{3x+8000}{400} \leqq 35$$

各辺に 400 をかけると

$12800 \leqq 3x+8000 \leqq 14000$

各辺から 8000 をひくと

$4800 \leqq 3x \leqq 6000$

各辺を 3 でわると

$1600 \leqq x \leqq 2000$

よって，歩く距離を 1600 m 以上 2000 m 以下にすればよい。

これは問題に適している。

(2) P を基準とすると，出発してから x 分後に，

A さんは $180x$ m

B さんは $(2400+60x)$ m

進んでいる。

よって，A さんが B さんに追いつくまでの間において，2 人の間の距離は

$(2400+60x)-180x=2400-120x$ (m)

したがって

$360 \leqq 2400-120x \leqq 600$

各辺から 2400 をひくと

$-2040 \leqq -120x \leqq -1800$

各辺を -120 でわると

$17 \geqq x \geqq 15$

よって，出発後 15 分から 17 分までの間である。

これは問題に適している。

第4章

43 (1) 原料Aを x g混ぜるとすると

$$175 \leqq x \times \frac{15}{100} + (1000 - x) \times \frac{20}{100} \leqq 180$$

各辺に100をかけると

$$17500 \leqq 15x + 20(1000 - x) \leqq 18000$$
$$17500 \leqq 20000 - 5x \leqq 18000$$
$$-2500 \leqq -5x \leqq -2000$$
$$500 \geqq x \geqq 400$$

よって，原料Aは400 g以上500 g以下にすればよい。

これは問題に適している。

(2) 5 % の食塩水100 gと x % の食塩水200 gを混ぜ合わせてできる食塩水に含まれる食塩の量は

$$100 \times \frac{5}{100} + 200 \times \frac{x}{100} = 2x + 5 \text{ (g)}$$

よって　$7 \leqq \dfrac{2x+5}{100+200} \times 100 \leqq 11$

$$7 \leqq \frac{2x+5}{3} \leqq 11$$
$$21 \leqq 2x + 5 \leqq 33$$
$$16 \leqq 2x \leqq 28$$
$$8 \leqq x \leqq 14$$

44 (1) $\begin{cases} 2(x-3)+5 < 4x-5 & \cdots\cdots ① \\ 4x-5 \leqq \dfrac{4+10x}{3} & \cdots\cdots ② \end{cases}$

①より　$2x - 6 + 5 < 4x - 5$

$$-2x < -4$$
$$x > 2 \quad \cdots\cdots ③$$

②より　$12x - 15 \leqq 4 + 10x$

$$2x \leqq 19$$
$$x \leqq \frac{19}{2} \quad \cdots\cdots ④$$

③と④の共通範囲を求めて　$2 < x \leqq \dfrac{19}{2}$

この範囲に含まれる整数は

$x = 3, 4, \cdots\cdots, 9$

よって，求める個数は　7個

(2) $\begin{cases} 3x+2 \geqq 2(x+2) & \cdots\cdots ① \\ \dfrac{x-4}{2} < -\dfrac{3}{2}x + 15 & \cdots\cdots ② \end{cases}$

①より　$3x + 2 \geqq 2x + 4$

$$x \geqq 2 \quad \cdots\cdots ③$$

②より　$x - 4 < -3x + 30$

$$4x < 34$$
$$x < \frac{17}{2} \quad \cdots\cdots ④$$

③と④の共通範囲を求めて　$2 \leqq x < \dfrac{17}{2}$

この範囲に含まれる整数は

$x = 2, 3, \cdots\cdots, 8$

よって，求める個数は　7個

(3) $2x - 7 \leqq 3x - 4 < 2x + 1$ は次のように表すことができる。

$$\begin{cases} 2x-7 \leqq 3x-4 & \cdots\cdots ① \\ 3x-4 < 2x+1 & \cdots\cdots ② \end{cases}$$

①より　$-x \leqq 3$

$$x \geqq -3 \quad \cdots\cdots ③$$

②より　$x < 5 \quad \cdots\cdots ④$

③と④の共通範囲を求めて　$-3 \leqq x < 5$

この範囲に含まれる整数は

$x = -3, -2, \cdots\cdots, 4$

よって，求める個数は　8個

(4) $\dfrac{3x-1}{6} \leqq \dfrac{2x+1}{3} < \dfrac{x}{2}$ は次のように表すことができる。

$$\begin{cases} \dfrac{3x-1}{6} \leqq \dfrac{2x+1}{3} & \cdots\cdots ① \\ \dfrac{2x+1}{3} < \dfrac{x}{2} & \cdots\cdots ② \end{cases}$$

①より　$3x - 1 \leqq 2(2x+1)$

$$3x - 1 \leqq 4x + 2$$
$$-x \leqq 3$$
$$x \geqq -3 \quad \cdots\cdots ③$$

②より　$2(2x+1) < 3x$

$$4x + 2 < 3x$$
$$x < -2 \quad \cdots\cdots ④$$

③と④の共通範囲を求めて　$-3 \leqq x < -2$

この範囲に含まれる整数は　$x = -3$

よって，求める個数は　1個

■ p.62 ■

45 (1) 長いすが全部で x 脚あるとする。

1年生全員の人数は　$(6x + 15)$ 人

よって　$1 \leqq (6x+15) - 7(x-4) \leqq 7$

$$1 \leqq 6x + 15 - 7x + 28 \leqq 7$$
$$1 \leqq -x + 43 \leqq 7$$
$$-42 \leqq -x \leqq -36$$
$$36 \leqq x \leqq 42$$

したがって，長いすの数は36脚以上42脚以下である。

これは問題に適している。

(2) 予定の台数を x 台とする。

予定していた参加者の人数は　$(50x - 14)$ 人

よって，実際に参加した人の人数は

$$(50x-14)-46=50x-60\ (\text{人})$$

したがって　$44x<50x-60<45x$

この連立不等式は，次のように表すことができる。

$$\begin{cases} 44x<50x-60 & \cdots\cdots ① \\ 50x-60<45x & \cdots\cdots ② \end{cases}$$

① より　$-6x<-60$

$$x>10 \quad \cdots\cdots ③$$

② より　$5x<60$

$$x<12 \quad \cdots\cdots ④$$

③ と ④ の共通範囲を求めて　$10<x<12$

x は自然数であるから　$x=11$

よって，予定の台数は 11 台である。

これは問題に適している。

46　兄が初めに持っていた鉛筆の本数を x 本とすると，弟が初めに持っていた鉛筆の本数は

$$(52-x)\ \text{本}$$

よって　$\begin{cases} \dfrac{2}{3}x>(52-x)+\dfrac{1}{3}x & \cdots\cdots ① \\ \dfrac{2}{3}x-3<(52-x)+\dfrac{1}{3}x+3 & \cdots\cdots ② \end{cases}$

① より　$\dfrac{2}{3}x>52-\dfrac{2}{3}x$

$$\frac{4}{3}x>52$$

$$x>39 \quad \cdots\cdots ③$$

② より　$\dfrac{2}{3}x-3<55-\dfrac{2}{3}x$

$$\frac{4}{3}x<58$$

$$x<\frac{87}{2} \quad \cdots\cdots ④$$

③ と ④ の共通範囲を求めて　$39<x<\dfrac{87}{2}$

x は 3 の倍数であるから　$x=42$

したがって，兄が初めに持っていた鉛筆の本数は 42 本である。

これは問題に適している。

■ p.63 ■

47 (1)　$-1\leqq x<2$ の各辺に 3 をかけて

$$-3\leqq 3x<6$$

(2)　$-1\leqq x<2$ の各辺に -2 をかけて

$$2\geqq -2x>-4$$

すなわち　$-4<-2x\leqq 2$

(3)　$-1\leqq x<2$ の各辺に 4 をたして

$$3\leqq x+4<6$$

(4)　$-1\leqq x<2$ の各辺に -1 をかけて

$$1\geqq -x>-2$$

各辺に 3 をたして

$$4\geqq 3-x>1$$

すなわち　$1<3-x\leqq 4$

48 (1)　条件より　$3.5\leqq 3x+2<4.5$

$$1.5\leqq 3x<2.5$$

$$\frac{1.5}{3}\leqq x<\frac{2.5}{3}$$

よって　$\dfrac{1}{2}\leqq x<\dfrac{5}{6}$

(2)　条件より　$3.55\leqq\dfrac{x}{20}<3.65$

$$3.55\times 20\leqq x<3.65\times 20$$

$$71\leqq x<73$$

これを満たす最も大きい整数は　72

49　シュートの成功回数を x 回とすると

$$0.475\leqq\frac{x}{50}<0.485$$

$$0.475\times 50\leqq x<0.485\times 50$$

$$23.75\leqq x<24.25$$

x は自然数であるから　$x=24$

したがって，A さんのシュートの成功回数は 24 回である。

これは問題に適している。

■ p.64 ■

50 (1)　連立不等式　$1<x<-2a+1$　……①　を満たす整数 x の個数が，ちょうど 3 個であるためには，① の範囲に含まれる整数が 2，3，4 のみになればよい。

よって，① の範囲の右端 $-2a+1$ が，4 より大きく 5 以下の値をとればよいから

$$4<-2a+1\leqq 5$$

$$3<-2a\leqq 4$$

したがって　$-2\leqq a<-\dfrac{3}{2}$

(2)　$\begin{cases} \dfrac{x+1}{2}-\dfrac{4x-2}{3}\leqq 2 & \cdots\cdots ① \\ 2x-3<a & \cdots\cdots ② \end{cases}$

① より　$3(x+1)-2(4x-2)\leqq 12$

$$3x+3-8x+4\leqq 12$$

$$-5x\leqq 5$$

$$x\geqq -1 \quad \cdots\cdots ③$$

② より　$2x<a+3$

$$x<\frac{a+3}{2} \quad \cdots\cdots ④$$

連立不等式を満たす整数 x の個数が，ちょうど4個であるためには，③ と ④ の共通範囲が

$$-1 \leqq x < \frac{a+3}{2} \quad \cdots\cdots ⑤$$

の形になり，この範囲に含まれる整数が

$-1,\ 0,\ 1,\ 2$ のみになればよい。

よって，⑤ の範囲の右端 $\frac{a+3}{2}$ が，2より大きく3以下の値をとればよいから

$$2 < \frac{a+3}{2} \leqq 3$$

$$4 < a+3 \leqq 6$$

したがって　$1 < a \leqq 3$

51 $\begin{cases} 3(2x+a) > 8x-a & \cdots\cdots ① \\ \frac{x+1}{2} - \frac{4a-2}{3} > 7 & \cdots\cdots ② \end{cases}$

① より　$6x+3a > 8x-a$

$$-2x > -4a$$

$$x < 2a \quad \cdots\cdots ③$$

② より　$3(x+1)-2(4a-2) > 42$

$$3x+3-8a+4 > 42$$

$$3x > 8a+35$$

$$x > \frac{8a+35}{3} \quad \cdots\cdots ④$$

連立不等式が解をもつためには，③ と ④ に共通範囲が存在しなくてはならない。

よって　$\frac{8a+35}{3} < 2a$

$$8a+35 < 6a$$

$$2a < -35$$

したがって　$a < -\frac{35}{2}$

章 末 問 題

■ p.65 ■

1 (1)　$\frac{x+1}{3} - \frac{7x-3}{9} \leqq \frac{1}{3} - \frac{3x+4}{6}$

$$6(x+1)-2(7x-3) \leqq 6-3(3x+4)$$

$$6x+6-14x+6 \leqq 6-9x-12$$

$$x \leqq -18$$

(2)　$\frac{6x-1}{4} + 1.2 - \frac{7-x}{3} \geqq -\frac{5}{6} + 2.75x$

$$\frac{6x-1}{4} + \frac{6}{5} - \frac{7-x}{3} \geqq -\frac{5}{6} + \frac{11}{4}x$$

$$15(6x-1)+72-20(7-x) \geqq -50+165x$$

$$90x-15+72-140+20x \geqq -50+165x$$

$$-55x \geqq 33$$

$$x \leqq -\frac{3}{5}$$

2 $\begin{cases} 2x-1 < 3(x+1) & \cdots\cdots ① \\ x-4 \leqq -2x+3 & \cdots\cdots ② \end{cases}$

① より　$2x-1 < 3x+3$

$$-x < 4$$

$$x > -4 \quad \cdots\cdots ③$$

② より　$3x \leqq 7$

$$x \leqq \frac{7}{3} \quad \cdots\cdots ④$$

③ と ④ の共通範囲を求めて　$-4 < x \leqq \frac{7}{3}$

この範囲に含まれる整数は

$x = -3,\ -2,\ -1,\ 0,\ 1,\ 2$

よって，求める個数は　6個

3 方程式　$\frac{x-a}{2} = \frac{x-a}{5} + 1$　を解く。

$$5(x-a) = 2(x-a)+10$$

$$5x-5a = 2x-2a+10$$

$$3x = 3a+10$$

よって　$x = \frac{3a+10}{3}$

条件より　$2 < \frac{3a+10}{3} < 3$

$$6 < 3a+10 < 9$$

$$-4 < 3a < -1$$

$$-\frac{4}{3} < a < -\frac{1}{3}$$

a は整数であるから　$a = -1$

4 (1) $-1+2<x+y<3+6$

よって　$1<x+y<9$

(2) $-2<2x<6$

$6<3y<18$

であるから

$-2+6<2x+3y<6+18$

よって　$4<2x+3y<24$

(3) $-6<-y<-2$ であるから

$-1-6<x-y<3-2$

よって　$-7<x-y<1$

(4) $-4<4x<12$

$-6<-y<-2$

であるから

$-4-6<4x-y<12-2$

よって　$-10<4x-y<10$

5 (1) 初めにあった荷物の個数は　$(8x+9y)$ 個

条件より

$$6x+6y=(8x+9y)\times\frac{1}{2}+75$$

$$12x+12y=8x+9y+150$$

$$3y=-4x+150$$

よって　$y=-\dfrac{4}{3}x+50$　…… ①

(2) 残りの荷物の個数は

$(8x+9y)-(6x+6y)=2x+3y$ (個)

したがって

$$1\leqq(2x+3y)-5y<y$$

$$1\leqq 2x-2y<y$$

① より

$$1\leqq 2x-2\left(-\frac{4}{3}x+50\right)<-\frac{4}{3}x+50$$

$$1\leqq\frac{14}{3}x-100<-\frac{4}{3}x+50$$

この連立不等式は，次のように表すことができる。

$$\begin{cases}1\leqq\dfrac{14}{3}x-100 & \cdots\cdots ②\\[2mm] \dfrac{14}{3}x-100<-\dfrac{4}{3}x+50 & \cdots\cdots ③\end{cases}$$

② より　$\dfrac{14}{3}x\geqq 101$

$x\geqq\dfrac{303}{14}$　…… ④

③ より　$6x<150$

$x<25$　…… ⑤

④ と ⑤ の共通範囲を求めて　$\dfrac{303}{14}\leqq x<25$

$\dfrac{303}{14}=21.6\cdots$ で，x は自然数であるから

$x=22,\ 23,\ 24$

① より，x は 3 の倍数であるから　$x=24$

このとき　$y=-\dfrac{4}{3}\times 24+50=18$

よって，初めにあった荷物の個数は

$8\times 24+9\times 18=354$ (個)

これは問題に適している。

6 (1) $2x+3<3x+2<5x-2$ は

$\begin{cases}2x+3<3x+2\\ 3x+2<5x-2\end{cases}$ であるから，誤りは (A)

(2) たとえば，$A=2x+2$，$B=4x-2$，$C=3x+1$ とする。

$\begin{cases}A<B\\ B<C\end{cases}$ を解くと　$2<x<3$

$\begin{cases}A<C\\ B<C\end{cases}$ を解くと　$1<x<3$

よって，不等式 $A<B<C$ は $\begin{cases}A<C\\ B<C\end{cases}$ としてよいとはいえない。

別解　$\begin{cases}A<C\\ B<C\end{cases}$ から $A<B<C$ を導くことができないから，不等式 $A<B<C$ は $\begin{cases}A<C\\ B<C\end{cases}$ としてよいとはいえない。

第4章

第5章　1次関数

1 変化と関数

■ p.66 ■

1　y が x の関数であるものは　①，②，③，⑤，⑦

参考　関数となっていないものは　④，⑥

④は，周の長さが決まっても，縦と横のそれぞれの長さはただ1つには定まらないため，面積は，ただ1つには定まらない。

よって，関数とはならない。

⑥は，たとえば $x=2$ としたとき，y は2，4，6，…… と無数にあり，ただ1つには定まらない。

よって，関数とはならない。

2　(1)　①　$y=5x$

②　$40\div5=8$ であるから，x の変域は

$$0\leqq x\leqq 8$$

③　y の変域は　$0\leqq y\leqq 40$

(2)　①　$y=18-0.5x$

②　$18\div0.5=36$ であるから，x の変域は

$$0\leqq x\leqq 36$$

③　y の変域は　$0\leqq y\leqq 18$

(3)　①　$x\times y\div2=10$

これを変形して　$y=\dfrac{20}{x}$

②　x の変域は　$x>0$

③　y の変域は　$y>0$

2 比例とそのグラフ

■ p.67 ■

3　y が x の関数で，$y=ax$（a は定数）と表されるとき，y は x に比例する。

④の式を変形すると　$y=-x+12$

⑥の式を変形すると　$y=\dfrac{1}{4}x$

⑦の式を変形すると　$y=-2x$

⑧の式を変形すると　$y=-3x$

したがって，y が x に比例するものは

①，②，⑥，⑦，⑧

4　(1)

x	1	2	3	4	5
y	3	6	9	12	15

参考　y を x で表すと　$y=3x$

(2)

x	1	2	3	4	5
y	-2	-4	-6	-8	-10

参考　y を x で表すと　$y=-2x$

(3)

x	-2	-1	0	1	2
y	1	$\dfrac{1}{2}$	0	$-\dfrac{1}{2}$	-1

参考　y を x で表すと　$y=-\dfrac{1}{2}x$

(4)

x	0	2	4	6	8
y	0	5	10	15	20

参考　y を x で表すと　$y=\dfrac{5}{2}x$

■ p.68 ■

5　(1)　y を x の式で表すと　$y=120x$

よって，y は x に比例する。

比例定数は　120

(2)　y を x の式で表すと

$$y=5\times x\div2\quad すなわち\quad y=\frac{5}{2}x$$

よって，y は x に比例する。

比例定数は　$\dfrac{5}{2}$

(3)　時速 4 km は分速 $\dfrac{200}{3}$ m である。

y を x の式で表すと　$y=\dfrac{200}{3}x$

よって，y は x に比例する。

比例定数は　$\dfrac{200}{3}$

6　(1)　$y=2x$

(2)　$x=-5$ のとき　$y=2\times(-5)=-10$

$x=-5$ は基準の時点の5分前ということ。

$y=-10$ は水そうの中の水の量が，水そうの半分より 10 L 少ないということ。

(3)　y の変域は　$-50\leqq y\leqq 50$

よって　$-50\leqq 2x\leqq 50$

$-25\leqq x\leqq 25$

答　$-25\leqq x\leqq 25$，$-50\leqq y\leqq 50$

(4)　午前8時30分が，$x=0$ であり，このとき，水そうに入っている水の量は，50 L である。

午前8時45分は，$x=15$ であるから

$y=2\times15=30$

よって，求める水の量は　$50+30=80$　より

80 L

午前8時20分は，$x=-10$ であるから

$y=2\times(-10)=-20$

よって，求める水の量は　$50-20=30$　より

30 L

答　午前8時45分には 80 L
午前8時20分には 30 L

7 (1) ① 比例定数を a とすると　$y=ax$

$x=3$ のとき $y=12$ であるから

$$12=a\times 3$$

$$a=4$$

したがって　　$y=4x$

② $x=5$ のとき　$y=4\times 5=20$

(2) ① 比例定数を a とすると　$y=ax$

$x=-5$ のとき $y=10$ であるから

$$10=a\times(-5)$$

$$a=-2$$

したがって　$y=-2x$

② $x=4$ のとき　$y=(-2)\times 4=-8$

(3) ① 比例定数を a とすると　$y=ax$

$x=6$ のとき $y=-4$ であるから

$$-4=a\times 6$$

$$a=-\frac{2}{3}$$

したがって　$y=-\frac{2}{3}x$

② $y=-\frac{2}{3}x$ において $y=8$ とすると

$$8=-\frac{2}{3}x$$

よって　$x=-12$

8 (1) 比例定数を a とすると　$y=ax$

$x=30$ のとき $y=360$ であるから

$$360=a\times 30$$

$$a=12$$

したがって　$y=12x$

(2) $x=50$ を $y=12x$ に代入して

$$y=12\times 50=600$$

答　600 km

(3) $y=204$ を $y=12x$ に代入して

$$204=12x$$

これを解いて　$x=17$　　答　17 L

9 おもりの重さを x g，そのときのばねがのびた長さを y mm とする。

比例定数を a とすると　$y=ax$

$x=20$ のとき $y=16$ であるから

$$16=a\times 20$$

これを解いて　$a=\frac{4}{5}$

したがって　$y=\frac{4}{5}x$

$x=50$ のとき　$y=\frac{4}{5}\times 50=40$

答　40 mm

■ p.69 ■

10 (1) (2, 2)　(2) (−5, 5)

(3) (−2, −4)　(4) (0, 3)

(5) (4, −3)　(6) (−6, 0)

11

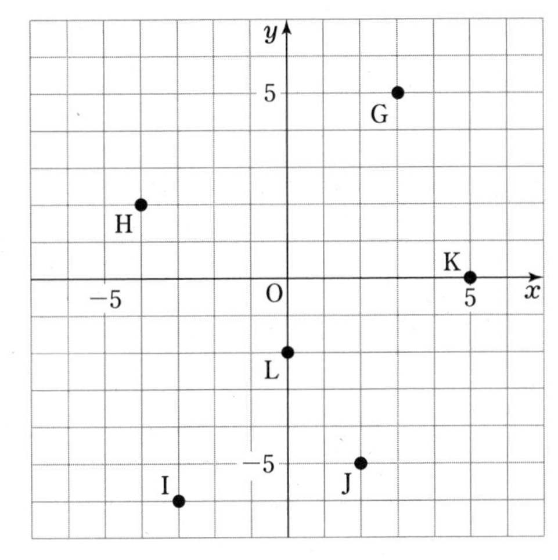

12 (1) ① (−5, −2)　② (5, 2)　③ (5, −2)

(2) ① (4, 3)　② (−4, −3)　③ (−4, 3)

(3) ① (0, −6)　② (0, 6)　③ (0, −6)

13

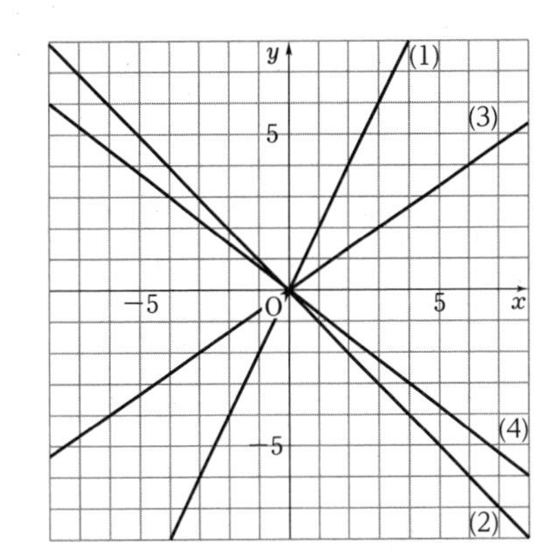

■ p.70 ■

14 (1) 3，増加　(2) 4，減少

(3) −5　(4) $\frac{1}{2}$

15 ① $y=2x$　② $y=-\frac{1}{2}x$

③ $y=-3x$　④ $y=\frac{2}{3}x$

第5章

16 (1) 比例定数を a とすると　$y=ax$　とおける。
$x=4$ のとき $y=12$ であるから　$12=4a$
よって　　$a=3$
したがって　$y=3x$

(2) 比例定数を a とすると　$y=ax$　とおける。
$x=-9$ のとき $y=6$ であるから　$6=-9a$
よって　　$a=-\frac{2}{3}$
したがって　$y=-\frac{2}{3}x$

(3) 比例定数を a とすると　$y=ax$　とおける。
x の値が 2 増加するとき，y の値が 8 増加するから，グラフは点 (2, 8) を通る。
$x=2$ のとき $y=8$ であるから　$8=2a$
よって　　$a=4$
したがって　$y=4x$

(4) 比例定数を a とすると　$y=ax$　とおける。
x の値が 4 増加するとき，y の値が 10 減少するから，グラフは点 (4, −10) を通る。
$x=4$ のとき $y=-10$ であるから　$-10=4a$
よって　　$a=-\frac{5}{2}$
したがって　$y=-\frac{5}{2}x$

17 (1) $x=1$ のとき　$y=2\times1=2$
$x=3$ のとき　$y=2\times3=6$
よって，グラフは下の図の実線部分で，値域は
$2\leqq y\leqq 6$

(2) $x=-4$ のとき　$y=-\frac{1}{2}\times(-4)=2$
$x=6$ のとき　$y=-\frac{1}{2}\times6=-3$
よって，グラフは下の図の実線部分で，値域は
$-3\leqq y\leqq 2$

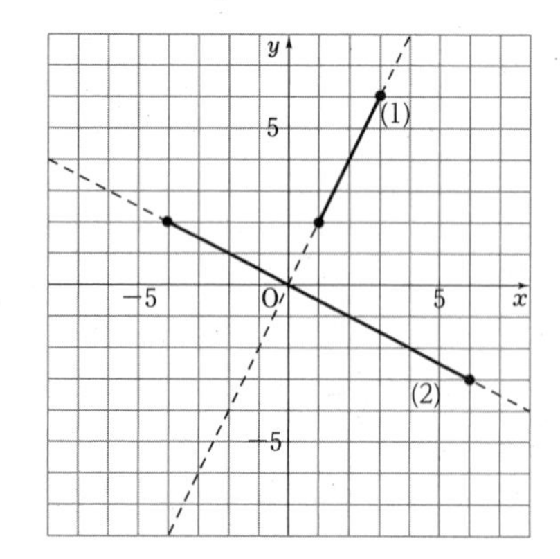

■ p.71 ■

18 (1) 2 点 A，B の x 座標が等しく，かつ，y 座標の絶対値が等しく符号が異なればよい。
よって
$a+1=2a+5$，$2b-1=-(-3b+4)$
これを解いて　　$a=-4$，$b=3$

(2) 2 点 A，B の x 座標の絶対値が等しく符号が異なり，かつ，y 座標が等しければよい。
よって
$a+1=-(2a+5)$，$2b-1=-3b+4$
これを解いて　　$a=-2$，$b=1$

(3) 2 点 A，B の x 座標，y 座標がともに，絶対値が等しく符号が異なればよい。
よって
$a+1=-(2a+5)$，$2b-1=-(-3b+4)$
これを解いて　　$a=-2$，$b=3$

19 ジョギングをする速さは一定であるから，y は x に比例する。
比例定数を a とすると　$y=ax$　とおける。
$x=30$ のとき $y=4$ であるから　$4=30a$
よって　　$a=\frac{2}{15}$
したがって　　$y=\frac{2}{15}x$
$x=15$ のとき　$y=\frac{2}{15}\times15=2$
$x=90$ のとき　$y=\frac{2}{15}\times90=12$
よって，求める y の変域は　$2\leqq y\leqq 12$

20 (1) ① 条件より　$y=a(x+2)$　とおける。
$x=1$ のとき $y=-3$ であるから
$-3=a\times(1+2)$
$-3=3a$
よって　　$a=-1$
ゆえに　　$y=-(x+2)$
したがって　$y=-x-2$
② $x=2$ のとき
$y=-2-2=-4$

(2) ① 条件より　$y=3x$，$z=4y$　であるから
$z=4\times3x$
よって　　$z=12x$
② $z=-48$ のとき
$-48=12x$
よって　　$x=-4$

③ 反比例とそのグラフ

■ p.72 ■

21 y が x の関数で，$y=\frac{a}{x}$ (a は定数) と表されるとき，y は x に反比例する。

④ の式を変形すると　$y=\frac{24}{x}$

⑦ の式を変形すると　$y=\frac{-9}{x}$

⑧ の式を変形すると　$y=\frac{3}{x}$

したがって，y が x に反比例するものは

①，②，④，⑦，⑧

22 (1)

x	1	2	3	4	6
y	12	6	4	3	2

参考　y を x で表すと　$y=\frac{12}{x}$

(2)

x	1	2	3	4	12
y	-24	-12	-8	-6	-2

参考　y を x で表すと　$y=-\frac{24}{x}$

(3)

x	-3	-2	-1	1	2
y	$-\frac{4}{3}$	-2	-4	4	2

参考　y を x で表すと　$y=\frac{4}{x}$

(4)

x	-4	-2	4	8	20
y	10	20	-10	-5	-2

参考　y を x で表すと　$y=-\frac{40}{x}$

■ p.73 ■

23 (1) $xy=10$ であるから　$y=\frac{10}{x}$

よって，y は x に反比例する。
比例定数は　10

(2) $xy=24$ であるから　$y=\frac{24}{x}$

よって，y は x に反比例する。
比例定数は　24

(3) $y=\frac{120}{x}$ であるから，y は x に反比例する。

比例定数は　120

(4) $xy=40$ であるから　$y=\frac{40}{x}$

よって，y は x に反比例する。
比例定数は　40

24 (1) y が x に比例するときには

$$\boxed{①}\times 2=-6,\ \boxed{①}\times 3=\boxed{②}$$

となる。

よって　$\boxed{①}=-3$，$\boxed{②}=-9$

(2) y が x に反比例するときには

$$\boxed{①}\times\frac{1}{2}=-6,\ \boxed{①}\times\frac{1}{3}=\boxed{②}$$

となる。

よって　$\boxed{①}=-12$，$\boxed{②}=-4$

25 (1) ①　比例定数を a とすると $y=\frac{a}{x}$ とおける。

$x=4$ のとき $y=3$ であるから

$$3=\frac{a}{4}$$

$$a=12$$

したがって　$y=\frac{12}{x}$

②　$x=2$ のとき　$y=\frac{12}{2}=6$

(2) ①　比例定数を a とすると $y=\frac{a}{x}$ とおける。

$x=-5$ のとき $y=6$ であるから

$$6=\frac{a}{-5}$$

$$a=-30$$

したがって　$y=-\frac{30}{x}$

②　$x=15$ のとき　$y=-\frac{30}{15}=-2$

(3) ①　比例定数を a とすると $y=\frac{a}{x}$ とおける。

$x=-6$ のとき $y=3$ であるから

$$3=\frac{a}{-6}$$

$$a=-18$$

したがって　$y=-\frac{18}{x}$

②　$y=-8$ とすると　$-8=-\frac{18}{x}$

よって　$-8x=-18$

したがって　$x=\frac{9}{4}$

26 (1) お菓子の数は $5\times 12=60$ より全部で 60 個。

よって　$xy=60$

したがって　$y=\frac{60}{x}$

第5章

(2)　$x=10$ を $y=\dfrac{60}{x}$ に代入して　$y=\dfrac{60}{10}=6$

答　6人

27　(1)　A地点とB地点の間の距離は

$40\times 3=120$　より　120 km

よって　　$xy=120$

したがって　$y=\dfrac{120}{x}$

(2)　$x=50$ を $y=\dfrac{120}{x}$ に代入して

$y=\dfrac{120}{50}=\dfrac{12}{5}$

答　$\dfrac{12}{5}$ 時間　（2時間24分）

(3)　$y=\dfrac{120}{x}$ において $y=6$ とすると　$6=\dfrac{120}{x}$

よって　　$6x=120$

したがって　$x=20$

答　時速20 km

■ p.74 ■

28

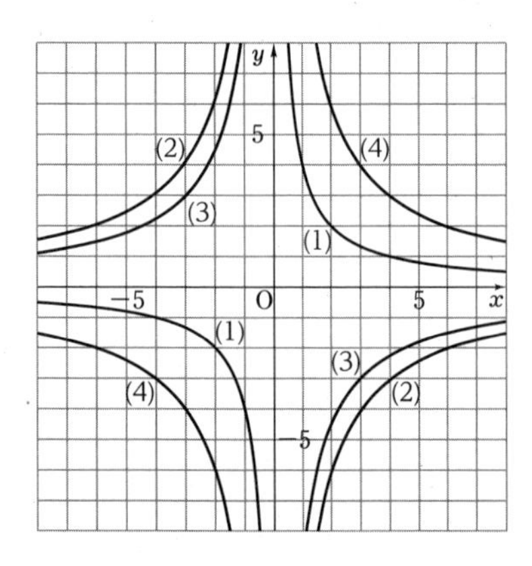

29　①　$y=\dfrac{a}{x}$ に $x=3$, $y=6$ を代入して　$6=\dfrac{a}{3}$

よって　　$a=18$

したがって　$y=\dfrac{18}{x}$

②　$y=\dfrac{a}{x}$ に $x=6$, $y=-4$ を代入して

$-4=\dfrac{a}{6}$

よって　　$a=-24$

したがって　$y=-\dfrac{24}{x}$

③　$y=\dfrac{a}{x}$ に $x=4$, $y=2$ を代入して　$2=\dfrac{a}{4}$

よって　　$a=8$

したがって　$y=\dfrac{8}{x}$

④　$y=\dfrac{a}{x}$ に $x=3$, $y=-3$ を代入して

$-3=\dfrac{a}{3}$

よって　　$a=-9$

したがって　$y=-\dfrac{9}{x}$

30　(1)　比例定数を a とすると　$y=\dfrac{a}{x}$　とおける。

$x=4$ のとき $y=-5$ であるから　$-5=\dfrac{a}{4}$

よって　　$a=-20$

したがって　$y=-\dfrac{20}{x}$

(2)　比例定数を a とすると　$y=\dfrac{a}{x}$　とおける。

$x=6$ のとき $y=3$ であるから　$3=\dfrac{a}{6}$

よって　　$a=18$

ゆえに　　$y=\dfrac{18}{x}$

$y=\dfrac{18}{x}$ に $x=-2$ を代入すると　$y=-9$

したがって，求める y 座標は -9

(3)　比例定数を a とすると　$y=\dfrac{a}{x}$　とおける。

$x=-12$ のとき $y=-4$ であるから

$-4=\dfrac{a}{-12}$

よって　　$a=48$

ゆえに　　$y=\dfrac{48}{x}$

$y=\dfrac{48}{x}$ に $x=6$ を代入すると　$y=\dfrac{48}{6}=8$

したがって　$m=8$

■ p.75 ■

31　(1)　$x=2$ のとき

$y=\dfrac{12}{2}=6$

$x=6$ のとき

$y=\dfrac{12}{6}=2$

よって，グラフは右の図のようになり，

y の変域は　$2\leqq y\leqq 6$

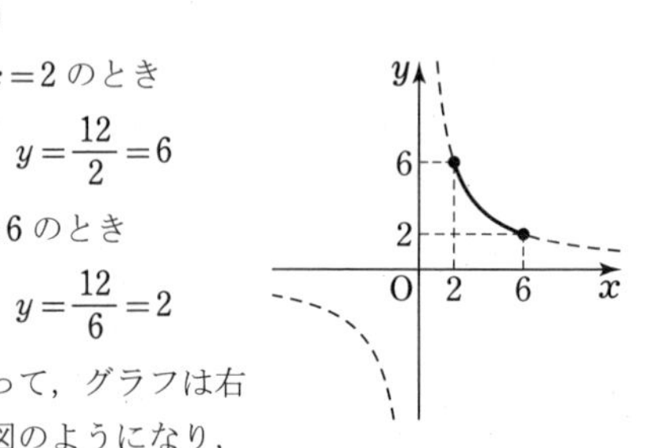

(2) 比例定数を a とすると　$y=\dfrac{a}{x}$　とおける。

$x=-4$ のとき $y=2$ であるから

$$2=\frac{a}{-4}$$

よって　　$a=-8$

したがって，反比例の式は

$$y=-\frac{8}{x}$$

$x=-1$ のとき

$$y=-\frac{8}{-1}=8$$

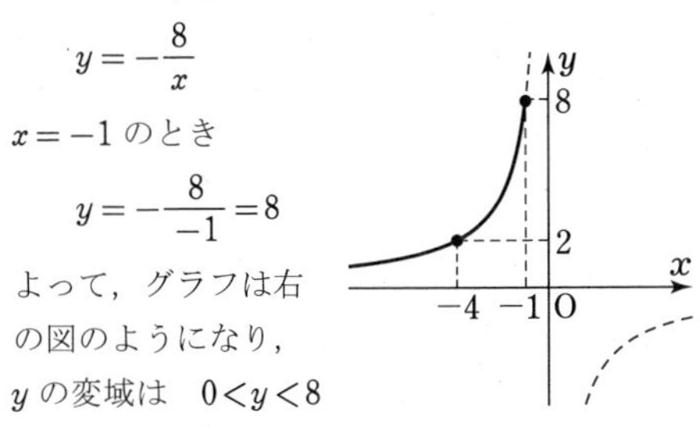

よって，グラフは右の図のようになり，

y の変域は　$0<y<8$

32 x の変域が $2\leqq x\leqq 6$ であるとき，y の変域が $\dfrac{4}{3}\leqq y\leqq b$ となることから，反比例の関係 $y=\dfrac{a}{x}$ のグラフは，x 座標，y 座標がともに正である部分を通ることがわかる。

よって　　$a>0$

このとき，$y=\dfrac{a}{x}$ のグラフは右の図のようになるから，グラフより

$x=2$ のとき $y=b$

$x=6$ のとき $y=\dfrac{4}{3}$

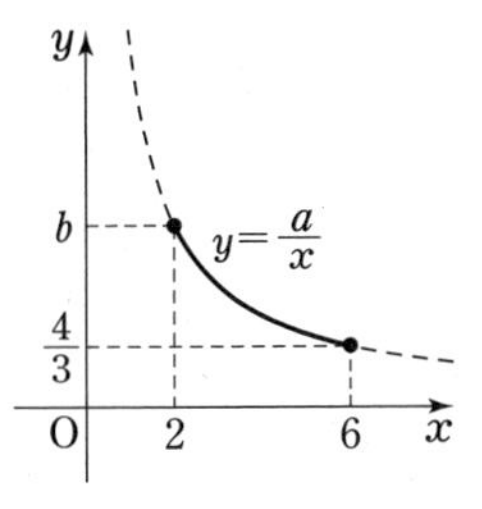

となる。

したがって　　$b=\dfrac{a}{2}$，$\dfrac{4}{3}=\dfrac{a}{6}$

これを解いて　$a=8$，$b=4$

これらは問題に適している。

33 (1) 条件を満たす点の座標は

(1，8)，(2，4)，(4，2)，(8，1)

したがって　4 個

(2) y は x に反比例するから　$y=\dfrac{a}{x}$　とおける。

$x=6$ のとき $y=\dfrac{3}{2}$ であるから　$\dfrac{3}{2}=\dfrac{a}{6}$

よって　　$a=9$

したがって　$y=\dfrac{9}{x}$

$y=\dfrac{9}{x}$ のグラフ上で，x 座標，y 座標がともに整数である点の座標は

(1，9)，(3，3)，(9，1)，

(−1，−9)，(−3，−3)，(−9，−1)

したがって　6 個

4 比例，反比例の利用

■ p.76 ■

34 (1) 点 A は，比例 $y=\dfrac{1}{2}x$ のグラフ上の点である。

よって，点 A の y 座標は，$y=\dfrac{1}{2}x$ の x に 4 を代入して　$y=\dfrac{1}{2}\times 4=2$

(2) 点 A は，反比例 $y=\dfrac{a}{x}$ のグラフ上の点でもあるから，$x=4$，$y=2$ を代入して

$$2=\frac{a}{4}$$

よって　　$a=8$

(3) 比例のグラフと反比例のグラフが交わるとき，2 つの交点は原点に関して対称である。

点 B は，点 A と原点に関して対称であるから，その座標は　　(−4，−2)

35 (1) 点 A は，反比例 $y=-\dfrac{6}{x}$ のグラフ上の点である。

よって，点 A の y 座標は，$y=-\dfrac{6}{x}$ の x に −2 を代入して　　$y=-\dfrac{6}{-2}=3$

したがって，点 A の座標は　(−2，3)

A は，比例 $y=ax$ のグラフ上の点でもあるから，$x=-2$，$y=3$ を代入して

$$3=-2a$$

よって　　$a=-\dfrac{3}{2}$

(2) 比例のグラフと反比例のグラフが交わるとき，2 つの交点は原点に関して対称である。

点 B は，点 A と原点に関して対称であるから，その座標は　　(2，−3)

(3) 点 B の座標は (2，−3) であるから

$$\mathrm{OP}=2,\ \mathrm{OQ}=-(-3)=3$$

よって，長方形 OPBQ の面積は

$$2\times 3=6$$

■ p.77 ■

36 (1) 点 B の x 座標を t とおく。

点 B は，反比例 $y=\dfrac{12}{x}$ のグラフ上にあるから，そのy座標は $\dfrac{12}{t}$ と表される。

よって　　$\mathrm{OC}=t$，　$\mathrm{OA}=\dfrac{12}{t}$

第5章

このとき，長方形 OABC の面積は

$$t\times\frac{12}{t}=12$$

(2) 点 B の x 座標は，点 C の x 座標と等しいから 4 となる。

よって，点 B の y 座標は　$\frac{12}{4}=3$

点 A の y 座標は，点 B の y 座標と等しい。

したがって，点 A の座標は　(0, 3)

(3) 長方形 OABC の面積は一定で 12 であるから

$$OC\times OA=12$$

$$OC\times 2=12$$

よって　$OC=12\div 2=6$

37 点 A の x 座標を t とおく。

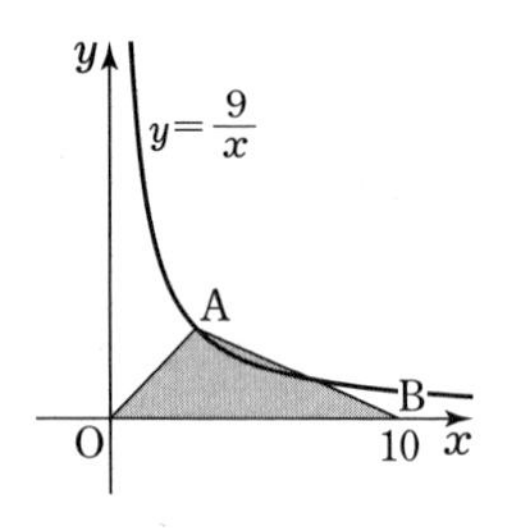

点 A は，反比例 $y=\frac{9}{x}$ のグラフ上の点であるから，その y 座標は

$$\frac{9}{t}$$

△OAB の底辺の長さは　$OB=10$

高さは　$\frac{9}{t}$

よって，△OAB の面積について

$$\frac{1}{2}\times 10\times\frac{9}{t}=15$$

これを解いて　$t=3$

このとき　$\frac{9}{t}=\frac{9}{3}=3$

したがって，点 A の座標は　(3, 3)

これは問題に適する。

38 (1) 点 A の x 座標を t とおく。

点 A は，比例 $y=2x$ のグラフ上の点であるから，その y 座標は　$2t$

したがって，点 A の座標は　$(t,\ 2t)$

よって　$AC=t\times 2=2t$，$AD=2t\times 2=4t$

長方形 ACBD の周の長さが 36 であるから

$$(2t+4t)\times 2=36$$

これを解いて　$t=3$

このとき　$2t=2\times 3=6$

よって，点 A の座標は　(3, 6)

(2) 点 A は，反比例 $y=\frac{a}{x}$ のグラフ上の点でもあるから，$x=3$，$y=6$ を $y=\frac{a}{x}$ に代入して

$$6=\frac{a}{3}$$

これを解いて　$a=18$

5　1次関数とそのグラフ

■ p.78 ■

39 y が x の関数で，$y=ax+b$ (a, b は定数) と表されるとき，y は x の 1 次関数である。

1 次関数であるものは

①，　②，　⑤ [変形すると　$y=-3x-6$]

⑥，　⑦ $\left[\text{変形すると}\ y=-\frac{3}{2}x+15\right]$

40 (1) $y=5-0.5x$

$5\div 0.5=10$ であるから，x の変域は

$$0\leqq x\leqq 10$$

(2) $y=10-4x$

$10\div 4=\frac{5}{2}$ であるから，x の変域は

$$0\leqq x\leqq\frac{5}{2}$$

■ p.79 ■

41 (1) ① x の増加量は　$5-1=4$

y の増加量は

$$(3\times 5-5)-(3\times 1-5)=12$$

よって，変化の割合は　$\frac{12}{4}=3$

② x の増加量は　$2-(-3)=5$

y の増加量は

$$(3\times 2-5)-\{3\times(-3)-5\}=15$$

よって，変化の割合は　$\frac{15}{5}=3$

(2) ① x の増加量は　$8-4=4$

y の増加量は

$$(-4\times 8+2)-(-4\times 4+2)=-16$$

よって，変化の割合は　$\frac{-16}{4}=-4$

② x の増加量は　$6-(-2)=8$

y の増加量は

$$(-4\times 6+2)-\{-4\times(-2)+2\}=-32$$

よって，変化の割合は　$\frac{-32}{8}=-4$

42 (1) $\frac{-12}{4}=-3$

(2) $\frac{6}{9}=\frac{2}{3}$

(3) y の増加量を p とすると　$\frac{p}{4}=-3$

よって　$p=-12$

(4) x の増加量を q とすると　$\frac{8}{q}=\frac{2}{3}$

よって　$q=12$

43 1次関数 $y=ax+b$ において，変化の割合は a である。

(1) 4　　(2) -3

(3) $\frac{3}{4}$　　(4) -0.7

44 $$\frac{y \text{ の増加量}}{x \text{ の増加量}}=(\text{変化の割合})$$

であるから，

(y の増加量)＝(変化の割合)×(x の増加量)

となる。

x の増加量は　$8-(-4)=12$

(1) $2\times12=24$　　(2) $(-1)\times12=-12$

(3) $\frac{1}{6}\times12=2$　　(4) $\left(-\frac{5}{3}\right)\times12=-20$

45 (1) おもりが 10 g 増えると，0.5 cm のびるから，

変化の割合は　$\frac{0.5}{10}=0.05$

よって，求める式は

$$y=0.05x+12$$

(2) $30-15=15$ より，おもりは 15 g 重くなっているから，x の増加量は 15 である。

変化の割合は 0.05 であるから，y の増加量は

$0.05\times15=0.75$　　答 0.75 cm

46 ① 傾き $\frac{1}{2}$，切片 3

② 傾き -1，切片 6

③ 傾き 2，切片 -4

■ p.80 ■

47 (1) ① $y=-2x+2$ のグラフは，$y=-2x$ のグラフを y 軸の正の方向に 2 だけ平行移動した直線になる。

② $y=-2x-3$ のグラフは，$y=-2x$ のグラフを y 軸の正の方向に -3 だけ，すなわち，y 軸の負の方向に 3 だけ平行移動した直線になる。

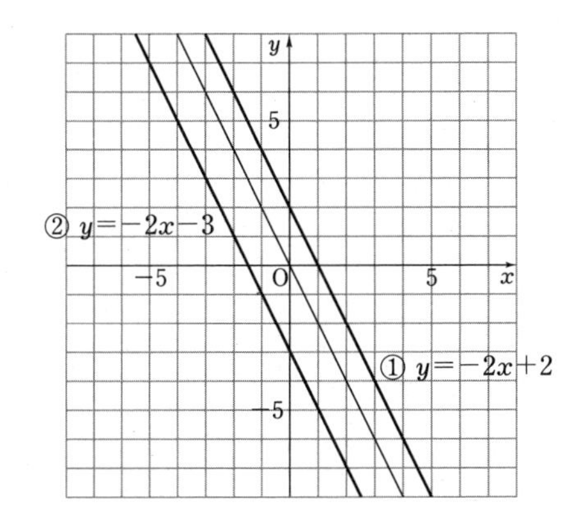

(2) ① $y=\frac{1}{2}x+5$ のグラフは，$y=\frac{1}{2}x$ のグラフを y 軸の正の方向に 5 だけ平行移動した直線になる。

② $y=\frac{1}{2}x-2$ のグラフは，$y=\frac{1}{2}x$ のグラフを y 軸の正の方向に -2 だけ，すなわち，y 軸の負の方向に 2 だけ平行移動した直線になる。

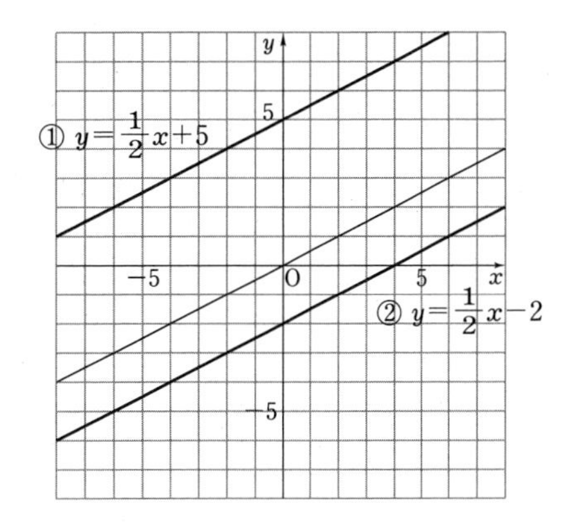

48

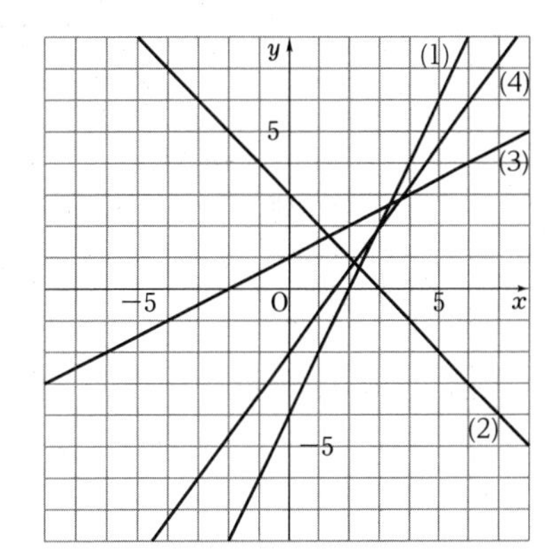

49 (1) 1次関数 $y=\frac{1}{2}x-\frac{3}{2}$ は

$x=1$ のとき $y=-1$，$x=3$ のとき $y=0$

である。

よって，この関数のグラフは，2点

$(1,\ -1)$，$(3,\ 0)$

を通る直線である。

(2) 1次関数 $y=-\frac{4}{3}x+\frac{2}{3}$ は

$x=-1$ のとき $y=2$，$x=2$ のとき $y=-2$

である。

第5章

よって，この関数のグラフは，2 点

$(-1,\ 2)$，$(2,\ -2)$

を通る直線である。

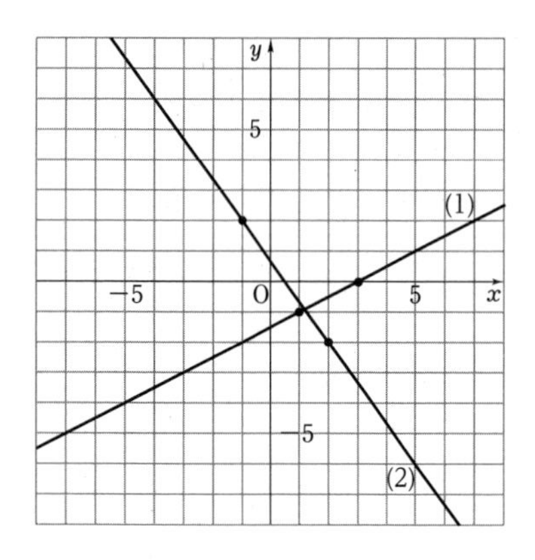

50 (1) 1 次関数 $y=2x-3$ は，

$x=0$ のとき　$y=-3$

$x=4$ のとき　$y=5$

よって，グラフは下の図の実線部分で，値域は

$$-3 \leqq y \leqq 5$$

(2) 1 次関数 $y=-\frac{2}{3}x+2$ は，

$x=-3$ のとき　$y=4$

$x=6$ のとき　$y=-2$

よって，グラフは下の図の実線部分で，値域は

$$-2 \leqq y \leqq 4$$

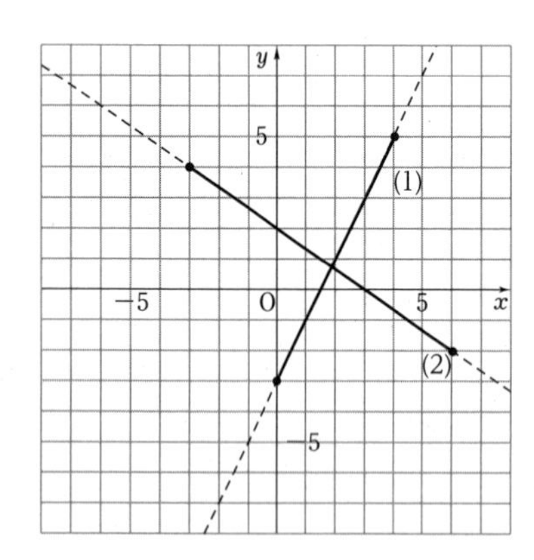

■ p.81 ■

51 ① グラフの傾きは 2，切片は -3 であるから，

求める 1 次関数は　$y=2x-3$

② グラフの傾きは $-\frac{1}{2}$，切片は 2 であるから，

求める 1 次関数は　$y=-\frac{1}{2}x+2$

③ グラフの傾きは $\frac{1}{3}$，切片は -6 であるから，

求める 1 次関数は　$y=\frac{1}{3}x-6$

52 (1) 変化の割合が 1 であるから，求める 1 次関数は　$y=x+b$　とおける。

$x=6$ のとき $y=2$ であるから

$$2=6+b$$

よって　　$b=-4$

したがって，求める 1 次関数は

$$y=x-4$$

(2) 変化の割合が -1 であるから，求める 1 次関数は　$y=-x+b$　とおける。

$x=-7$ のとき $y=9$ であるから

$$9=-(-7)+b$$

よって　　$b=2$

したがって，求める 1 次関数は

$$y=-x+2$$

(3) 変化の割合が 2 であるから，求める 1 次関数は　$y=2x+b$　とおける。

$x=3$ のとき $y=-6$ であるから

$$-6=2\times3+b$$

よって　　$b=-12$

したがって，求める 1 次関数は

$$y=2x-12$$

(4) 変化の割合が -5 であるから，求める 1 次関数は　$y=-5x+b$　とおける。

$x=-3$ のとき $y=8$ であるから

$$8=-5\times(-3)+b$$

よって　　$b=-7$

したがって，求める 1 次関数は

$$y=-5x-7$$

(5) 変化の割合が $\frac{2}{3}$ であるから，求める 1 次関数は　$y=\frac{2}{3}x+b$　とおける。

$x=6$ のとき $y=-2$ であるから

$$-2=\frac{2}{3}\times6+b$$

よって　　$b=-6$

したがって，求める 1 次関数は

$$y=\frac{2}{3}x-6$$

(6) 変化の割合が $-\frac{3}{4}$ であるから，求める1次関数は　$y=-\frac{3}{4}x+b$　とおける。

$x=0$ のとき $y=-\frac{1}{4}$ であるから

$$-\frac{1}{4}=-\frac{3}{4}\times 0+b$$

よって　　$b=-\frac{1}{4}$

したがって，求める1次関数は

$$y=-\frac{3}{4}x-\frac{1}{4}$$

注意 1次関数のグラフにおいて，$x=0$ のときの y の値は，切片であるから，(6) において，すぐに $b=-\frac{1}{4}$ がわかる。

53 (1) 傾きが4であるから，求める直線の式は

$y=4x+b$　とおける。

$x=5$ のとき $y=2$ であるから

$$2=4\times 5+b$$

よって　　$b=-18$

したがって，求める直線の式は

$$y=4x-18$$

(2) 傾きが $\frac{2}{3}$ であるから，求める直線の式は

$y=\frac{2}{3}x+b$　とおける。

$x=-3$ のとき $y=1$ であるから

$$1=\frac{2}{3}\times(-3)+b$$

よって　　$b=3$

したがって，求める直線の式は

$$y=\frac{2}{3}x+3$$

(3) 直線 $y=2x$ に平行であるから，求める直線の式は　$y=2x+b$　とおける。

$x=4$ のとき $y=-3$ であるから

$$-3=2\times 4+b$$

よって　　$b=-11$

したがって，求める直線の式は

$$y=2x-11$$

(4) 直線 $y=-\frac{5}{2}x$ に平行であるから，求める直線の式は　$y=-\frac{5}{2}x+b$　とおける。

$x=2$ のとき $y=2$ であるから

$$2=-\frac{5}{2}\times 2+b$$

よって　　$b=7$

したがって，求める直線の式は

$$y=-\frac{5}{2}x+7$$

(5) 切片が3であるから，求める直線の式は

$y=ax+3$　とおける。

$x=-2$ のとき $y=-1$ であるから

$$-1=-2a+3$$

よって　　$a=2$

したがって，求める直線の式は　$y=2x+3$

(6) 切片が -1 であるから，求める直線の式は

$y=ax-1$　とおける。

$x=-9$ のとき $y=2$ であるから

$$2=-9a-1$$

よって　　$a=-\frac{1}{3}$

したがって，求める直線の式は

$$y=-\frac{1}{3}x-1$$

54 (1) 求める直線の式を　$y=ax+b$　とおく。

$x=-1$ のとき $y=-9$ であるから

$$-9=-a+b \quad \cdots\cdots ①$$

$x=2$ のとき $y=3$ であるから

$$3=2a+b \quad \cdots\cdots ②$$

①，② を連立方程式として解くと

$$a=4,\ b=-5$$

したがって，求める直線の式は　$y=4x-5$

(2) 求める直線の式を　$y=ax+b$　とおく。

$x=-2$ のとき $y=13$ であるから

$$13=-2a+b \quad \cdots\cdots ①$$

$x=3$ のとき $y=-12$ であるから

$$-12=3a+b \quad \cdots\cdots ②$$

①，② を連立方程式として解くと

$$a=-5,\ b=3$$

したがって，求める直線の式は

$$y=-5x+3$$

(3) 求める直線の式を　$y=ax+b$　とおく。

$x=-6$ のとき $y=-6$ であるから

$$-6=-6a+b \quad \cdots\cdots ①$$

$x=-3$ のとき $y=-4$ であるから

$$-4=-3a+b \quad \cdots\cdots ②$$

①，② を連立方程式として解くと

$$a=\frac{2}{3},\ b=-2$$

したがって，求める直線の式は

$$y=\frac{2}{3}x-2$$

(4) 求める直線の式を　$y=ax+b$　とおく。

$x=-8$ のとき $y=16$ であるから

$$16=-8a+b \quad \cdots\cdots ①$$

$x=12$ のとき $y=-9$ であるから

$$-9=12a+b \quad \cdots\cdots ②$$

①，② を連立方程式として解くと

$$a=-\frac{5}{4},\ b=6$$

したがって，求める直線の式は

$$y=-\frac{5}{4}x+6$$

55 (1) 求める1次関数を　$y=ax+b$　とおく。

$x=-3$ のとき $y=-17$ であるから

$$-17=-3a+b \quad \cdots\cdots ①$$

$x=2$ のとき $y=13$ であるから

$$13=2a+b \quad \cdots\cdots ②$$

①，② を連立方程式として解くと

$$a=6,\ b=1$$

したがって，求める1次関数は

$$y=6x+1$$

(2) 求める1次関数を　$y=ax+b$　とおく。

$x=-5$ のとき $y=8$ であるから

$$8=-5a+b \quad \cdots\cdots ①$$

$x=3$ のとき $y=-16$ であるから

$$-16=3a+b \quad \cdots\cdots ②$$

①，② を連立方程式として解くと

$$a=-3,\ b=-7$$

したがって，求める1次関数は

$$y=-3x-7$$

(3) 求める1次関数を　$y=ax+b$　とおく。

$x=2$ のとき $y=0$ であるから

$$0=2a+b \quad \cdots\cdots ①$$

$x=6$ のとき $y=-3$ であるから

$$-3=6a+b \quad \cdots\cdots ②$$

①，② を連立方程式として解くと

$$a=-\frac{3}{4},\ b=\frac{3}{2}$$

したがって，求める1次関数は

$$y=-\frac{3}{4}x+\frac{3}{2}$$

(4) 求める1次関数を　$y=ax+b$　とおく。

$x=0$ のとき $y=-2$ であるから

$$-2=b \quad \cdots\cdots ①$$

$x=8$ のとき $y=4$ であるから

$$4=8a+b \quad \cdots\cdots ②$$

①，② を連立方程式として解くと

$$a=\frac{3}{4},\ b=-2$$

したがって，求める1次関数は

$$y=\frac{3}{4}x-2$$

■ p.82 ■

56 (1) 2点 $(-1,\ 2)$，$(5,\ -4)$ を結ぶ線分の中点の座標は

$$\left(\frac{-1+5}{2},\ \frac{2-4}{2}\right)$$

すなわち　$(2,\ -1)$

直線 $y=2x$ に平行であるから，求める直線の式は　$y=2x+b$　と表される。

この直線が，点 $(2,\ -1)$ を通るから

$$-1=2\times2+b$$

よって　$b=-5$

したがって，求める直線の式は

$$y=2x-5$$

(2) 条件を満たす直線は右の図のようになる。よって，この直線の傾きは $\frac{3}{5}$，切片は3である。

したがって，求める直線の式は

$$y=\frac{3}{5}x+3$$

(3) 直線 $y=x-2$ と x 軸に関して対称な直線は，右の図から，傾きが -1，切片が2であることがわかる。

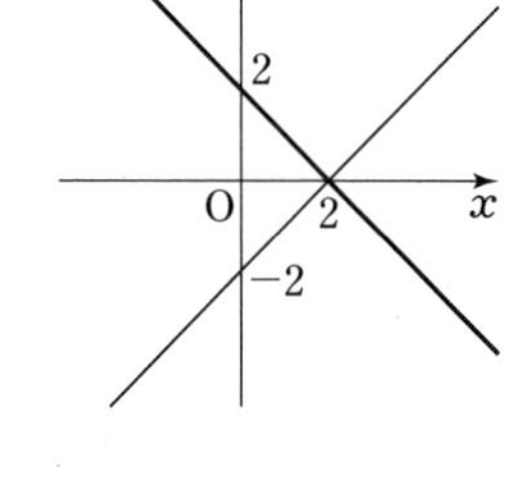

したがって，求める直線の式は

$$y=-x+2$$

57 (1) $x=2$ のとき $y=1$ であるから

$$\begin{cases}1=2a+b\\1=2b-a\end{cases}$$

これを解いて　$a=\frac{1}{5},\ b=\frac{3}{5}$

(2) 直線 $y=2x-a+1$ の切片は　$-a+1$

直線 $y=-\frac{1}{3}x+\frac{1}{2}a$ の切片は　$\frac{1}{2}a$

2直線が y 軸で交わるとき，それらの切片は等しいから

$$-a+1=\frac{1}{2}a$$

これを解いて　$a=\frac{2}{3}$

(3) 点 $(-1,\ 3)$ について

x 軸に関して対称な点の座標は $(-1,\ -3)$,

y 軸に関して対称な点の座標は $(1,\ 3)$

直線 $y=ax+b$ は，この2点を通るから

$$\begin{cases} -3=-a+b \\ 3=a+b \end{cases}$$

これを解いて　$a=3,\ b=0$

58 (1) 3点A，B，Cが一直線上にあるから，直線ABの傾きと直線BCの傾きは等しい。

直線ABの傾きは　$\dfrac{-6-4}{2-(-3)}=-2$

直線BCの傾きは　$\dfrac{a-(-6)}{0-2}=\dfrac{a+6}{-2}$

よって　$-2=\dfrac{a+6}{-2}$

したがって　$a=-2$

別解　2点A，Bが通る直線ABの式を求めると　$y=-2x-2$

点Cは直線AB上にあるから

$a=-2\times0-2$

よって　$a=-2$

(2) 3点A，B，Cが一直線上にあるから，直線ABの傾きと直線BCの傾きは等しい。

直線ABの傾きは　$\dfrac{\frac{9}{2}-\left(-\frac{9}{2}\right)}{2-(-1)}=3$

$a=2$ のとき，点Bと点Cの x 座標が等しくなり，問題に適さないので　$a\neq2$

直線BCの傾きは　$\dfrac{\frac{21}{2}-\frac{9}{2}}{a-2}=\dfrac{6}{a-2}$

よって　$3=\dfrac{6}{a-2}$

すなわち　$3(a-2)=6$

したがって　$a=4$

別解　2点A，Bが通る直線ABの式を求めると　$y=3x-\dfrac{3}{2}$

点Cは直線AB上にあるから

$\dfrac{21}{2}=3\times a-\dfrac{3}{2}$

よって　$a=4$

(3) 3点A，B，Cが一直線上にあるから，直線ABの傾きと直線BCの傾きは等しい。

直線ABの傾きは　$\dfrac{(a+5)-7}{-2-(-1)}=-a+2$

直線BCの傾きは

$\dfrac{(3-a)-(a+5)}{2-(-2)}=\dfrac{-2a-2}{4}=\dfrac{-a-1}{2}$

よって　$-a+2=\dfrac{-a-1}{2}$

したがって　$a=5$

■ p.83 ■

59 (1) 変化の割合が負であるから，1次関数 $y=-2x+5$ のグラフは右下がりの直線である。

よって　$x=-2$ のとき $y=b$ …… ①

$x=a$ のとき $y=1$ …… ②

① より　$b=-2\times(-2)+5$ …… ③

② より　$1=-2a+5$ …… ④

③，④ より　$a=2,\ b=9$

これらは条件に適している。

答　$a=2,\ b=9$

(2) $a>0$ であるから，1次関数 $y=ax-3$ のグラフは右上がりの直線である。

よって　$x=-3$ のとき $y=-9$ …… ①

$x=1$ のとき $y=b$ …… ②

① より　$-9=-3a-3$ …… ③

② より　$b=a-3$ …… ④

③，④ を連立方程式として解くと

$a=2,\ b=-1$

これらは条件に適している。

答　$a=2,\ b=-1$

(3) $a<0$ であるから，1次関数 $y=ax+6$ のグラフは右下がりの直線である。

よって　$x=-2$ のとき $y=b$ …… ①

$x=2$ のとき $y=0$ …… ②

① より　$b=-2a+6$ …… ③

② より　$0=2a+6$ …… ④

③，④ を連立方程式として解くと

$a=-3,\ b=12$

これらは条件に適している。

答　$a=-3,\ b=12$

(4) $a>0$ のとき

1次関数 $y=ax+b$ のグラフは右上がりの直線である。

よって　$x=-2$ のとき $y=-4$ …… ①

$x=4$ のとき $y=5$ …… ②

① より　$-4=-2a+b$ …… ③

② より　$5=4a+b$ …… ④

③，④ を連立方程式として解くと

$a=\dfrac{3}{2},\ b=-1$

これらは条件に適している。

$a<0$ のとき

1次関数 $y=ax+b$ のグラフは右下がりの直線である。

よって　$x=-2$ のとき $y=5$　…… ⑤

$x=4$ のとき $y=-4$　…… ⑥

⑤ より　$5=-2a+b$　…… ⑦

⑥ より　$-4=4a+b$　…… ⑧

⑦，⑧ を連立方程式として解くと

$$a=-\frac{3}{2},\ b=2$$

これらは条件に適している。

答 $\begin{cases} a=\dfrac{3}{2},\ b=-1 \\ a=-\dfrac{3}{2},\ b=2 \end{cases}$

60 (1) ab の値が正となるのは

「$a>0$　かつ　$b>0$」の場合か，

「$a<0$　かつ　$b<0$」の場合

である。

これらは，それぞれ

「傾きが正　かつ　切片が正」の場合，

「傾きが負　かつ　切片が負」の場合

である。

よって，グラフより　① と ③

(2) $y=ax+b$ に $x=1$ を代入すると

$$y=a+b$$

よって，$x=1$ のときの y の値が最大になっている直線を選べばよい。

したがって，グラフより　①

(3) $y=ax+b$ に $x=-1$ を代入すると

$$y=-a+b$$

よって，$x=-1$ のときの y の値が最小になっている直線を選べばよい。

したがって，グラフより　④

■ p.84 ■

61 (1) 点 B(7, 4) を通るとき，p の値は最小で

$$4=\frac{1}{2}\times7+p$$

これを解いて　$p=\dfrac{1}{2}$

点 A(5, 7) を通るとき，p の値は最大で

$$7=\frac{1}{2}\times5+p$$

これを解いて　$p=\dfrac{9}{2}$

よって，p の値の範囲は　$\dfrac{1}{2}\leqq p\leqq\dfrac{9}{2}$

(2) 点 B(7, 4) を通るとき，q の値は最小で

$$4=7q+2$$

これを解いて　$q=\dfrac{2}{7}$

点 A(5, 7) を通るとき，q の値は最大で

$$7=5q+2$$

これを解いて　$q=1$

よって，q の値の範囲は　$\dfrac{2}{7}\leqq q\leqq 1$

62 (1) 傾き a の値が最小となるのは，直線が 2 点 B，D を通る場合である。

このとき，直線 BD の傾きは

$$\frac{-2-2}{-4-5}=\frac{-4}{-9}=\frac{4}{9}$$

傾き a の値が最大となるのは，直線が 2 点 A，C を通る場合である。

このとき，直線 AC の傾きは

$$\frac{-2-6}{-2-3}=\frac{-8}{-5}=\frac{8}{5}$$

したがって，a の値の範囲は

$$\frac{4}{9}\leqq a\leqq\frac{8}{5}$$

(2) 切片 b の値が最小となるのは，直線が 2 点 B，C を通る場合である。

よって　$2=5a+b$　…… ①

$-2=-2a+b$　…… ②

①，② を連立方程式として解くと

$$a=\frac{4}{7},\ b=-\frac{6}{7}$$

切片 b の値が最大となるのは，直線が 2 点 A，D を通る場合である。

よって　$6=3a+b$　…… ③

$-2=-4a+b$　…… ④

③，④ を連立方程式として解くと

$$a=\frac{8}{7},\ b=\frac{18}{7}$$

したがって，b の値の範囲は

$$-\frac{6}{7}\leqq b\leqq\frac{18}{7}$$

63 A(0, −1)，B(0, 1)，C(1, 3)，D(1, 5) とすると，1 次関数 $y=ax+b$ のグラフは，線分 AB，CD とそれぞれ交わる。

[1] $x=2$ のとき，$y=ax+b$ の y の値が最小になるのは，1 次関数 $y=ax+b$ のグラフが，点 B，C を通る場合である。

この直線は

$$y=ax+1$$

とおけて，C(1, 3) を通ることから

$$3=a+1$$

よって　$a=2$

したがって　$y=2x+1$

この直線について，$x=2$ のとき

$$y=2\times2+1=5$$

[2]　$x=2$ のとき，$y=ax+b$ の y の値が最大になるのは，1次関数 $y=ax+b$ のグラフが，点 A，D を通る場合である。

この直線は　$y=ax-1$　とおけて，D(1，5) を通ることから

$$5=a-1$$

よって　$a=6$

したがって　$y=6x-1$

この直線について，$x=2$ のとき

$$y=6\times2-1=11$$

以上から，求める y のとりうる値の範囲は

$$5\leqq y\leqq 11$$

6　1次関数と方程式

■ p.85 ■

64　(1)　$2x-y=3$ を y について解くと

$$y=2x-3$$

(2)　$3x+4y=0$ を y について解くと

$$y=-\frac{3}{4}x$$

(3)　$3x+y-2=0$ を y について解くと

$$y=-3x+2$$

(4)　$3x-2y=6$ を y について解くと

$$y=\frac{3}{2}x-3$$

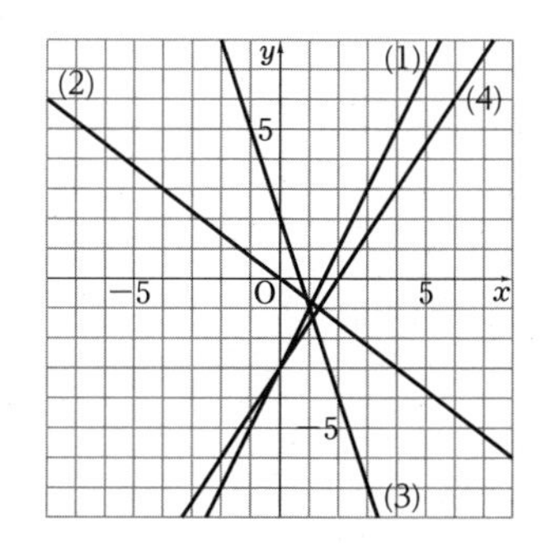

65　(1)　方程式 $4x+3y=12$ は

$x=0$　のとき　$y=4$

$y=0$　のとき　$x=3$

となる。

よって，方程式 $4x+3y=12$ のグラフは，2点 (0，4)，(3，0) を通る直線である。

(2)　方程式 $5x+2y=-10$ は

$x=0$　のとき　$y=-5$

$y=0$　のとき　$x=-2$

となる。

よって，方程式 $5x+2y=-10$ のグラフは，2点 (0，−5)，(−2，0) を通る直線である。

(3)　方程式 $3x-7y=21$ は

$x=0$　のとき　$y=-3$

$y=0$　のとき　$x=7$

となる。

よって，方程式 $3x-7y=21$ のグラフは，2点 (0，−3)，(7，0) を通る直線である。

(4)　方程式 $-x+2y=4$ は

$x=0$　のとき　$y=2$

$y=0$　のとき　$x=-4$

となる。

よって，方程式 $-x+2y=4$ のグラフは，2点 (0，2)，(−4，0) を通る直線である。

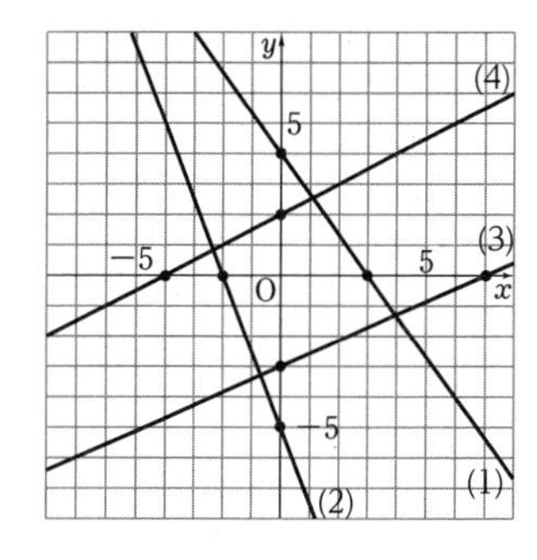

第5章

66 (1) $x=3$ (2) $x=-2$

(3) $y=-5$ (4) $y=2$

(5) $x=-4$ (6) $y=6$

グラフは，下の図のようになる。

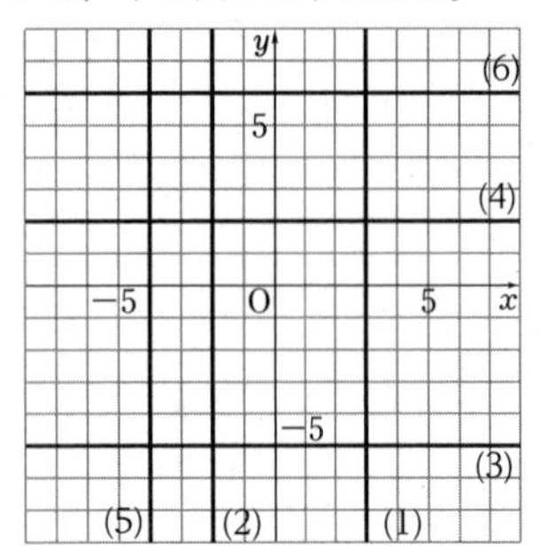

■ p.86 ■

67 (1) 方程式 $x-y=5$，$x+2y=-4$ のグラフは，それぞれ右の図の直線 ℓ，m になる。交点の座標は $(2,\ -3)$ になっている。

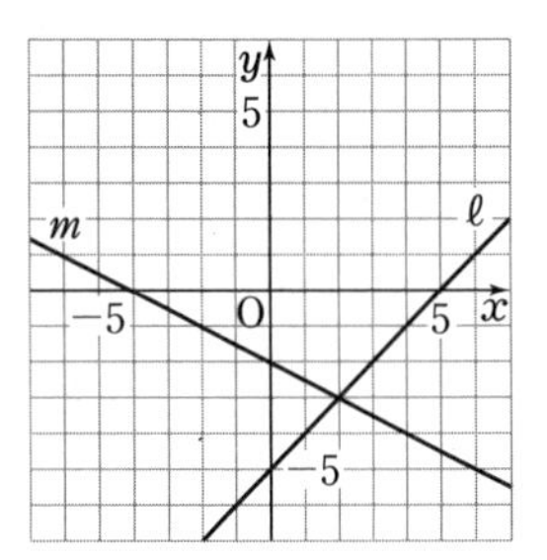

$x=2$，$y=-3$ は，方程式 $x-y=5$，$x+2y=-4$ をともに満たしている。

よって，連立方程式の解は　$x=2$，$y=-3$

(2) 方程式 $x+y=0$，$2x+y-5=0$ のグラフは，それぞれ右の図の直線 ℓ，m になる。交点の座標は $(5,\ -5)$ になっている。

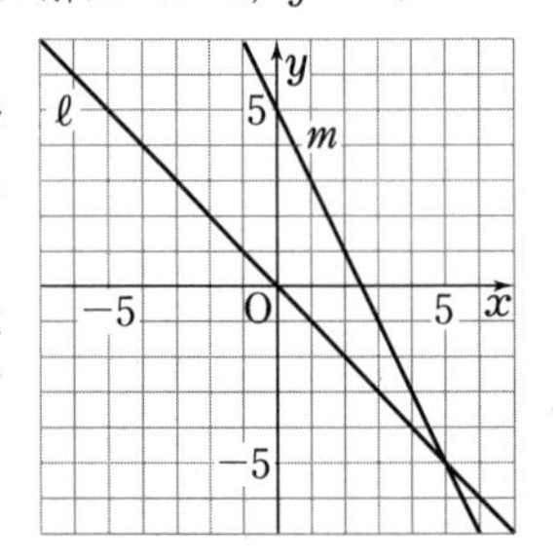

$x=5$，$y=-5$ は，方程式 $x+y=0$，$2x+y-5=0$ をともに満たしている。

よって，連立方程式の解は　$x=5$，$y=-5$

(3) 方程式 $x+y=4$，$2x+3y=9$ のグラフは，それぞれ右の図の直線 ℓ，m になる。交点の座標は $(3,\ 1)$ になっている。

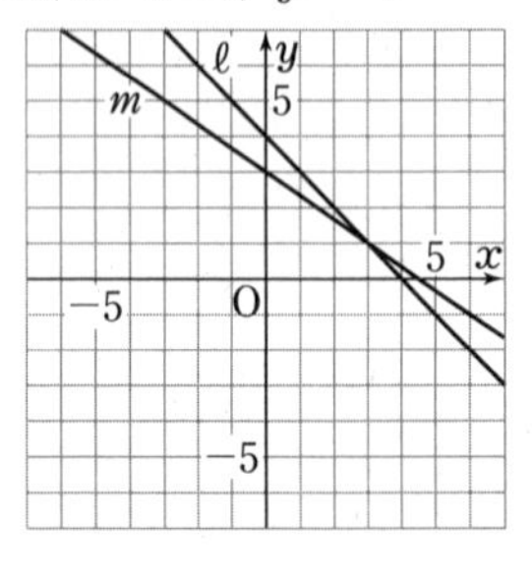

$x=3$，$y=1$ は，方程式 $x+y=4$，$2x+3y=9$ をともに満たしている。

よって，連立方程式の解は　$x=3$，$y=1$

(4) 方程式 $3x+2y=-3$，$2x-y=5$ のグラフは，それぞれ右の図の直線 ℓ，m になる。交点の座標は $(1,\ -3)$ になっている。

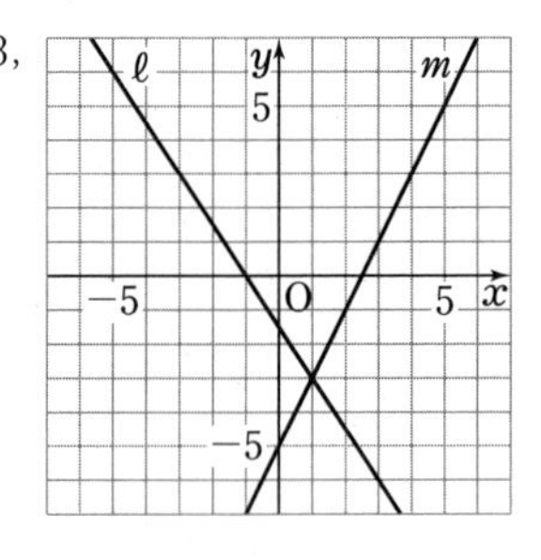

$x=1$，$y=-3$ は，方程式 $3x+2y=-3$，$2x-y=5$ をともに満たしている。

よって，連立方程式の解は　$x=1$，$y=-3$

68 (1) $\ell\ :y=x-4$ ……①

$m:y=-2x+5$ ……②

①，② を連立方程式として解くと

$$x=3,\ y=-1$$

よって，ℓ，m の交点の座標は

$$(3,\ -1)$$

(2) $\ell\ :2x-y=6$ ……①

$m:x+3y=10$ ……②

①，② を連立方程式として解くと

$$x=4,\ y=2$$

よって，ℓ，m の交点の座標は

$$(4,\ 2)$$

(3) $\ell\ :3x+2y=-3$ ……①

$m:9x-4y=16$ ……②

①，② を連立方程式として解くと

$$x=\frac{2}{3},\ y=-\frac{5}{2}$$

よって，ℓ，m の交点の座標は

$$\left(\frac{2}{3},\ -\frac{5}{2}\right)$$

69 (1) 直線 ℓ の式は　$y=2x-2$ ……①

直線 m の式は　$y=-x+2$ ……②

①，② を連立方程式として解くと

$$x=\frac{4}{3},\ y=\frac{2}{3}$$

よって，ℓ，m の交点の座標は

$$\left(\frac{4}{3},\ \frac{2}{3}\right)$$

(2) 直線 ℓ の式は　$y=\frac{1}{2}x-1$ ……①

直線 m の式は　$y=-x+3$ ……②

①，② を連立方程式として解くと

$$x=\frac{8}{3},\ y=\frac{1}{3}$$

よって，ℓ，m の交点の座標は

$$\left(\frac{8}{3},\ \frac{1}{3}\right)$$

(3)　直線 ℓ の式は　$y=-\frac{1}{2}x+1$　…… ①

直線 m の式は　$y=-2x-3$　…… ②

①，② を連立方程式として解くと

$$x=-\frac{8}{3},\ y=\frac{7}{3}$$

よって，ℓ，m の交点の座標は

$$\left(-\frac{8}{3},\ \frac{7}{3}\right)$$

(4)　直線 ℓ の式は　$y=\frac{2}{3}x+2$　…… ①

直線 m の式は　$y=-\frac{5}{3}x-4$　…… ②

①，② を連立方程式として解くと

$$x=-\frac{18}{7},\ y=\frac{2}{7}$$

よって，ℓ，m の交点の座標は

$$\left(-\frac{18}{7},\ \frac{2}{7}\right)$$

■ p.87 ■

70　(1)　$x-6y-2a=0$，$ax+2y+7=0$ が，$x=-1$，$y=b$ のとき，ともに成り立てばよい。

よって　$\begin{cases}-1-6b-2a=0\\-a+2b+7=0\end{cases}$

これを解いて　$a=4$，$b=-\frac{3}{2}$

(2)　直線 $2x+y-4=0$ が x 軸と交わる点の x 座標は，$y=0$ を代入して

$$2x+0-4=0$$

よって　　$x=2$

したがって，この点の座標は　(2, 0)

直線 $4kx+3y-8=0$ がこの点を通るから，$x=2$，$y=0$ を代入して

$$4k\times2+3\times0-8=0$$

$$8k-8=0$$

これを解いて　$k=1$

(3)　点 P は，2 直線 $y=\frac{1}{2}x+3$，$y=2x-1$ の交点となる。点 P の座標を求める。

$$\begin{cases}y=\frac{1}{2}x+3\\y=2x-1\end{cases}$$

これを解いて　$x=\frac{8}{3}$，$y=\frac{13}{3}$

よって，点 P の座標は　$\left(\frac{8}{3},\ \frac{13}{3}\right)$

直線 $y=ax+4$ は点 P を通るから

$$\frac{13}{3}=a\times\frac{8}{3}+4$$

これを解いて　$a=\frac{1}{8}$

答　点 P の座標は $\left(\frac{8}{3},\ \frac{13}{3}\right)$，$a=\frac{1}{8}$

71　(1)　2 直線 $x+y=1$，$3x-4y=3$ の交点の座標を求める。

$$\begin{cases}x+y=1\\3x-4y=3\end{cases}$$

これを解いて　$x=1$，$y=0$

よって，交点の座標は　(1, 0)

直線 $4x-3y=a$ がこの点を通ればよいから

$$4\times1-3\times0=a$$

したがって　$a=4$

(2)　2 直線 $3x-y=9$，$x+2y=-4$ の交点の座標を求める。

$$\begin{cases}3x-y=9\\x+2y=-4\end{cases}$$

これを解いて　$x=2$，$y=-3$

よって，交点の座標は　(2, −3)

直線 $2x-5y=a$ がこの点を通ればよいから

$$2\times2-5\times(-3)=a$$

したがって　$a=19$

(3)　2 直線 $2x+y=5$，$x+4y=13$ の交点の座標を求める。

$$\begin{cases}2x+y=5\\x+4y=13\end{cases}$$

これを解いて　$x=1$，$y=3$

よって，交点の座標は　(1, 3)

直線 $ax+y=0$ がこの点を通ればよいから

$$a\times1+3=0$$

したがって　$a=-3$

72　(1)　ℓ と m は平行ではないから，3 直線 ℓ，m，n が三角形をつくらないのは，次の 3 つの場合である。

[1]　ℓ と n が平行
[2]　m と n が平行
[3]　n が ℓ と m の交点を通る

[1] の場合，ℓ の傾きは $\frac{1}{2}$，n の傾きは a であるから　$a=\frac{1}{2}$

[2] の場合，m の傾きは -2，n の傾きは a であるから　$a=-2$

第5章

[3] の場合，ℓ と m の交点の座標は，

連立方程式 $\begin{cases} x-2y+4=0 \\ 2x+y+3=0 \end{cases}$ の解である。

これを解いて　$x=-2$，$y=1$

したがって　　$(-2,\ 1)$

よって，n が点 $(-2,\ 1)$ を通ればよいから

$$-2a-1+3=0$$

これを解いて　　$a=1$

[1]，[2]，[3] より，求める a の値は

$$a=\frac{1}{2},\ -2,\ 1$$

(2)　ℓ と m は平行ではないから，3 直線 ℓ，m，n が三角形をつくらないのは，次の 3 つの場合である。

[1]　ℓ と n が平行

[2]　m と n が平行

[3]　n が ℓ と m の交点を通る

また，$a=0$ のときは，ℓ，m，n が三角形をつくるので，$a \fallingdotseq 0$ である。

[1] の場合，ℓ の傾きは $\frac{2}{3}$，n の傾きは $\frac{1}{a}$ で

あるから　$\frac{2}{3}=\frac{1}{a}$

よって　　$a=\frac{3}{2}$

[2] の場合，m の傾きは $\frac{1}{6}$，n の傾きは $\frac{1}{a}$ で

あるから　$\frac{1}{6}=\frac{1}{a}$

よって　　$a=6$

[3] の場合，ℓ と m の交点の座標は，

連立方程式 $\begin{cases} 2x-3y=12 \\ -\frac{1}{3}x+2y=1 \end{cases}$ の解である。

これを解いて　$x=9$，$y=2$

したがって　　$(9,\ 2)$

よって，n が点 $(9,\ 2)$ を通ればよいから

$$9-2a=8$$

これを解いて　　$a=\frac{1}{2}$

[1]，[2]，[3] より，求める a の値は

$$a=\frac{3}{2},\ 6,\ \frac{1}{2}$$

7　1次関数の利用

■ p.88 ■

73　(1)　30 分間に 90 L の水が注がれているから

$$90 \div 30=3$$

答　毎分 3 L

(2)　x と y の関係を表す式は　$y=3x$

$x=36$　のとき　$y=3 \times 36=108$

答　108 L

(3)　$y=3x$ において $y=40$ とすると

$$x=\frac{40}{3}$$

答　$\frac{40}{3}$ 分後（13 分 20 秒後）

74　グラフより，直線の傾きは

$$\frac{0-20}{45-0}=-\frac{4}{9}$$

切片は 20 であるから，x と y の関係を表す式は

$$y=-\frac{4}{9}x+20$$

この式において，$y=12$ とすると

$$12=-\frac{4}{9}x+20$$

これを解いて　　$x=18$　　答　18 分後

75　(1)　求める点の座標は　$\left(\frac{2+4}{2},\ \frac{5+9}{2}\right)$

すなわち　$(3,\ 7)$

(2)　求める点の座標は　$\left(\frac{-6+8}{2},\ \frac{3-7}{2}\right)$

すなわち　$(1,\ -2)$

(3)　求める点の座標は　$\left(\frac{3+8}{2},\ \frac{4-7}{2}\right)$

すなわち　$\left(\frac{11}{2},\ -\frac{3}{2}\right)$

(4)　求める点の座標は　$\left(\frac{-4+4}{2},\ \frac{-7-2}{2}\right)$

すなわち　$\left(0,\ -\frac{9}{2}\right)$

■ p.89 ■

76　(1)　弟と兄の距離が縮まり始めるのは，グラフより，10 分後からである。

答　10 分後

(2)　弟の速さは $600 \div 10=60$ より，分速 60 m である。

40 分間に弟が歩いた距離は

$$60 \times 40=2400\ \text{(m)}$$

この距離を，兄は $40-10=30$ (分) で進むから，兄の速さは

$2400 \div 30=80$　　答　分速 80 m

77　(1)　点 P が A を出発してから 4 秒後には

$$\text{AP}=4\ \text{cm}$$

となる。

よって，△APC の面積 y は

$$y=\frac{1}{2}\times4\times4=8$$ 　　答 $8\,\text{cm}^2$

(2) 点 P が B に到達するのは　$x=6$
　点 P が C に到達するのは　$x=6+4=10$
のときである。
よって，点 P が辺 BC 上を動くときの x の値の範囲は　　$6\leqq x\leqq10$
また，点 P が辺 BC 上にあるとき，

$$AB+BP=x\ (\text{cm})$$

であるから　$CP=10-x\ (\text{cm})$
したがって，△APC の面積 y は

$$y=\frac{1}{2}\times(10-x)\times6=-3x+30$$

答 $6\leqq x\leqq10$，$y=-3x+30$

78 (1) $0<x<4$ のとき，四角形 ABCP は AP∥BC の台形で，$AP=2x$ (cm) であるから

$$y=\frac{1}{2}\times(2x+8)\times6$$
$$=6x+24$$ 　　答 $y=6x+24$

(2) $4\leqq x<7$ のとき，四角形 ABCP は AB∥PC の台形である。
$AD+DP=2x$ (cm) であるから

$$PC=14-2x\ (\text{cm})$$

よって　　$y=\frac{1}{2}\times\{(14-2x)+6\}\times8$
$$=-8x+80$$

答 $y=-8x+80$

(3) (1)，(2) から，右の図のようになる。

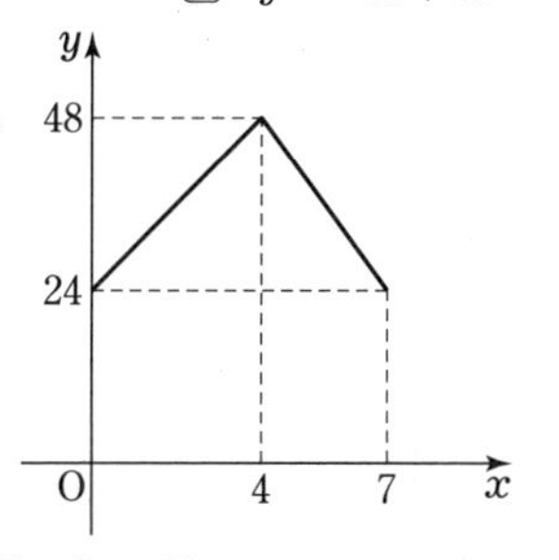

(4) グラフより，$y=32$ となるのは $0<x<4$ のときに 1 回，$4\leqq x<7$ のときに 1 回あることがわかる。
$0<x<4$ のとき　$32=6x+24$
これを解いて　$x=\frac{4}{3}$
$4\leqq x<7$ のとき　$32=-8x+80$
これを解いて　$x=6$
したがって，求める x の値は

$$x=\frac{4}{3},\ 6$$

79 次の 2 つの場合に分けて考える。
[1] 点 P が A から D に向かっているとき
[2] 点 P が D から A に向かっているとき

[1] となるのは，$0\leqq x\leqq1$ のときである。
$PD=2-2x$ (cm)，$BQ=x$ (cm) であるから

$$y=\frac{1}{2}\times\{(2-2x)+x\}\times2$$
$$=-x+2$$

[2] となるのは，$1\leqq x\leqq2$ のときである。
$PD=2x-2$ (cm)，$BQ=x$ (cm) であるから

$$y=\frac{1}{2}\times\{(2x-2)+x\}\times2$$
$$=3x-2$$

[1]，[2] より，x と y の関係を表すグラフは，右の図のようになる。

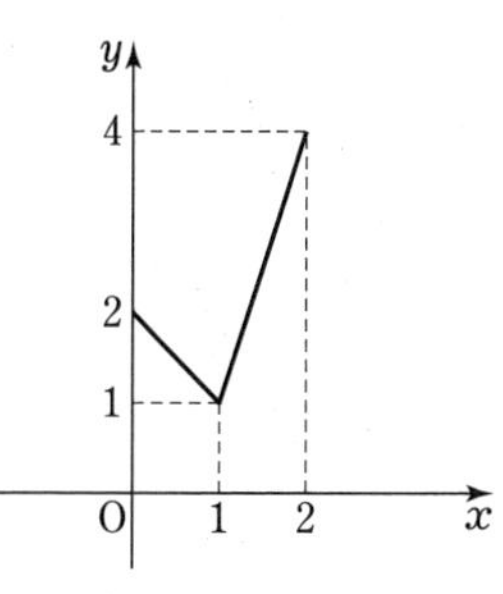

■ p.90 ■

80 $x=12$ のとき

$$y=100\times12-600=600$$

よって，A さんが家を出発してから 12 分後の A さんと家との距離は 600 m である。
したがって，初めの 12 分間の速さは，
$600\div12=50$ より　分速 50 m
また，$x=20$ のとき

$$y=100\times20-600=1400$$

よって，A さんの家から学校までの距離は 1400 m であるから，求める時間は

$$1400\div50=28$$ 　　答 28 分

81 (1) $y=5x$
(2) ① 20 分間に 140 L 増加している。
$140\div20=7$ より，毎分 7 L の割合で増加している。
② 水そう B の $10\leqq x\leqq30$ における x と y の関係を表す式は　$y=7x-50$　となる。
また，水そう A の x と y の関係を表す式 $y=5x$ のグラフをかき加えると，右の図のようになる。

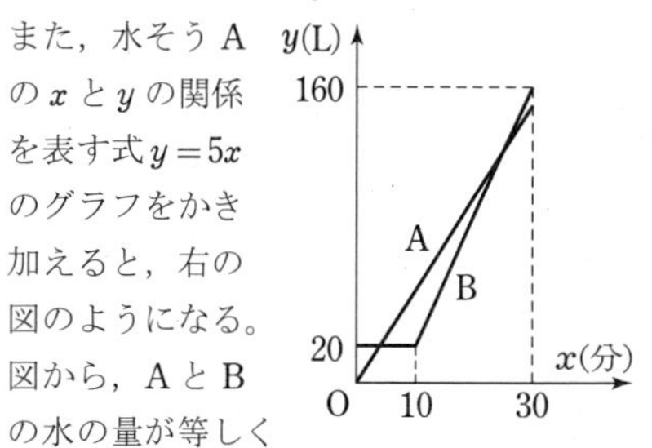

図から，A と B の水の量が等しくなるのは，$0\leqq x\leqq10$ のときと $10\leqq x\leqq30$ のときに，それぞれ 1 回ずつあることがわかる。
$0\leqq x\leqq10$ のとき
$y=5x$ において $y=20$ とすると　$x=4$

第5章

$10 \leqq x \leqq 30$ のとき

2 直線 $y=5x$, $y=7x-50$ の交点の座標は，連立方程式 $\begin{cases} y=5x \\ y=7x-50 \end{cases}$ の解である。

これを解いて　$x=25$, $y=125$

したがって，求める時刻は

午前 10 時 4 分，午前 10 時 25 分

82 (1) 図より，自転車は 30 分で 12 km 走っている。

$\frac{12}{30}=\frac{2}{5}$ より，自転車の速さは　分速 $\frac{2}{5}$ km

(2) グラフの横軸を x 軸，縦軸を y 軸とする。

A さんと B さんが初めてすれちがうのは $15 \leqq x \leqq 30$ のときである。

このとき，A さんの動きを表すグラフは，点 (30, 0) を通る，傾き $-\frac{2}{5}$ の直線である。

A さんの動きを表すグラフの式を

$$y=-\frac{2}{5}x+p$$

とおくと，グラフが点 (30, 0) を通ることから

$$0=-\frac{2}{5}\times 30+p$$

よって　$p=12$

ゆえに，A さんの動きを表すグラフの式は

$$y=-\frac{2}{5}x+12 \quad \cdots\cdots ①$$

一方，B さんの走る速さは分速 $\frac{1}{5}$ km であるから，$15 \leqq x \leqq 30$ のとき B さんの動きを表すグラフの式は

$$y=\frac{1}{5}x \quad \cdots\cdots ②$$

すれちがう時刻は，①，② のグラフの交点の x 座標であるから，①，② より

$$-\frac{2}{5}x+12=\frac{1}{5}x$$

これを解いて　$x=20$

よって，初めてすれちがうのは　20 分後

(3) A さんと B さんが 2 回目にすれちがうのは $30 \leqq x \leqq 45$ のときである。

このとき，A さんの動きを表すグラフは，点 (30, 0) を通る，傾き $\frac{2}{5}$ の直線である。

A さんの動きを表すグラフの式を

$$y=\frac{2}{5}x+r$$

とおくと，グラフが点 (30, 0) を通ることから

$$0=\frac{2}{5}\times 30+r$$

よって　$r=-12$

ゆえに，A さんの動きを表すグラフの式は

$$y=\frac{2}{5}x-12 \quad \cdots\cdots ③$$

一方，B さんの動きを表すグラフは，点 (60, 0) を通る，傾き $-\frac{1}{5}$ の直線である。

B さんの動きを表すグラフの式を

$$y=-\frac{1}{5}x+s$$

とおくと，グラフが点 (60, 0) を通ることから

$$0=-\frac{1}{5}\times 60+s$$

よって　$s=12$

ゆえに，B さんの動きを表すグラフの式は

$$y=-\frac{1}{5}x+12 \quad \cdots\cdots ④$$

すれちがう時刻は，③，④ のグラフの交点の x 座標であるから，③，④ より

$$\frac{2}{5}x-12=-\frac{1}{5}x+12$$

これを解いて　$x=40$

よって，2 回目にすれちがうのは　40 分後

■ p.91 ■

83 (1) 直線 BC の式を $y=ax+b$ とおくと

$$\begin{cases} 7=3a+b \\ 1=-3a+b \end{cases}$$

これを解いて　$a=1$, $b=4$

よって，直線 BC の式は

$$y=x+4$$

(2) 直線 BC と y 軸との交点を D とすると，D の座標は

(0, 4)

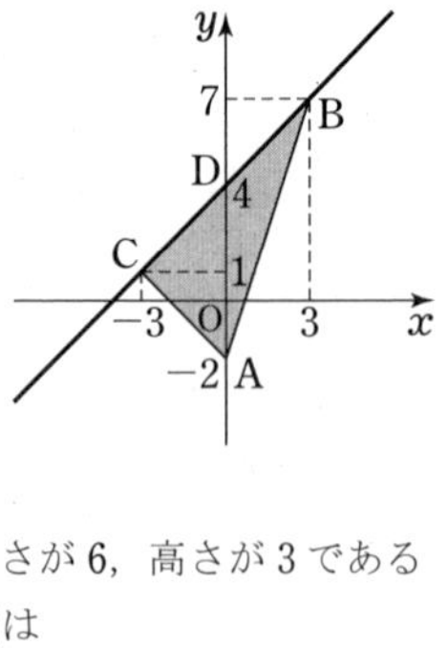

△ABD は，底辺の長さが

$4-(-2)=6$,

高さが 3,

△ACD は，底辺の長さが 6，高さが 3 であるから，△ABC の面積は

$$\triangle ABC=\triangle ABD+\triangle ACD$$
$$=\frac{1}{2}\times 6\times 3+\frac{1}{2}\times 6\times 3$$
$$=18$$

84 (1) 2 直線 $8x-y=0$ と $x-2y=0$ は，ともに原点を通るから，この 2 直線の交点の座標は

$(0,\ 0)$

2 直線 $x-2y=0$ と $2x+y=10$ の交点の座標を求める。

$$\begin{cases} x-2y=0 \\ 2x+y=10 \end{cases}$$

これを解いて

$x=4,\ y=2$

よって，交点の座標は

$(4,\ 2)$

2 直線 $2x+y=10$ と $8x-y=0$ の交点の座標を求める。

$$\begin{cases} 2x+y=10 \\ 8x-y=0 \end{cases}$$

これを解いて　$x=1,\ y=8$

よって，交点の座標は　$(1,\ 8)$

したがって，三角形を囲む長方形から，余分な三角形を除いて考えると，求める三角形の面積は

$$4\times8-\left(\frac{1}{2}\times1\times8+\frac{1}{2}\times4\times2+\frac{1}{2}\times3\times6\right)$$
$$=32-17=15$$

(2) 2 直線 $x-5y=-10$，$3x-2y=9$ の交点の座標を求める。

$$\begin{cases} x-5y=-10 \\ 3x-2y=9 \end{cases}$$

これを解いて　$x=5,\ y=3$

よって，交点の座標は　$(5,\ 3)$

2 直線 $3x-2y=9$，$2x+3y=6$ の交点の座標を求める。

$$\begin{cases} 3x-2y=9 \\ 2x+3y=6 \end{cases}$$

これを解いて　$x=3,\ y=0$

よって，交点の座標は　$(3,\ 0)$

2 直線 $2x+3y=6$，$x-5y=-10$ の交点の座標を求める。

$$\begin{cases} 2x+3y=6 \\ x-5y=-10 \end{cases}$$

これを解いて

$x=0,\ y=2$

よって，交点の座標は

$(0,\ 2)$

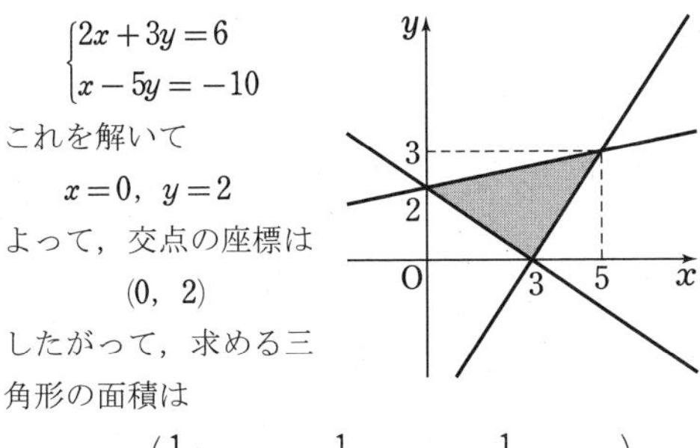

したがって，求める三角形の面積は

$$3\times5-\left(\frac{1}{2}\times3\times2+\frac{1}{2}\times2\times3+\frac{1}{2}\times5\times1\right)$$
$$=15-\frac{17}{2}=\frac{13}{2}$$

(3) 2 直線 $x-y+4=0$，$2x+y-7=0$ の交点の座標を求める。

$$\begin{cases} x-y+4=0 \\ 2x+y-7=0 \end{cases}$$

これを解いて　$x=1,\ y=5$

よって，交点の座標は　$(1,\ 5)$

2 直線 $2x+y-7=0$，$x+y-2=0$ の交点の座標を求める。

$$\begin{cases} 2x+y-7=0 \\ x+y-2=0 \end{cases}$$

これを解いて

$x=5,\ y=-3$

よって，交点の座標は　$(5,\ -3)$

2 直線 $x+y-2=0$，$x-y+4=0$ の交点の座標を求める。

$$\begin{cases} x+y-2=0 \\ x-y+4=0 \end{cases}$$

これを解いて　$x=-1,\ y=3$

よって，交点の座標は　$(-1,\ 3)$

したがって，求める三角形の面積は

$$6\times8-\left(\frac{1}{2}\times6\times6+\frac{1}{2}\times4\times8+\frac{1}{2}\times2\times2\right)$$
$$=48-36=12$$

85 (1) 直線 $y=-x-2$ と x 軸との交点の x 座標は

$0=-x-2$

より　$x=-2$

よって　$\mathrm{A}(-2,\ 0)$

直線 $y=\frac{1}{2}x+7$ と x 軸との交点の x 座標は

$0=\frac{1}{2}x+7$

より　$x=-14$

よって　$\mathrm{B}(-14,\ 0)$

2 直線 $y=-x-2$ と $y=\frac{1}{2}x+7$ の交点の座標を求める。

$$\begin{cases} y=-x-2 \\ y=\frac{1}{2}x+7 \end{cases}$$

これを解いて

$x=-6,\ y=4$

よって

$\mathrm{C}(-6,\ 4)$

したがって，△ABC の面積は

$$\frac{1}{2}\times12\times4=24$$

第5章

(2) 直線 $y=-x-2$ の切片は　-2

直線 ℓ の切片を t $(t>0)$ とおくと，直線 ℓ と直線 $y=-x-2$ と y 軸とで囲まれた三角形の面積は

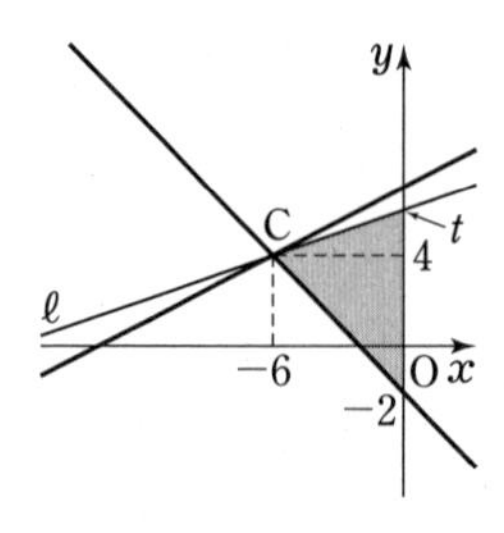

$$\frac{1}{2}\times\{t-(-2)\}\times 6$$

これが，△ABC の面積と等しくなるとき

$$\frac{1}{2}\times\{t-(-2)\}\times 6=24$$

$$3(t+2)=24$$

これを解いて　$t=6$

これは，$t>0$ を満たす。

よって，直線 ℓ の式は $y=ax+6$ とおける。

直線 ℓ は，点 $\mathrm{C}(-6,\ 4)$ を通るから

$$4=-6a+6$$

したがって　　$a=\frac{1}{3}$

よって，直線 ℓ の式は

$$y=\frac{1}{3}x+6$$

■ p.92 ■

86 求める直線は，原点 O を通るから

$$y=ax$$

とおける。

この直線が，辺 AB の中点 M を通れば，△OAB の面積を 2 等分する。

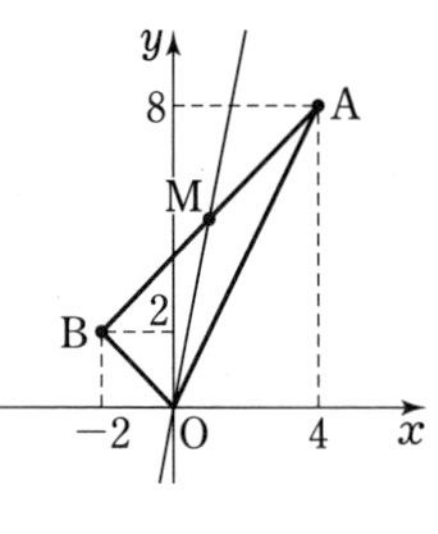

M の座標は　$\left(\frac{4+(-2)}{2},\ \frac{8+2}{2}\right)$

すなわち　　$(1,\ 5)$

よって，$x=1$，$y=5$ を $y=ax$ に代入して

$$5=a\times 1$$

したがって　　$a=5$

よって，求める直線の式は　$y=5x$

87 (1) 点 A は直線 ℓ 上の点であるから

$$b=-3+7$$

よって　　$b=4$

したがって，点 A の座標は　$(3,\ 4)$

点 A は直線 m 上の点であるから

$$4=3a-2$$

これを解いて　$a=2$

(2) $y=-x+7$ において，$y=0$ とすると

$$0=-x+7$$

これを解いて　$x=7$

したがって，点 B の座標は　$(7,\ 0)$

(3) 直線 ℓ と y 軸の交点を D とすると

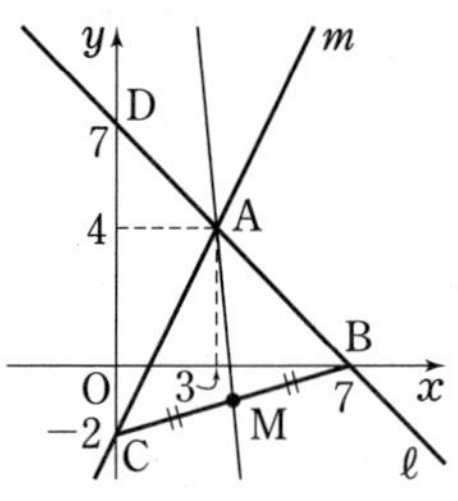

△ABC

$=$△DBC$-$△DAC

$=\frac{1}{2}\times 9\times 7$

$\quad-\frac{1}{2}\times 9\times 3$

$=18$

(4) 求める直線は，点 A と線分 BC の中点を通る直線である。

線分 BC の中点を M とすると，M の座標は

$$\left(\frac{7+0}{2},\ \frac{0-2}{2}\right)$$

すなわち　$\left(\frac{7}{2},\ -1\right)$

求める直線の式を $y=px+q$ とおくと

$$\begin{cases}4=3p+q\\ -1=\frac{7}{2}p+q\end{cases}$$

これを解いて　$p=-10$，$q=34$

よって，求める直線の式は

$$y=-10x+34$$

88 (1) 2 直線 $y=-2x+10$，$y=\frac{1}{2}x$ の交点 A の座標は，連立方程式 $\begin{cases}y=-2x+10\\ y=\frac{1}{2}x\end{cases}$ の解である。

これを解いて　$x=4$，$y=2$

よって，点 A の座標は　$(4,\ 2)$

(2) 点 P の x 座標を t とおくと，y 座標は　$\frac{1}{2}t$

線分 PQ は，y 軸に平行であるから，点 Q の x 座標は t に等しい。

よって，点 Q の y 座標は　$-2t+10$

したがって，図より

$$\mathrm{PQ}=(-2t+10)-\frac{1}{2}t=-\frac{5}{2}t+10$$

(3) (2) のように，点 P の x 座標を t とおくと

$$\mathrm{PR}=t$$

四角形 PQSR は，そのつくり方より，長方形であるから，正方形になるためには，PQ$=$PR であればよい。

よって　　$-\frac{5}{2}t+10=t$

これを解いて　$t=\frac{20}{7}$

この値 t は，点 Q の x 座標である。

このとき，点Qのy座標は

$$-2\times\frac{20}{7}+10=\frac{30}{7}$$

したがって，点Qの座標は　$\left(\frac{20}{7},\ \frac{30}{7}\right)$

■ p.93 ■

89 (1)　A駅を9時20分に出発するバスの動きを表すグラフは，点(20, 0)を通る，傾き600の直線である。

バスの動きを表すグラフの式を　$y=600x+b$　とおくと，グラフが点(20, 0)を通ることから

$$0=600\times20+b$$

よって　　$b=-12000$

ゆえに，バスの動きを表すグラフの式は

$$y=600x-12000$$

また，バスは4200 mの距離を分速600 mで走るから，A駅から競技会場までにかかる時間は　4200÷600=7(分)　である。

よって，xの値の範囲は　$20\leqq x\leqq27$

答　$y=600x-12000$，$20\leqq x\leqq27$

(2)　PさんがA駅を9時20分に出発するバスに追いつかれるまでの，Pさんの動きを表すグラフの式は　$y=80x$　となる。

追いつかれる時刻と，A駅から追いつかれる地点までの距離は，連立方程式

$$\begin{cases}y=600x-12000\\y=80x\end{cases}$$

の解で表される。この連立方程式を解いて

$$x=\frac{300}{13},\ y=\frac{24000}{13}$$

よって，PさんはA駅から$\frac{24000}{13}$ mの地点で，9時$\frac{300}{13}$分にバスに追いつかれる。

したがって，PさんはA駅までの$\frac{24000}{13}$ mを，$\left(40-\frac{300}{13}\right)$分間で戻る必要がある。

このとき必要となる分速は

$$\frac{24000}{13}\div\left(40-\frac{300}{13}\right)$$

$$=\frac{24000}{13}\div\frac{220}{13}=\frac{24000}{220}=\frac{1200}{11}$$

答　分速$\frac{1200}{11}$ m

90 (1)　プランBの基本料金をa円とすると

$$y=8(x-120)+a$$

とおける。

プランAを使って，170分利用したとき，

サービス料金は　　$20\times170=3400$ (円)

このとき，プランBのサービス料金も同じであるから

$$3400=8(170-120)+a$$

よって　　$a=3000$

したがって　$y=8(x-120)+3000$

$$=8x+2040$$

答　$y=8x+2040$　$(x>120)$

(2)　①　プランA：$y=20x$

プランB：$0\leqq x\leqq120$ のとき $y=3000$

$x>120$ のとき $y=8x+2040$

であるから，プランA，Bをグラフに表し，プランCのグラフを条件に合うようにかき込むと，図のようになる。

プランBとCのグラフが交わる点を，左からP，Qとおくと，点Pの座標は　(45, 3000)

点Qのx座標は$170+75=245$，

y座標は　$8\times245+2040=4000$

よって，点Qの座標は　(245, 4000)

プランCのグラフの式を$y=mx+n$とおくと，点P，Qを通ることから

$$\begin{cases}3000=45m+n\\4000=245m+n\end{cases}$$

これを解いて　$m=5$，$n=2775$

よって，求める式は　$y=5x+2775$

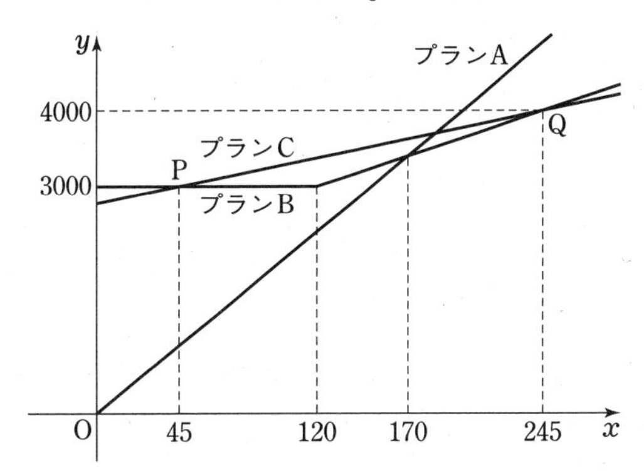

②　180分利用したとき，各プランのサービス料金yは次のようになる。

プランA：$y=20\times180=3600$

プランB：$y=8\times180+2040=3480$

プランC：$y=5\times180+2775=3675$

よって，最も高いプランと最も安いプランとの差額は　　$3675-3480=195$

答　195円

第5章

■ p.94 ■

91 (1) 点 B の x 座標は，$0=\frac{2}{3}x+\frac{5}{3}$ より

$$x=-\frac{5}{2}$$

したがって，直線 BD は，傾きが -2 で，点 $\mathrm{B}\left(-\frac{5}{2},\ 0\right)$ を通る。

よって，直線の式を $y=-2x+b$ とおくと

$$0=-2\times\left(-\frac{5}{2}\right)+b$$

これを解いて　$b=-5$

したがって，直線 BD の式は　$y=-2x-5$

(2) 条件を満たす点 P は，右の図のように，点 C よりも右側にある。

このとき，△PAB と四角形 ABDC は △ABC が共通であるから，△BDC＝△BPC となるように，点 P をとればよい。

点 D を通り，x 軸に平行な直線を ℓ とする。

このとき，ℓ と ① との交点を P とすると，△BDC と △BPC の面積は等しい。

直線 BD の式は $y=-2x-5$ であるから，点 D の座標は　$(0,\ -5)$

よって，直線 ℓ の式は　$y=-5$

① と ℓ の交点の x 座標は，

$$-5=-2x+7$$

を解いて　$x=6$

これが，求める t の値である。

答　$t=6$

92 (1) 2 点 A$(-1,\ 4)$，D$(3,\ 6)$ を通る直線の式を $y=ax+b$ とおくと

$$\begin{cases}4=-a+b\\6=3a+b\end{cases}$$

これを解いて　$a=\frac{1}{2}$，$b=\frac{9}{2}$

よって，求める直線の式は　$y=\frac{1}{2}x+\frac{9}{2}$

(2) 直線 AD と x 軸との交点を E とする。

E の x 座標は，

$$\frac{1}{2}x+\frac{9}{2}=0$$

を解いて　$x=-9$

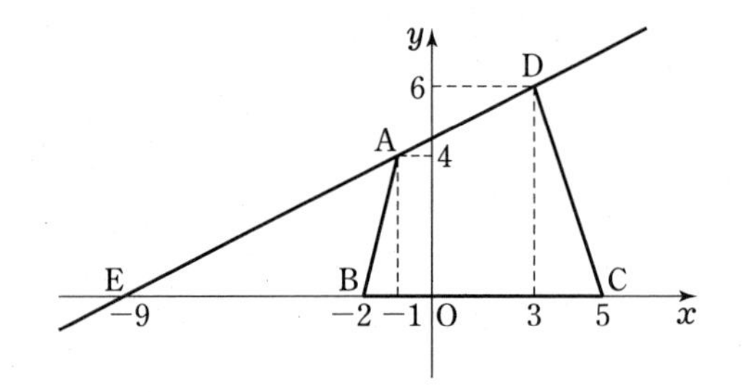

このとき，四角形 ABCD の面積は

$$\triangle\mathrm{DEC}-\triangle\mathrm{AEB}$$
$$=\frac{1}{2}\times14\times6-\frac{1}{2}\times7\times4$$
$$=42-14=28$$

また，△ADC の面積は

$$(\text{四角形 ABCD の面積})-\triangle\mathrm{ABC}$$
$$=28-\frac{1}{2}\times7\times4$$
$$=28-14=14$$

答　四角形 ABCD の面積は 28
　　△ADC の面積は 14

(3) (2) より，△ADC の面積は四角形 ABCD の面積の半分であることがわかる。

よって，△ADC と面積が等しい三角形をつくればよい。

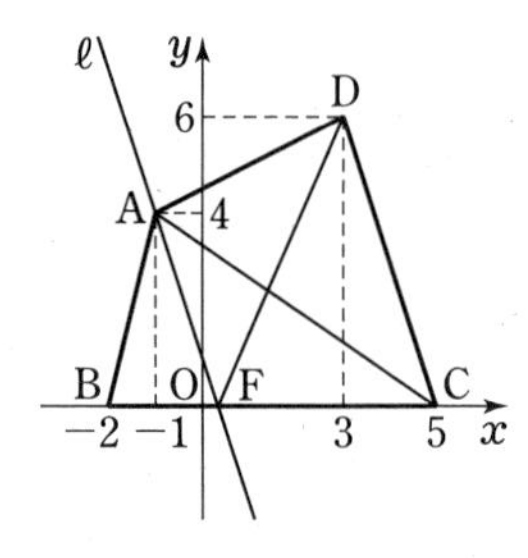

図のように，点 A を通り，辺 DC に平行な直線を ℓ とする。

ℓ と x 軸との交点を F とすると，△ADC と △FDC の面積は等しい。

直線 DC の傾きは　$\frac{6-0}{3-5}=-3$ である。

よって，直線 ℓ の式は，$y=-3x+n$ とおけて，点 A$(-1,\ 4)$ を通ることから

$$4=-3\times(-1)+n$$

これを解いて　$n=1$

したがって，直線 ℓ の式は　$y=-3x+1$

直線 ℓ と x 軸との交点の x 座標は，

$$0=-3x+1$$

を解いて　$x=\frac{1}{3}$

したがって，求める点の座標は　$\left(\frac{1}{3},\ 0\right)$

章 末 問 題

■ p.95 ■

1 (1) 比例定数を a とすると $y=\dfrac{a}{x}$ とおける。

$x=2$ のとき $y=4$ であるから

$$4=\frac{a}{2}$$

$$a=8$$

したがって　$y=\dfrac{8}{x}$

(2) $y=\dfrac{8}{x}$ を満たす x, y で，ともに負の整数である組 $(x,\ y)$ は，

$$(x,\ y)=(-1,\ -8),\ (-2,\ -4),\ (-4,\ -2),\ (-8,\ -1)$$

である。

よって，求める点の個数は　4 個

2 △OAB は，右の図のようになり，面積は

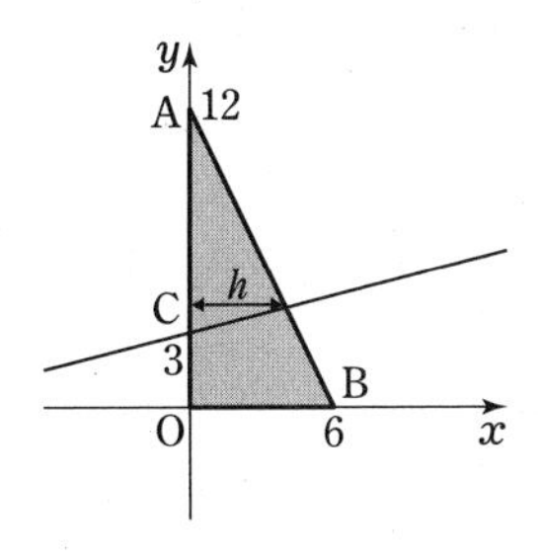

△OAB

$=\dfrac{1}{2}\times6\times12=36$

点 C を通る直線が，線分 OB と点 D で交わるとき，

$$\triangle\mathrm{OCD}<\frac{1}{2}\times3\times6$$

すなわち　$\triangle\mathrm{OCD}<9$　となり，条件に適さない。

よって，求める直線は，線分 AB と交わる。

そのときできる三角形の底辺を AC と考え，高さを h とすると，面積について

$$\frac{1}{2}\times\mathrm{AC}\times h=36\times\frac{1}{2}$$

$$\frac{1}{2}\times9\times h=36\times\frac{1}{2}$$

これを解いて　$h=4$

ここで，直線 AB の式を求める。

直線 AB の式は $y=ax+12$ とおけて，B(6, 0) を通るから　$0=6a+12$

よって　$a=-2$

したがって，直線 AB の式は　$y=-2x+12$

この式に $x=4$ を代入すると

$$y=-2\times4+12=4$$

よって，求める直線と，直線 AB の交点の座標は，(4, 4) である。

求める直線は，点 C(0, 3) も通るから，直線の式は $y=mx+3$ とおける。

点 (4, 4) を通るから　$4=4m+3$

したがって　$m=\dfrac{1}{4}$

よって，求める直線の式は　$y=\dfrac{1}{4}x+3$

3 (1) 点 B(0, 1) を通る直線の式は $y=ax+1$ とおける。

この直線が，点 A(2, 3) も通るから

$$3=2a+1$$

よって　$a=1$

したがって，直線 AB の式は　$y=x+1$

(2) x 軸に関して点 B と対称な点を B′ とすると，その座標は (0, −1)

このとき，

BP＝B′P

であるから

AP＋BP＝AP＋B′P

よって，直線 AB′ と x 軸との交点を P とすれば，AP＋B′P すなわち AP＋BP が最小になる。

直線 AB′ の式は $y=mx-1$ とおける。

この直線が，点 (2, 3) も通るから

$$3=2m-1$$

したがって　$m=2$

よって，直線 AB′ の式は　$y=2x-1$

この直線と x 軸との交点の x 座標は，$0=2x-1$ を解いて　$x=\dfrac{1}{2}$

よって，点 P の座標は　$\left(\dfrac{1}{2},\ 0\right)$

(3) 直線 AB と x 軸との交点の座標を求めると

$$(-1,\ 0)$$

したがって，△ABP を x 軸を回転の軸として 1 回転させてできる立体は

底面が半径 3 の円で，高さが $2-(-1)=3$ の円錐から

　底面が半径 1 の円で，高さが 1 の円錐と

　底面が半径 1 の円で，高さが $\dfrac{1}{2}$ の円錐と

　底面が半径 3 の円で，高さが $2-\dfrac{1}{2}=\dfrac{3}{2}$ の円錐

を，除いたものである。

第5章

よって，その体積は

$$\frac{1}{3}\times\pi\times3^2\times3$$
$$-\left(\frac{1}{3}\times\pi\times1^2\times1+\frac{1}{3}\times\pi\times1^2\times\frac{1}{2}\right.$$
$$\left.+\frac{1}{3}\times\pi\times3^2\times\frac{3}{2}\right)$$
$$=4\pi$$

4 (1) $AB+BC=10+16=26$，$26\div0.5=52$

$AB+BC+CD=26+10=36$，$36\div0.5=72$

であるから，点Pが辺CD上にあるとき，xの値の範囲は

$$52\leqq x\leqq72$$

点Pが動いた道のりは　$0.5x$ cm

よって　　$PD=36-0.5x$ (cm)

したがって

$$y=\frac{1}{2}\times AM\times PD=\frac{1}{2}\times8\times(36-0.5x)$$
$$=-2x+144$$

答　$y=-2x+144$ $(52\leqq x\leqq72)$

(2) (1)と同様に考えて

点Pが辺AB上にあるとき　$0\leqq x\leqq20$ で

$$y=\frac{1}{2}\times AM\times AP=\frac{1}{2}\times8\times0.5x$$
$$=2x$$

点Pが辺BC上にあるとき　$20\leqq x\leqq52$ で

$$y=\frac{1}{2}\times8\times10=40$$

よって，△APMの面積が $20\ \text{cm}^2$ になるとき

[1]　点Pが辺AB上にある場合

$$20=2x$$

したがって　$x=10$

これは，$0\leqq x\leqq20$ を満たす。

[2]　点Pが辺BC上にある場合は，$y=40$ であるから適さない。

[3]　点Pが辺CD上にある場合

$$20=-2x+144$$

したがって　$x=62$

これは，$52\leqq x\leqq72$ を満たす。

以上から　10秒後 と 62秒後

参考　まず，上の[3]の場合を求めて　$x=62$

このとき

$$PD=36-0.5\times62=5$$

であるから，△APMの底辺をAMとするとき，その高さが5 cmであればよいことがわかる。

このときの点Pを通り，辺ADに平行な直線が，辺ABと交わる点が，もう1つの点Pとなる。

AP=5となるのは，$5\div0.5=10$(秒後)である。

5　下の図から　4回

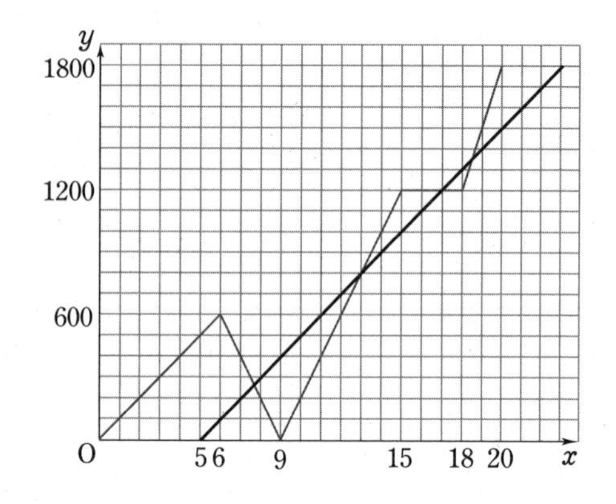

21564A 240707

ISBN978-4-410-21564-3

体系問数１ 代数(上) 解答編

21564A

数研出版

https://www.chart.co.jp